高职高专计算机任务驱动模式教材

计算机应用基础项目教程
（Windows 7＋Office 2010）

邵士媛　吴　琳　主　编

刘春霞　李海燕　杜　鹃　王　璨　副主编

清华大学出版社
北 京

内 容 简 介

本书是依据当前社会对高职应用型人才的实际工作需求,结合计算机技术的最新发展,以及高职高专类院校计算机基础课程改革的最新动向编写而成的。本书采用项目化教学模式,以任务驱动方式引领教学内容,层次清晰,实用性强,既融合了理论与实践知识,又突出了操作技能的培养和训练。

全书共分为八个项目,主要包括 Windows 7 操作系统、Internet 应用、Office 2010（Word、Excel、PowerPoint）及常用工具软件的应用等,并针对各个项目有总结、有拓展。将每个项目分解为多个任务,在每个任务中有案例、有同步实训题目。书后还以附录的形式给出了计算机与网络基础知识的模拟测试题和解析。

本书可作为高职高专院校、成人高等学校的计算机公共课程教材,也可作为全国计算机等级考试和各类计算机应用基础培训教材和教学参考书。

本书封面贴有清华大学出版社防伪标签,无标签者不得销售。

版权所有,侵权必究。侵权举报电话：010-62782989　13701121933

图书在版编目（CIP）数据

计算机应用基础项目教程：Windows 7＋Office 2010/邵士媛,吴琳主编.--北京：清华大学出版社,2014
高职高专计算机任务驱动模式教材
ISBN 978-7-302-36517-4

Ⅰ. ①计… Ⅱ. ①邵… ②吴… Ⅲ. ①Windows 操作系统－高等职业教育－教材 ②办公自动化－应用软件－高等职业教育－教材　Ⅳ. ①TP316.7 ②TP317.1

中国版本图书馆 CIP 数据核字（2014）第 102866 号

责任编辑：张龙卿
封面设计：徐日强
责任校对：刘　静
责任印制：沈　露

出版发行：清华大学出版社
　　　　网　　　址：http://www.tup.com.cn, http://www.wqbook.com
　　　　地　　　址：北京清华大学学研大厦 A 座　　　　邮　编：100084
　　　　社　总　机：010-62770175　　　　　　　　　　邮　购：010-62786544
　　　　投稿与读者服务：010-62776969, c-service@tup.tsinghua.edu.cn
　　　　质　量　反　馈：010-62772015, zhiliang@tup.tsinghua.edu.cn
　　　　课　件　下　载：http://www.tup.com.cn,010-62795764
印　装　者：北京嘉实印刷有限公司
经　　　销：全国新华书店
开　　本：185mm×260mm　　印　张：20.5　　字　数：471 千字
版　　次：2014 年 9 月第 1 版　　印　次：2014 年 9 月第 1 次印刷
印　　数：1～2500
定　　价：39.80 元

产品编号：057402-01

出版说明

我国高职高专教育经过十几年的发展,已经转向深度教学改革阶段。教育部于 2006 年 12 月发布了教高[2006]第 16 号文件《关于全面提高高等职业教育教学质量的若干意见》,大力推行工学结合,突出实践能力培养,全面提高高职高专教学质量。

清华大学出版社作为国内大学出版社的领跑者,为了进一步推动高职高专计算机专业教材的建设工作,适应高职高专院校计算机类人才培养的发展趋势,根据教高[2006]第 16 号文件的精神,2007 年秋季开始了切合新一轮教学改革的教材建设工作。该系列教材一经推出,就得到了很多高职院校的认可和选用,其中部分书籍的销售量都超过了 3 万册。现重新组织优秀作者对部分图书进行改版,并增加了一些新的图书品种。

目前国内高职高专院校计算机网络与软件专业的教材品种繁多,但符合国家计算机网络与软件技术专业领域技能型紧缺人才培养培训方案,并符合企业的实际需要,能够自成体系的教材还不多。

我们组织国内对计算机网络和软件人才培养模式有研究并且有过一段实践经验的高职高专院校,进行了较长时间的研讨和调研,遴选出一批富有工程实践经验和教学经验的双师型教师,合力编写了这套适用于高职高专计算机网络、软件专业的教材。

本套教材的编写方法是以任务驱动、案例教学为核心,以项目开发为主线。我们研究分析了国内外先进职业教育的培训模式、教学方法和教材特色,消化吸收优秀的经验和成果。以培养技术应用型人才为目标,以企业对人才的需要为依据,把软件工程和项目管理的思想完全融入教材体系,将基本技能培养和主流技术相结合,课程设置中重点突出、主辅分明、结构合理、衔接紧凑。教材侧重培养学生的实战操作能力,学、思、练相结合,旨在通过项目实践,增强学生的职业能力,使知识从书本中释放并转化为专业技能。

一、教材编写思想

本套教材以案例为中心,以技能培养为目标,围绕开发项目所用到的知识点进行讲解,对某些知识点附上相关的例题,以帮助读者理解,进而将知识转变为技能。

考虑到是以"项目设计"为核心组织教学,所以在每一学期配有相应的实训课程及项目开发手册,要求学生在教师的指导下,能整合本学期所学的知识内容,相互协作,综合应用该学期的知识进行项目开发。同时,在教材中采用了大量的案例,这些案例紧密地结合教材中的各个知识点,循序渐进,由浅入深,在整体上体现了内容主导、实例解析、以点带面的模式,配合课程后期以项目设计贯穿教学内容的教学模式。

软件开发技术具有种类繁多、更新速度快的特点。本套教材在介绍软件开发主流技术的同时,帮助学生建立软件相关技术的横向及纵向的关系,培养学生综合应用所学知识的能力。

二、丛书特色

本系列教材体现目前工学结合的教改思想,充分结合教改现状,突出项目面向教学和任务驱动模式教学改革成果,打造立体化精品教材。

(1) 参照和吸纳国内外优秀计算机网络、软件专业教材的编写思想,采用本土化的实际项目或者任务,以保证其有更强的实用性,并与理论内容有很强的关联性。

(2) 准确把握高职高专软件专业人才的培养目标和特点。

(3) 充分调查研究国内软件企业,确定了基于 Java 和.NET 的两个主流技术路线,再将其组合成相应的课程链。

(4) 教材通过一个个的教学任务或者教学项目,在做中学,在学中做,以及边学边做,重点突出技能培养。在突出技能培养的同时,还介绍解决思路和方法,培养学生未来在就业岗位上的终身学习能力。

(5) 借鉴或采用项目驱动的教学方法和考核制度,突出计算机网络、软件人才培训的先进性、工具性、实践性和应用性。

(6) 以案例为中心,以能力培养为目标,并以实际工作的例子引入概念,符合学生的认知规律。语言简洁明了、清晰易懂,更具人性化。

(7) 符合国家计算机网络、软件人才的培养目标;采用引入知识点、讲述知识点、强化知识点、应用知识点、综合知识点的模式,由浅入深地展开对技术内容的讲述。

(8) 为了便于教师授课和学生学习,清华大学出版社正在建设本套教材的教学服务资源。在清华大学出版社网站(www.tup.com.cn)免费提供教材的电子课件、案例库等资源。

高职高专教育正处于新一轮教学深度改革时期,从专业设置、课程体系建设到教材建设,依然是新课题。希望各高职高专院校在教学实践中积极提出意见和建议,并及时反馈给我们。清华大学出版社将对已出版的教材不断地修订、完善,提高教材质量,完善教材服务体系,为我国的高职高专教育继续出版优秀的高质量的教材。

清华大学出版社
高职高专计算机任务驱动模式教材编审委员会
2014 年 3 月

前　言

　　"计算机应用基础"课程是高等职业教育中学生必修的一门公共课程，是学生从事各项工作的基础和工具。依据当前社会对高职应用型人才的实际工作需求，结合一线教师多年来的教学经验，多位作者共同编写了《计算机应用项目教程（Windows 7＋Office 2010）》。本书选材于当前主流系统软件（Windows 7）和应用软件（Office 2010），以项目任务为载体，以实施过程为主线，把工作环境和教学环境有机结合，全书内容丰富，注重应用。各部分内容相对独立，学生可根据实际情况进行学习。

　　本书的主要特点如下。

　　（1）内容新颖。本书覆盖面广，案例丰富，设计精心，讲解细致，训练同步。注重反映计算机学科的新知识、新内容、新发展，具备高职高专教育教学改革的新思想。

　　（2）手段先进。本书在对知识体系和教学模式上进行了大胆的探索和改革，以项目带动知识模块，以任务完成项目工程实践。同时，结合项目的相关知识与技能，给出了项目总结和项目拓展，既提高了学习知识技能的能力，又培养了分析综合实践的能力。本书注重知识的系统化、实用性和针对性，对计算机基础知识进行了细化和延伸，实现了理论实践一体化的最新教学模式。

　　（3）学生为主。实例选题实用恰当，同步训练丰富全面，拓展练习综合性强，以培养学生的分析问题、解决问题和自主创新能力为主，从学生的认知规律出发，以案例式操作步骤引导学生进行主动的学习，以配套和拓展的训练帮助学生高效地完成学习任务。

　　本书由邵士媛、吴琳任主编，刘春霞、李海燕、杜鹃、王璨任副主编。项目一由邵士媛编写；项目二由赵雨虹编写；项目三和附录部分由吴琳编写；项目四由李海燕编写；项目五由刘春霞编写；项目六由杜鹃编写；项目七由王璨编写；项目八由钟晓辉编写。

　　本书可作为高职高专院校、成人高等学校计算机公共课程教材，也可作为全国计算机等级考试及各类计算机应用基础培训教材和教学参考书。

　　本书在编写过程中，得到了专家、同行的支持和指导，在此表示衷心的感谢。由于时间仓促，书中难免有不足之处，敬请广大师生和读者给予批评指正。

编　者

2014 年 3 月

目 录

项目一 使用 Windows 7

项目导读：

  Windows 7 是 Microsoft 公司开发的具有革命性变化的新一代操作系统，也是目前最流行的个人版操作系统。该系统在 Windows XP 和 Windows Vista 版本的基础上做了很大的改进，具有界面美观、操作稳定以及功能设计更为人性化等优点，使用户对计算机的操作更加简单和快捷，并为用户提供了一个更高效易用的工作环境。

  本项目将完成对 Windows 7 的基础知识和基础操作的学习。从认识 Windows 7 开始，依次讲解了 Windows 7 界面的基本操作和个性化外观的设置，Windows 7 对文件与文件夹、软硬件的管理操作，以及系统的安全与维护等知识。学习这个项目是我们使用和管理计算机的基础。

学习目标：

- 认识 Windows 7 的界面，掌握 Windows 7 的各种基本操作。
- 掌握 Windows 7 的个性化设置，能够对工作界面进行调整。
- 掌握对文件与文件夹、软件和硬件的管理操作。
- 学会利用附件工具和娱乐工具进行相应的工作。

任务一 认识计算机的组成

  一般来说，日常生活中所接触到的 PC 是计算机的一种。计算机经过几十年的发展，已经具备了极强的信息数据处理能力，用于人们生活的各个领域。它与人类以往所使用的所有机械的区别在于它是人类思维的另一种表现，它具有计算、分析、判断、记忆的能力，具备收集和存储信息以备查用的能力，所以它可以代替人类进行自动化控制操作等功能。总的来说，计算机是一种通过对收集到的信息进行自动分析加工整理后，再将结果输出的设备。

  从计算机外观上来看，分为两种类型：台式计算机和笔记本电脑，如图 1-1 和图 1-2 所示。两者内部构造是相同的，只是在外观设计上有所不同，都是由主机、显示器、键盘和鼠标等设备组成。

  ➢ 主机：主机中除了有电源、散热风扇、硬盘、光盘驱动器等之外，主要部分是各种板卡、CPU 和内存。在主机箱的前面板上通常配置一些按钮、设备接口、指示灯等，在主机箱的后面板上也提供了一些设备接口，用于连接鼠标、键盘、打印机、音箱、显示器、网线、耳机与麦克风等设备。

  ➢ 显示器：是计算机最重要的输出设备，它在屏幕上呈现出计算机的运行情况。

> 键盘和鼠标：是计算机最主要的也是使用最频繁的输入设备，主要用于向计算机输入信息和发出操作指令。

图 1-1　台式计算机

图 1-2　笔记本电脑

在学习使用 Windows 7 之前，先来了解一下计算机的组成。计算机是一个完整的系统，它由硬件系统和软件系统两大部分组成，其中硬件包括主机和外部设备，是计算机的基本组成部分；软件是操作硬件的系统语言和程序，用来管理和控制硬件设备。

一、认识硬件系统

硬件系统是看得见、摸得着的物理实体，是指通过接受计算机程序的命令来实现数据输入、运算和输出等操作的设备。硬件系统主要由运算器、控制器、存储器、输入设备和输出设备五部分构成。它们之间的关系如图 1-3 所示，其中粗箭头表示数据信息流向，细箭头表示控制器发出的控制信息流向。计算机在工作时，有两种信息在流动：数据信息和指令信息。数据信息是指原始数据、中间结果、最终结果、源程序等。这些信息从存储器读入运算器进行运算，计算结果存入存储器或传送到输出设备。指令控制信息是由控制器对指令进行分析、解释后向各部件发出的控制命令，并指挥各部件协调工作。

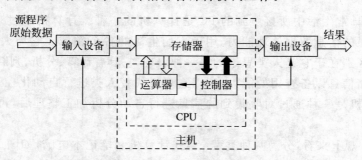

图 1-3　计算机硬件系统结构示意图

这种计算机组成结构也就是冯·诺依曼结构，时至今日，我们使用的计算机不管机型大小，都属于这种结构。

1. 运算器

运算器又称算术逻辑单元(Arithmetic Logic Unit，ALU)，其主要功能是完成各种算术运算和逻辑运算，即能做加、减、乘、除等数学运算，能做比较、判断、查找等逻辑运算。

2．控制器

控制器是计算机的指挥中心，负责指挥计算机各个部件自动、协调的工作。其主要功能是决定程序执行的顺序，发布机器各部件执行操作时的控制命令。

运算器和控制器是集成在一起的，称为中央处理器（Central Processing Unit，CPU）或微处理器，它是计算机硬件系统的核心。

3．存储器

存储器是用来存储程序和数据的部件，有了存储器，计算机才有记忆功能，才能保证正常工作。

在计算机中存储器按其作用可分为主存储器、辅助存储器。由于辅存设置在主机外部，故又称外存，常用的外存是磁盘、光盘、U 盘。CPU 能直接访问的存储器称为内存储器（简称内存）；CPU 不能直接访问外存，外存储器的信息必须调入内存储器后才能由 CPU 进行处理。所以，内存的存取速度比外存快。相对外存而言，内存的存取速度快，但容量较小，且价格较高；外存的特点是存储容量大，价格低，是永久存储信息的地方。

4．输入设备

输入设备是用来输入计算程序和原始数据的设备。常用的输入设备有键盘、鼠标、扫描仪、摄像头、麦克风、触摸屏、数码相机等。

5．输出设备

输出设备是用来输出和呈现计算机处理结果的设备。常用的输出设备有显示器、打印机、音箱、刻录机、数字绘图仪等。

6．计算机的基本工作原理

计算机的工作原理是存储程序和程序控制。这一原理最初是由美籍匈牙利数学家冯·诺依曼于 1945 年提出来的，即"存储程序控制"原理，故称为冯·诺依曼原理。

为了完成某种任务，首先要明确计算机完成任务的基本操作顺序，然后用计算机可以识别的指令来编排完成任务的操作顺序，这个操作顺序就是程序，把程序和原始数据通过输入设备输送到计算机的内存中，计算机即可按程序编排的顺序，一步一步地取出指令，自动完成任务。计算机的工作过程就是执行程序的过程。下面通过数学解题的过程来理解计算机的工作原理。

例：计算 $3+2-1=$？

计算机的解题步骤为：

（1）由输入设备（键盘）将计算的算式"$3+2-1$"输入计算机。

（2）将这个算式送到存储器里记录下来。

（3）由运算器对存储器中的算式进行处理，并将计算结果存储在存储器中。

（4）把存储器中的最终计算结果送到输出设备（显示器）上显示出来。

在这个执行过程中，每一步都是由控制器发布相应的命令完成的，参见图 1-3。

二、认识软件系统

一台组装好的计算机被称为"裸机"。要想让计算机正常工作，并能解决实际问题，就必须安装软件。软件系统是指运行于硬件系统之上的计算机程序，通过这些程序控制整个计算机硬件系统实现不同的功能。人们根据不同的需求开发出不同的软件系统。软件系统总体分为系统软件和应用软件两大类。

（一）系统软件

系统软件是为了计算机能正常、高效工作所配备的各种指挥、管理、监控和维护系统的程序,系统软件主要包括几个方面:操作系统软件(软件的核心)、数据库管理系统、语言处理系统(如解释程序和编译程序)、服务性程序(如机器的调试、故障检查和诊断程序)等。

1. 操作系统(Operating System,OS)

操作系统能够管理计算机的硬件资源和软件资源,并且能够为用户提供操作界面的一组软件集合。

提示:计算机和手机拥有各自的操作系统。

(1) 计算机操作系统。个人计算机从硬件架构上来说目前分为两大阵营,PC 机与 Apple 计算机。计算机支持的操作系统有微软公司生产的 Windows 系列操作系统、UNIX 类操作系统、Linux 类操作系统、苹果公司生产的 MAC 操作系统(一般安装于 MAC 计算机)。

① Windows 操作系统:微软公司推出的视窗电脑操作系统,它是目前世界上使用最广泛的操作系统。随着计算机硬件和软件系统的不断升级,Windows 操作系统也在不断升级,从 16 位、32 位到 64 位操作系统。从 1985 年最初的 Windows 1.0 到大家熟知的 Windows 95/NT/97/98/2000/Me/XP/Server/Vista,以及 Windows 7/8 各种版本的持续更新,微软一直在致力于 Windows 操作系统的开发和完善。

② UNIX 操作系统:它是一个强大的多用户、多任务操作系统,支持多种处理器架构,按照操作系统的分类,属于分时操作系统,最早由肯·汤普逊、丹尼斯·里奇于 1969 年在美国 AT&T 的贝尔实验室开发。目前它的商标权由国际开放标准组织所拥有。

③ Linux 操作系统:Linux 是一种免费的、自由和开放源码的类 UNIX 操作系统。其标志性图标是一个可爱的小企鹅。它是由芬兰赫尔辛基大学的一个大学生 Linus B. Torvolds 在 1991 年首次编写的。Linux 在很多高级应用中占有很大市场,它可安装在各种计算机硬件设备中,比如手机、平板电脑、路由器、视频游戏控制台、台式计算机、大型机和超级计算机。世界上运算最快的 10 台超级计算机运行的都是 Linux 操作系统。

(2) 手机操作系统。它分为两大类,一类是智能机所采用的智能操作系统,第二类是非智能机所采用的操作系统。智能操作系统目前有塞班(Symbian)、iOS、安卓(Android)、Windows Phone、Linux 和 Plam 等。其中,iOS 系统(System)运用在苹果公司的设备上,例如 iPhone、iPad;安卓系统应用在三星、摩托罗拉等设备上。

2. 数据库管理系统

数据库管理系统是一种操纵和管理数据库的大型软件,用于建立、使用和维护数据库。它对数据库进行统一的管理和控制,以保证数据库的安全性和完整性。常见的数据库管理系统有 Microsoft Access、Visual FoxPro、Microsoft SQL Sever、Oracle 等。

3. 语言处理系统

编译程序与解释程序属于语言处理系统,负责把高级语言转化成低级语言,语言处理系统是系统软件的一种。

（二）应用软件

应用软件是在操作系统平台上开发的能完成特定功能的软件，它能解决用户的各种实际问题，比如，办公软件 Office、杀毒软件、影音播放软件、聊天软件 QQ、图像处理软件 Photoshop、动画制作软件 Flash、计算机辅助设计软件 CAD 和计算机游戏等都是应用程序软件。

程序设计语言通常分为机器语言、汇编语言和高级语言三类，它们是用于开发各种软件的，包括系统软件，所以它们也属于应用软件。目前常用的高级语言有 Visual BASIC、Visual C++、Java、Delphi、PowerBuilder、C♯等。

实训 1　键盘操作及汉字输入

实训要求：

（1）认识键盘的组成和按键的功能。

（2）认识汉字输入法的状态条。

（3）启动输入文本的应用程序，如"写字板"（依次选择"开始"→"所有程序"→"附件"→"写字板"命令可打开），选择一种拼音输入法，用正确的指法输入以下文章。

①

沁园春·雪
毛泽东

北国风光，千里冰封，万里雪飘。

望长城内外，惟余莽莽；大河上下，顿失滔滔。

山舞银蛇，原驰蜡象，欲与天公试比高。

须晴日，看红妆素裹，分外妖娆。

江山如此多娇，引无数英雄竞折腰。

惜秦皇汉武，略输文采；唐宗宋祖，稍逊风骚。

一代天骄，成吉思汗，只识弯弓射大雕。

俱往矣，数风流人物，还看今朝。

②

回音（幽默笑话）

dentist（牙医）（在检查 patient（病人）的口腔）："你的牙上有个大 cavity（洞）！有个大 cavity！"

patient（不高兴地）："是有个 cavity，可是你也不用说两遍呀。"

dentist："我只说了一遍，那是 echo（回音），是 echo。"

操作提示：

1. 认识键盘

键盘的种类有多种，常用的有 101 键、104 键和 108 键键盘。104 键比 101 键键盘多了几个 Windows 专用键，包含两个 Win 功能键和一个菜单键。菜单键就相当于按鼠标右键，Win 功能键上面有 Windows 旗帜标记，按此键可以打开"开始"菜单，与其他键组合也有功效,比如,Win＋E 是打开计算机;Win＋D 是显示桌面;Win＋U 是辅助工具。108 键比 104 键键盘多了几个与电源管理有关的键,如开关机、休眠、唤醒等。在 Windows 的电源管理中可以设置它们。按照键位的基本特征,键盘划分为 4 个区。

（1）主键盘区

主键盘也称为标准打字键盘,与标准的英文打字机键位相同,包括 26 个英文字母、10 个数字、标点符号、数学符号、特殊符号和一些控制键。控制键及作用如表 1-1 所示。

表 1-1　控制键及作用

控　制　键	功　　能
回车键(Enter)	用于结束当前的输入行或命令行,或接受某种操作结束
空格键(Space)	键盘下方最长的一个键。按下此键可输入一个空格,同时光标右移一格
大写锁定键(Caps Lock)	控制字母的大小写输入,此键为开关型键,按一下此键,键盘指示灯区的 Caps Lock 灯亮,输入字母是大写;再次按一下此键,指示灯灭,输入字母为小写
退格键(Backspace)	或标记"←",按下此键删除光标左侧的字符,同时光标左移一格
上档键(Shift)	又称换档键,用于输入双字符键的上档字符。方法是按住此键的同时按一下双字符键;若按下 Shift 键同时按下字母键,字母的大小写可进行转换
制表键(Tab)	用于快速移动光标,使光标跳到下一个制表位
组合控制键(Ctrl)、(Alt)	不能单独起作用,必须与其他键配合使用,比如,Ctrl＋Alt＋Del 组合键可以启动任务管理器,要先按下 Ctrl 和 Alt 键,不要释放,然后再按 Del 键
Win 键	标有 Windows 图标的键,任何时候按一下此键都会弹出"开始"菜单
快捷菜单键	相当于右击,会弹出一个快捷菜单

（2）数字小键盘区

数字小键盘区也称为辅助键区,该区按键分布紧凑,适于右手单手操作,方便数字的快速输入。

Num Lock 键:用于控制数字键区上下档的切换,按一下此键,键盘上的 Num Lock 指示灯亮,则表示数字输入;再按一下此键,指示灯灭,表示移动光标。

Del 键:当 Num Lock 键指示灯亮时,此键可输入句号,否则其功能与 Delete 键相同。

（3）功能键区和特殊功能键

功能键区位于键盘上端,包括 F1～F12 键、Esc 键和一些特殊功能键。功能键及作用如表 1-2 所示。

表 1-2　功能键及作用

功　能　键	功　　能
取消键(Esc)	也称强行退出键。用于放弃当前的操作或退出程序
功能键(F1～F12)	不同的应用程序有各自不同的定义,多数程序中 F1 键都是打开程序的"帮助"文档
屏幕打印键(Print Screen)	抓取整个屏幕图像到剪贴板或打印机,简写为 Prt Scr
滚动锁定键(Scroll Lock)	功能是使屏幕暂停(锁定)/继续显示信息。当锁定有效时,Scroll Lock 指示灯亮,否则此指示灯灭。Windows 7 中很少使用
暂停/中断键(Pause/Break)	用于中止某一程序的运行,再按任意键可继续

（4）编辑键区

编辑键区也称光标控制键区，主要用于控制或移动光标。编辑键及作用如表 1-3 所示。

表 1-3　编辑键及作用

编　辑　键	功　能
插入/改写开关键（Insert）	系统默认为插入状态，用于文本编辑状态插入/改写操作
删除键（Delete）	编辑文档时删除光标右侧的字符
翻页键（Page Up）、（Page Down）	编辑文档时用于上/下翻页
方向键或光标移动键（↑、↓、←、→）	编辑状态用于上、下、左、右移动光标
首键（Home）、尾键（End）	编辑文档时使光标快速移动到当前行的行首或行尾

2. 使用输入法状态条

选择的汉字输入法不同，其显示的状态条也不同，比如，"搜狗拼音输入法"如图 1-4 所示，各按钮的作用如下。

图 1-4　"搜狗拼音输入法"的状态条

① 输入法名称按钮 ：用于选择状态条上显示的按钮。

② 中英文切换按钮 中：用于切换中英文，在按钮上单击后变为 英 图标，可进行英文输入。

③ 全角/半角状态切换按钮 ：用于全半角状态切换，单击后变为 ● 图标，可进行全角输入，此时输入的数字和符号均占一个汉字的位置。

④ 中英文标点符号切换按钮 ：用于中英文标点符号的切换，单击后变为 图标，此时可进行英文标点符号的输入。

⑤ 软键盘 ：Soft Keyboard，是通过软件模拟的键盘，可以通过鼠标单击某个键来输入字符。为了防止木马记录键盘的输入，一般在银行网站上输入账号和密码时经常用到软键盘。右击它可打开 13 种软键盘，如图 1-5 所示，在弹出的菜单中选择不同的分类可以输入不同的字符，比如，"特殊符号"软键盘如图 1-6 所示，可用于输入一些特殊符号。再次单击软键盘可关闭它。

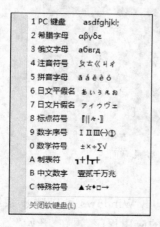

图 1-5　软键盘种类

图 1-6　"特殊符号"软键盘

⑥ **菜单按钮** ：单击此按钮可打开一个功能菜单，可选择并使用相应的功能。

任务二　Windows 7 基本操作

在各种软件中，操作系统是最基础的软件，其他软件都运行于操作系统之上。也就是说，一台计算机必须首先安装操作系统，才能安装和使用其他软件。

Windows 操作系统是大多数人使用计算机的平台，学习使用计算机，首先就要学习Windows 操作系统的用法。Windows 7 作为目前最新版本的 Windows 操作系统，设计了全新的用户界面，为用户提供了更直观的窗口操作、超级任务栏访问、更快捷的日常操作方式、更多的实用小工具等。对 Windows 7 的基础知识和基本操作的学习，也是我们使用计算机的基础。

一、Windows 7 的启动与退出

启动与退出 Windows 7 是学习操作计算机的第一步，Windows 7 的退出功能比以前的系统有了很大的改变，用户可以根据需要选择正确的关机方法。使用 Windows 7 操作系统时，正确的执行启动和退出系统，可以保护计算机并延长计算机的使用寿命。

1. 开机启动

计算机开机后，首先启动 Windows，进行设备的初始化及自检（即对基本设备进行检查）等工作，如系统运行正常，则会登录 Windows 操作系统。若用户设置了用户账户密码，则需在登录界面中输入密码，然后单击右侧的箭头，如图 1-7 所示，登录 Windows 7 系统。

图 1-7　设置了密码的 Windows 7 用户登录界面

2. 关机退出

所有操作结束后，即可关机退出 Windows。正确地退出 Windows 可以防止系统文件的丢失或出现错误，因此，在关闭计算机前，应先关闭所有的应用程序，再在"开始"菜单中单击"关机"按钮，即可退出 Windows7 操作系统，然后完全关闭计算机。

在退出 Windows 7 操作系统时,用户也可以根据不同的需求选择不同的退出操作。单击"关机"按钮右侧的箭头,可看到更多选项,如图 1-8 所示。

（1）睡眠:是一种节能省电状态。睡眠状态中的操作系统会将当前打开的文档和程序自动保存至内存,使设备处于低能耗状态。单击鼠标或敲击键盘上的任意键,即可很快唤醒计算机而使之恢复工作,如果设置有用户账户密码,则需输入密码才能恢复。睡眠比较适合离开计算机时间不长,又希望保持正在进行的工作状态的用户。

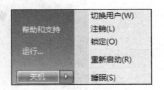

图 1-8　"关机"菜单

（2）重新启动:在遇到系统运行不稳定时,可重新启动计算机。

（3）锁定:是锁住一切操作,一切都保持在锁定之前的状态。当在工作过程中要临时离开一段时间,但又不想让别人使用你的计算机,故将其锁定。解除锁定时,若用户没有设置密码,则直接单击用户名即可进入系统;若系统设有密码,则必须输入密码才能恢复。

在 Windows 7 中,锁定功能是依靠用户账户密码来保护计算机的,如果用户没有设置密码,锁定功能也就失去了它的保护作用。

（4）切换用户:可以不中止当前用户所运行的程序或不关闭已打开的文件,而进入其他用户的工作界面。

（5）注销:是系统将中止当前用户的一切工作并返回登录界面。这对于多个用户使用同一台计算机时非常有用,注销后可以快速登录到另一个账户。

提示:什么时候使用注销?

➤ 你需要用另一个用户身份来登录你的计算机,这个时候不需要重新启动操作系统,只要注销你现在的用户即可。

➤ 安装了新软件,更改了注册表,需要让注册表生效可以使用注销,因为每个用户登录的时候系统会自动重新加载注册表。

➤ 启动项改变,需要让其生效,可以注销后重新登录,在登录的时候系统会自动重新加载启动项目。

➤ 除此以外的情况,特别是底层驱动更改,你需要重新启动机器,而不是使用注销操作。

二、Windows 7 的界面与设置

Windows 是微软公司推出的基于视窗化的图形界面操作系统,启动计算机进入 Windows 7 操作系统后,出现在屏幕上的整个画面就是 Windows 7 的桌面,如图 1-9 所示,Windows 7 系统中大部分的操作都是通过桌面完成的。

下面从 Windows 7 的桌面、"开始"菜单、任务栏、窗口的组成开始,认识 Windows 7 界面元素,理解和掌握对界面程序操作的通用性。Windows 7 操作系统提供了各种对操作界面的个性化设置功能,用于方便和美化用户的操作方式和操作环境。

（一）Windows 7 的桌面及设置

桌面包括桌面图标、桌面背景、任务栏等组成元素。

图 1-9　Windows 7 桌面

1. 桌面图标与桌面背景

（1）桌面主要包括系统图标和快捷图标两种，除此之外还会有一类普通图标，即保存在桌面上的文件或文件夹。

➤ 系统图标：安装完 Windows 后自动生成的图标，可以与系统相关的操作，如"回收站"、"计算机"、"网络"、"用户的文件"等。

➤ 快捷图标：应用程序的快捷启动方式，图标左下角有箭头标志，用户可以根据需要将经常使用的应用程序的快捷方式放在桌面上，如 Word、Excel 等。双击快捷图标就能快速打开窗口或启动相应的应用程序。

提示：双击桌面图标将打开相应的窗口。常用的桌面图标功能如下。

"计算机"可以查看并管理计算机中的所有资源。"回收站"临时存储从硬盘中删除的文件或文件夹，需要时可从回收站中恢复。"用户的文件"用来存放用户在 Windows 中创建的文件。用户在保存新建文件时如不指定路径，系统就会将文件自动存放到该文件夹中。"网络"在局域网环境中可访问网络中的可用资源。

（2）桌面背景是指应用于桌面的颜色或图片。Windows 7 操作系统提供了丰富的桌面背景，通过改变背景图片，使桌面更加美观。

2. 任务栏

任务栏主要包括"开始"按钮、锁定图标区、任务图标区、通知区、"显示桌面"按钮。默认时任务栏位于桌面下方，其主要作用是实现多任务之间的切换，如图 1-10 所示。

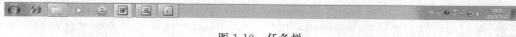

图 1-10　任务栏

（1）"开始"按钮：用于打开"开始"菜单。

（2）锁定图标区：位于任务栏的左边，用于快速启动某些常用项目。默认情况下，有 Internet Explorer(浏览器)、Windows Media Player(多媒体播放器)和 Windows 资源管理器的图标被锁定。

（3）任务图标区：用户每执行一项任务，系统都会在任务栏中放置一个相关的图标，单击这些图标可以进行各种任务间的切换。当鼠标指针放置在任务图标上时，会显示相应任务的预览图；当同时打开一个程序的多个窗口时，鼠标指针移至任务图标上时会层叠显示多个任务预览图，当鼠标移至某个预览图上时则会直接显示该窗口，鼠标移开预览图时会自动切换回原始桌面场景。单击某个预览图即可切换到该窗口，如图 1-11 所示。实现任务预览图功能一定要以开启 Aero Peek 效果为前提，这是 Windows 7 的新增功能。

图 1-11　层叠的任务预览图

（4）"显示桌面"按钮：位于任务栏最右侧，单击此按钮可快速查看桌面，该命令的快捷键为 Win＋D。另外，在开启 Aero Peek 效果后，还可以通过将鼠标指向"显示桌面"按钮，所有打开的窗口都出现淡入淡出效果，实现桌面透视预览功能。

（5）通知区：包括时钟、音量、网络、电源和解决方案，属于 Windows 的特殊图标（称为"系统图标"），可以选择是否显示它们。有些新安装的程序会自动将图标添加到通知区域。可以更改出现在通知区域中的图标和通知。

（6）语言栏：位于通知区，主要用于选择和切换输入法。在输入过程中切换其他输入法时，可按快捷键 Ctrl＋Spacebar（空格键）实现中英文切换，按快捷键 Ctrl＋Shift 实现各种输入法的切换；单击语言栏中的"最小化"按钮■，可以将其最小化到任务栏中；单击语言栏中的"还原"按钮■，可以将其显示于桌面上。

3．桌面的个性化设置

Windows 7 系统提供了丰富的个性化桌面设置功能。包括对桌面上的图标进行添加、移动、排列、删除、改变样式和显示方式等操作；更改主题、桌面背景；设置系统日期和时间、调整任务栏等操作。

【任务操作 1-1】 设置个性化桌面图标和任务栏。

（1）要求

① 在桌面上添加"计算机"、"网格"、"控制面板"系统图标，添加 Word、Excel、PowerPoint 快捷图标，并对其进行移动、排列、删除、更改图标样式和显示方式等操作；添加和设置桌面小工具。

② 开启 Aero Peek 主题效果，预览桌面、预览任务图标区的图标；调整任务栏大小、外观和位置；设置锁定区的图标。

③ 更改音量、时间与日期，设置语言栏的输入法。

（2）操作方法和步骤

① 添加桌面系统图标和更改图标样式

在桌面空白处右击,在弹出的快捷菜单中选择"个性化"命令,打开"个性化"窗口,如图 1-12 所示。

图 1-12　"个性化"窗口

在"个性化"窗口左侧单击"更改桌面图标"超链接,打开"桌面图标设置"对话框,选中要添加的图标的复选框,如图 1-13 所示。

要更改图标的样式,可在"桌面图标设置"对话框中选择中间列表框中要更改样式的图标,单击下方的"更改图标"按钮,打开"更改图标"对话框,如图 1-14 所示,从中进行选择即可,最后单击"确定"按钮。

图 1-13　"桌面图标设置"对话框

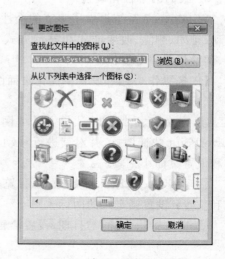

图 1-14　"更改图标"对话框

②　添加桌面快捷图标

选中要添加的文件或应用程序的快捷方式，比如，依次选择"开始"菜单→"所有程序"→Microsoft Office→Microsoft Office Word 2010，右击，在弹出的快捷菜单中选择"发送到"→"桌面快捷方式"命令。

③　排列桌面图标与改变显示方式

排列桌面图标可以通过快捷菜单来完成，也可以通过拖动图标到目标位置来完成。比如，在桌面空白处右击，在弹出的快捷菜单中选择"排序方式"→"项目类型"命令。除此之外，还可以按"名称"、"大小"和"修改日期"等方式进行排列，如图 1-15 所示。

改变图标显示方式可以在打开的"查看"子菜单中选择相应的命令；如果选择"自动排列图标"命令，系统会自动对桌面图标进行排列，如图 1-16 所示。此外，用户还可以通过在按住 Ctrl 键的同时转动鼠标滚轮的办法，来改变桌面图标的大小。

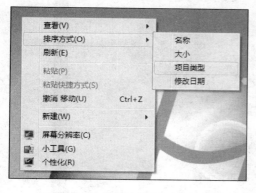

图 1-15　"排列方式"子菜单

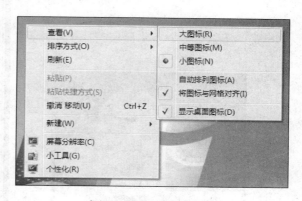

图 1-16　"查看"子菜单

④　添加桌面小工具

Windows 7 系统提供了一个小型的桌面工具集，这些小工具可以提供即时信息以及可轻松访问常用工具的途径，既可以丰富桌面，又具有实用性。例如，可以使用小工具显示图片幻灯片、查看不断更新的标题或查找联系人。在桌面添加"小工具"的方法如下。

在桌面空白处右击，在弹出的快捷菜单中选择"小工具"命令，打开"小工具库"对话框，如图 1-17 所示，窗口中列出了系统提供的 9 种桌面小工具。双击需添加的小工具的图标，

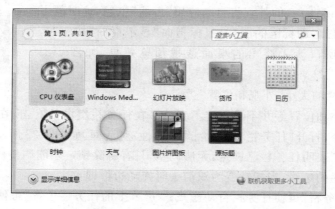

图 1-17　"小工具库"对话框

比如"时钟"图标,便可添加"时钟"小工具到桌面上。添加的小工具可以拖动到桌面的任意位置。如果单击右下角的"联机获取更多小工具"链接,可以通过微软官方站点获取更多的桌面小工具。

添加了小工具后,可以对小工具的样式、大小、显示效果等进行设置,各种小工具的设置方法类似,但其设置内容各不相同。右击"时钟"小工具,在弹出的菜单中选择"不透明度"命令,可以设置显示不透明度,如图 1-18 所示;选择"选项"命令,打开"时钟"对话框,可以设置时钟的样式、名称、时区和显示秒针,如图 1-19 所示,单击"确定"按钮完成设置,设置后的时钟效果如图 1-20 所示。

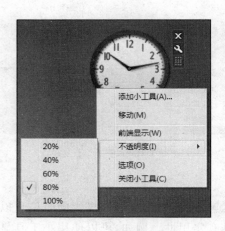

图 1-18　"时钟"快捷菜单　　　　　　　图 1-19　"时钟"对话框

⑤ 设置 Aero Peek 主题效果

在"个性化"窗口中,选择"Aero 主题"中的一个主题,比如"自然"主题,此时 Windows 7 的外观将自动应用"自然"主题,这时就可以预览桌面、预览任务图标区的图标,鼠标指向"显示桌面"按钮时,可以看到打开的窗口淡入淡出的桌面透视预览效果,如图 1-21 所示。

图 1-20　时钟效果

⑥ 调整任务栏的大小、外观和位置

任务栏的大小和位置等并不是固定不变的。在任务栏空白处右击,在弹出的快捷菜单中选择"属性"命令,打开"任务栏和「开始」菜单属性"对话框,如图 1-22 所示,如果选中"锁定任务栏"复选框,则表明任务栏已锁定,无法调整,只有解除锁定才能调整任务栏的大小。鼠标指针指向任务栏的边缘,当指针变为双箭头时拖动边框即可。

"自动隐藏任务栏"可使任务栏自动隐藏;"屏幕上的任务栏位置"可使任务栏放置在屏幕的"底部、左侧、右侧、顶部"。

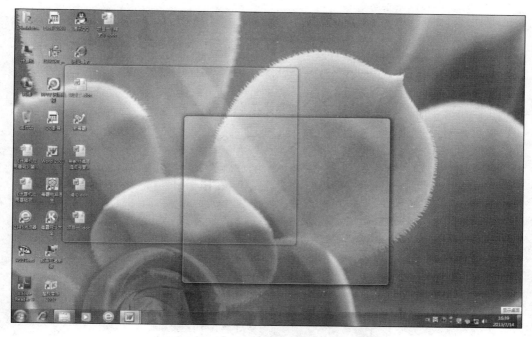

图 1-21　桌面透视预览效果

图 1-22　"任务栏和「开始」菜单属性"对话框任务栏选项卡

　　若将"任务栏按钮"设置为"从不合并",如图 1-23 所示,在任务栏中同一程序的按钮将不再自动合并显示,任务预览效果如图 1-24 所示。

　　⑦ 设置锁定区的图标

　　在"开始"菜单中打开所有程序,找到"腾讯 QQ"程序并右击,在弹出的快捷菜单中选择"锁定到任务栏"命令,即可将 QQ 图标锁定到任务栏上。要将图标从任务栏中解锁,可右击图标,在弹出的快捷菜单中选择"将此程序从任务栏解锁"命令,如图 1-25 所示。

图 1-23　任务栏按钮为"从不合并"显示

图 1-24　不合并的任务预览图

图 1-25　将 QQ 图标从任务栏解锁

⑧ 更改音量、时间和日期

单击通知区中的"扬声器"按钮,将打开声音调节控制面板,拖动音量控制滑块可调节音量,如图 1-26 所示;单击"合成器"链接,可对"扬声器"和"系统声音"的音量进行调节。

单击通知区中的"日期和时间"按钮,打开"日期和时间"面板,如图 1-27 所示,单击"更改日期和时间设置"超链接,或是右击任务栏的"日期和时间"区域,从弹出快捷菜单中选择"调整日期/时间"命令,可以更改本地区的系统日期和时间。

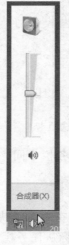

图 1-26　扬声器

图 1-27　日期和时间

⑨ 设置语言栏汉字输入法

单击任务栏语言栏中的输入法按钮 ，可打开输入法列表，看到当前已添加的输入法。Windows 7 自带了多种汉字输入法，可以根据需要将其从输入法列表中添加或删除。

右击任务栏通知书区中的输入法按钮，在弹出的快捷菜单中选择"设置"命令，打开"文本服务和输入语言"对话框，如图 1-28 所示。在"常规"选项卡中单击"添加"按钮，可进行某种输入法的添加；选中某种输入法，单击"删除"按钮可删除输入法。

图 1-28　"文本服务和输入语言"对话框

（二）Windows 7 的"开始"菜单及设置

Windows 7 对"开始"菜单进行了全新设计，使用非常方便，通过它几乎可以完成所有的计算机操作。在任务栏上单击"开始"按钮，或者按下 Ctrl＋Esc 组合键，即可打开"开始"菜单，它包括 6 部分，如图 1-29 所示。

1. 使用"开始"菜单

（1）打开程序。单击"开始"按钮，将鼠标指针移到"所有程序"按钮上，显示"所有程序"列表，这里列出的是已安装在计算机中的应用程序的快捷方式，如图 1-30 所示，单击列表中的某个项目即可打开该程序，比如，单击"附件"文件夹，打开后单击其中的"写字板"，即打开了写字板程序。

另外，使用"搜索程序和文件"编辑框也可以打开相应的程序。在"搜索框"中输入要搜索的名称，比如"写字板"，系统会自动搜索出与关键字相匹配的程序或文件，单击"写字板"项即可启动写字板。

（2）添加程序到"开始"菜单。在"开始"菜单中或在其他地方找到某个程序后右击该程

17

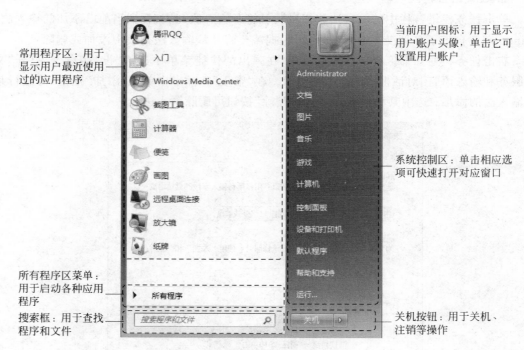

常用程序区：用于显示用户最近使用过的应用程序

当前用户图标：用于显示用户账户头像，单击它可设置用户账户

系统控制区：单击相应选项可快速打开对应窗口

所有程序区菜单：用于启动各种应用程序

搜索框：用于查找程序和文件

关机按钮：用于关机、注销等操作

图 1-29　Windows 7 的"开始"菜单

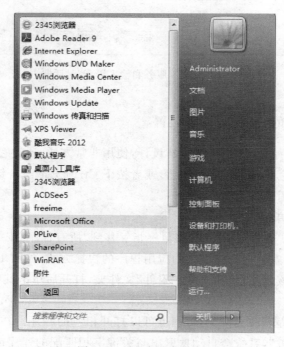

图 1-30　"所有程序"列表

序,在弹出的快捷菜单中选择"附到「开始」菜单"命令,如图 1-31 所示,此时这个程序将被添加到"开始"菜单的"常用程序区"分组线的上方,以后就可以快速启动该程序;相反,若要解锁程序图标,右击它,选择"从「开始」菜单解锁"命令。

注意:从"开始"菜单删除程序图标不会将它从"所有程序"列表中删除或卸载。

(3) 获取 Windows 7 帮助。在使用计算机的过程中,经常会遇到各种各样的问题,Windows 的帮助和支持中心提供了多个帮助主题,包含软件和硬件方面的知识,通过它可以学习更多的 Windows 功能。在"开始"菜单的系统控制区中,选择"帮助和支持"命令,打开"Windows 帮助和支持"窗口,单击不同的主题或按钮,可以获得帮助信息,如图 1-32 所示。

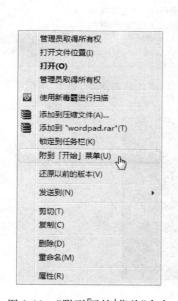

图 1-31　"附到「开始」菜单"命令　　　图 1-32　"Windows 帮助和支持"窗口

2. 设置"开始"菜单属性

设置"开始"菜单属性,可以改变其外观和行为。在"开始"按钮上右击,在弹出的快捷菜单中选择"属性"命令,打开"任务栏和「开始」菜单属性"对话框中的"「开始」菜单"选项卡,如图 1-33 所示。若要清除最近打开的程序,只要取消选中"存储并显示最近在「开始」菜单中打开的程序"复选框。若要清除最近打开的文件,只要取消选中"存储并显示最近在「开始」菜单和任务栏中打开的项目"复选框,然后单击"确定"按钮。

单击"自定义"按钮,打开"自定义「开始」菜单"对话框,可以自定"开始"菜单上的超链接、图标以及菜单的外观和行为,比如,选中"视频"为"显示为链接"单选项,并设置"开始"菜单大小,"要显示的最近打开过的程序的数目"为 2,如图 1-34 所示,单击"确定"按钮后使设置生效,设置后的"开始"菜单"视频"以超链接的形式出现在系统控制区,常用程序区中最近打开过的程序只显示了 2 个,如图 1-35 所示。

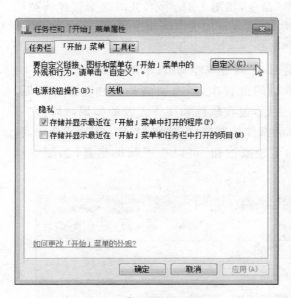
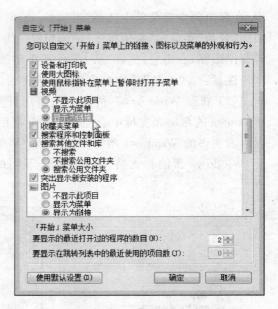

图 1-33　"「开始」菜单"选项卡　　　　图 1-34　"自定义「开始」菜单"对话框

图 1-35　设置后的效果

(三) Windows 7 的窗口与对话框

Windows 7 作为一种视窗式操作系统,所有的应用程序都是在窗口下运行的。用户的大多数操作都是在各种窗口中完成的,用户通过窗口可以观察应用程序的运行情况,观察文件或文件夹中的内容,以便于对它们进行相应的操作。

1. 窗口的组成

窗口主要包括标题栏、地址栏、菜单栏、工具栏、工作区、窗格、搜索框等部分,如图 1-36 所示。

(1) 标题栏。位于窗口的最上方。单击右侧的 3 个窗口控制按钮 ■、■/■、
■ ,可将窗口"最小化"、"最大化/还原"或"关闭"。最小化是将窗口缩小为一个图标放置在任务栏上,最大化是将窗口充满整个屏幕。此外,拖动标题栏可以移动窗口的位置,这时的窗口不能处于最大化和最小化状态。

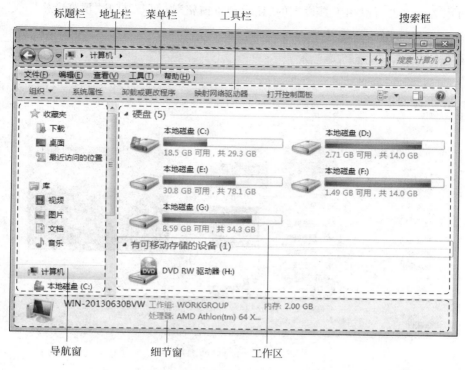

图 1-36　"计算机"窗口的组成

　　将鼠标指针移到窗口边框或四个角上,当鼠标指针变成双向箭头形状时,按下鼠标左键不放并拖动,可调整窗口的大小;将鼠标指针移到窗口边框上或下边缘,当鼠标指针变成上下双向箭头形状时,拖动鼠标指针到屏幕上边缘或下边缘,可以让窗口垂直展开显示;用鼠标拖动窗口标题栏至屏幕最上方时,出现"气泡"即释放鼠标,可实现窗口最大化。若拖动至屏幕最左或最右侧时,则以屏幕 50%的比例显示在左侧或右侧。当窗口最大化或以 50%比例显示时,向下拖动标题栏,即可还原窗口大小。

　　(2) 地址栏。显示当前打开的文件夹的路径。每个路径都由不同的按钮连接而成,单击这些按钮,就可以在相应的文件夹之间进行切换。左侧"返回"按钮 和"前进"按钮 ,用于打开最近浏览过的窗口。

　　(3) 工具栏。显示当前窗口常用的工具按钮,将光标移至某个按钮上时,会自动显示该按钮的作用,单击这些按钮,可以快速执行一些常用的操作。

　　(4) 工作区。显示当前窗口的内容或操作结果。比如,在"计算机"窗口中,工作区主要用来显示和操作文件或文件夹;在"记事本"、"写字板"程序窗口中,工作区主要用来显示和编辑文档内容;在 Photoshop 程序窗口中,工作区主要用来显示和编辑图像。

　　(5) 搜索框。窗口中的搜索框与"开始"菜单中的搜索框作用相同,用于快速搜索计算机中的程序和文件。

　　(6) 窗格。窗口中有多种窗格类型。单击导航窗格文件夹列表中的文件夹,可快速打开相应的文件夹或窗口;细节窗格用于显示计算机的配置信息或当前窗口中所选对象的信息。要想打开不同的窗格,可单击工具栏中的"组织"按钮,在弹出的菜单列表中选择"布局"命令,在子菜单中选择所需的窗格类型,比如,"预览窗格"如图 1-37 所示,可以在预览窗格中预览图片文件。也可以用工具栏上的"显示预览窗格"按钮 ▣ 打开"预览窗格"。

图 1-37 "窗格"的类型

（7）菜单栏。Windows 7 的系统窗口默认不显示菜单栏，单击工具栏上的"组织"按钮，在展开的列表中选择"布局"→"菜单栏"命令，即可显示菜单栏。不同程序的菜单栏包含的内容有很大的差别，但操作方法是相同的。有些菜单在不同的情况下，命令是变化的。比如，在文件夹窗口中，选中对象前后的"编辑"菜单就不相同，如图 1-38 所示。除了下拉菜单之外，Windows 7 中常用的还有在某个位置或对象上右击，会弹出快捷菜单。

图 1-38 选中对象前后的"编辑"菜单

Windows 平台下的菜单设置遵循了菜单标记的约定，以增加界面操作的通用性，菜单中不同的标记的含义如下。

➤ 灰色显示：表示该命令在当前条件下不能执行。

➤ 快捷键标记：表示该菜单命令的快捷键，比如，Ctrl＋C 表示"复制"命令的快捷键。

➤ 单选·标记：表示该命令已经选用，同组中只能一个被选用。

➤ 复选√标记：表示该命令在当前状态下已经起作用。

➤ 三角▶标记：表示选择该命令后将弹出相应的子菜单。

➤ 省略号…标记：表示选择该命令后将打开一个对话框，用来设置相关参数。

2. 多窗口的管理

（1）多窗口切换。同时打开多个窗口，比如，打开"计算机"、"回收站"、"用户的文件" 3 个窗口，按 Alt＋Tab 组合键，即按住 Alt 键不放，同时按下 Tab 键，会弹出任务切换窗口，列出了当前正在运行的窗口。连续按 Alt 键，即可选择所要切换的窗口，如图 1-39 所示。按 Alt＋Esc 组合键，也可以在所有打开的窗口（不包括最小化的窗口）之间切换。

图 1-39　任务切换窗口

另外，Windows 7 还具有窗口晃动功能，当打开多个窗口时，可将鼠标拖住选中窗口的标题栏，晃动鼠标，则除了该窗口外其他窗口均被最小化，再次晃动，这些窗口又会重新还原出现。

（2）多窗口排列。Windows 7 排列窗口的方式主要有"层叠窗口"、"堆叠显示窗口"、"并排显示窗口"3 种。打开多个窗口，在任务栏的空白处右击，从弹出的快捷菜单中选择窗口的排列方式，其中"并排显示窗口"方式如图 1-40 所示。在选择了某种排列方式后，任务栏快捷菜单中会增加一项"撤销层叠显示"、"撤销堆叠显示"或"撤销并排显示"命令，当执行此命令后，窗口排列将恢复原状。

图 1-40　"并排显示窗口"方式

3. 对话框的使用

对话框是用于对相关操作的参数设置,它是一种特殊的窗口,与窗口相比,都有标题栏,都能移动,但不能像窗口那样任意改变大小,在标题栏上没有最小化、最大化按钮,有的还有一个"帮助"按钮 。对话框一般包括标题栏、选项卡、文本框、列表框、复选框、单选按钮、数字调节按钮、滑快、命令按钮等组件,如图 1-41 所示。

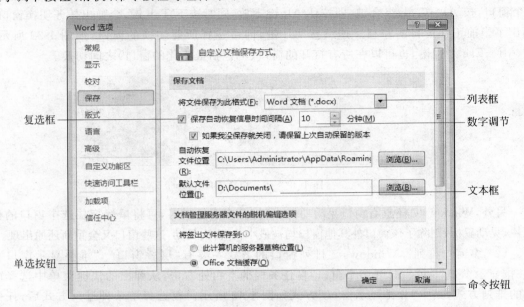

图 1-41 对话框的组成

> 选项卡:对话框中一般有多个选项卡,通过单击选项卡可切换到不同的设置页。
> 文本框:用于输入文本信息。
> 列表框:以矩形的形式显示,其中可以列出多个选项。
> 单选按钮:可以完成某项功能设置,一组只能选中一个。
> 复选框:其作用与单选按钮类似,但可以同时选中多个。
> 数字调节按钮:可直接在框中输入数值,也可单击数值框右边的增减按钮来调整数值大小。
> 滑块:拖动滑块可使数值增加或减少。
> 命令按钮:单击命令按钮可执行对应的功能,比如,单击"确定"按钮,可完成相应的设置并关闭对话框。

【任务操作 1-2】 设置个性化主题界面。

(1)要求

主题是计算机中图片、颜色和声音的组合,包括桌面背景、窗口边框颜色、声音方案和屏幕保护程序等。Aero 主题是 Windows 7 提供的具有个性化的主题。还可以更改主题的背景图片、窗口颜色和声音等来创建自定义主题。

① 设置 Aero 主题:"中国"。

② 设置动态的桌面切换背景:系统自带的图片、自己喜爱的(添加到"我的图片"库中的)图片。

③ 设置窗口颜色和外观："巧克力色"。

④ 设置系统声音："最小化"。

⑤ 设置屏幕保护程序："彩带"。

⑥ 保存自定义主题："我喜爱的个性化主题"。

（2）操作方法和步骤

① 设置 Aero 主题

在桌面空白处右击，在弹出的快捷菜单中选择"个性化"命令，打开"个性化"窗口，选择"Aero 主题"中的"中国"主题，Windows 7 的外观将自动应用"中国"主题，如图 1-42 所示。

图 1-42　"中国"主题

② 设置动态的桌面切换背景

在"个性化"窗口中，单击窗口下方的"桌面背景"超链接，打开"桌面背景"窗口，如图 1-43 所示，Windows 7 提供了丰富多彩的桌面背景图片，选定要进行动态切换的图片，在"图片位置"下拉列表中选择图片的放置方式，在"更改图片的时间间隔"下拉列表中选择切换图片的时间间隔为"10 秒"，单击"保存修改"按钮，此时桌面背景已应用了设置。

③ 添加自己喜爱的图片为桌面背景

在"桌面背景"窗口中，单击"图片位置"下拉列表右侧的"浏览"按钮，打开"浏览文件夹"对话框，选择"库"中"示例图片"，如图 1-44 所示，或者用"库"中"我的图片"文件夹中的图片做背景。如果要将单张图片作为桌面背景，可单击"全部清除"按钮，然后只选中一个，比如"水母"图片，然后单击"保存修改"按钮，用单张图片作为桌面背景的效果如图 1-45 所示。

④ 设置窗口的颜色和外观

在"个性化"窗口中，单击窗口下方的"窗口颜色"超链接，打开"窗口颜色和外观"窗口，选择"巧克力"选项。如果需要透明效果，可选中"启用透明效果"复选框，如图 1-46 所示。如果选择最下方的"高级外观设置"，还可以对"窗口颜色和外观"做进一步详细的设置。

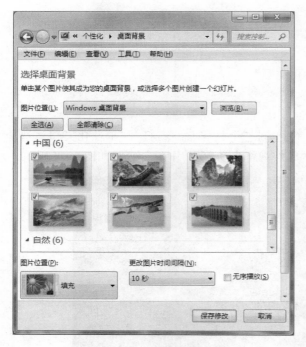

图 1-43　"桌面背景"窗口　　　　　　　　　　图 1-44　"浏览文件"对话框

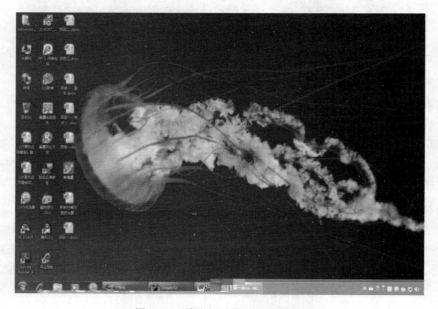

图 1-45　单张图片作为桌面背景

⑤ 设置系统声音

系统声音是指系统操作过程中发生的声音,可以根据个人喜好更改新的声音方案。在"个性化"窗口中,单击窗口下方的"声音"超链接,打开"声音"对话框,在"声音"选项卡中,首先在"程序事件"列表中选择某种操作,比如,"最小化",然后选择要应用的"声音",比如,"电话拨出志.wav"。若将更改保存为新的声音方案,可以单击"另存为"按钮,保存为"NEW"的新声音方案,如图 1-47 所示,单击"确定"按钮应用该方案。

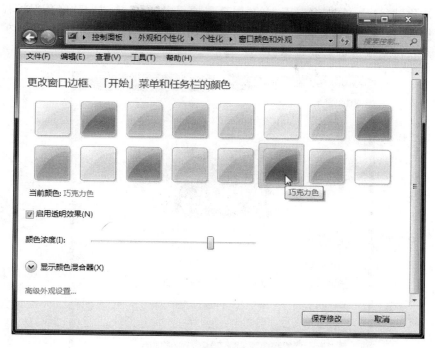

图 1-46　"窗口颜色和外观"窗口

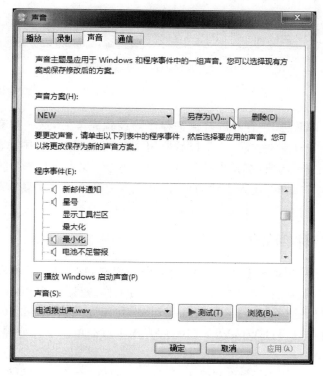

图 1-47　"声音"对话框

27

⑥ 设置屏幕保护程序

屏幕保护程序是指在用户一段时间内不使用计算机时启动的程序,用于保护显示器屏幕。在"个性化"窗口中,单击窗口下方的"屏幕保护程序"超链接,打开"屏幕保护程序设置"对话框,选择"彩带"程序,在"等待"数值框中调整开启时间为"1 分钟",如图 1-48 所示,单击"预览"按钮,可预览设置后的效果,单击"确定"按钮使设置生效。

图 1-48　"屏幕保护程序设置"对话框

⑦ 保存自定义主题

当桌面背景、窗口颜色、声音和屏幕保护程序等设置完毕后,这一整套的具有个性化色彩的设计,可以保存为自定义主题,便于以后应用。在"个性化"窗口中单击,再右击"我的主题"中的"未保存的主题"选项,在弹出的快捷菜单中选择"保存主题"命令,如图 1-49 所示,打开"将主题另存为"对话框,输入主题的名称为"我喜爱的个性化主题",单击"保存"按钮完成操作。

三、使用附件与休闲娱乐

Windows 7 操作系统提供了多个实用的附件小程序,如计算器、画图程序、录音机、截图、便签等,用户可以很方便地使用它们完成相应的工作。另外,Windows 7 还提供了强大的媒体处理功能,可以通过 Windows Media Player 与 Windows Media Center 播放音乐和视频等媒体文件,也可以通过 Windows Live 照片库进行简单的照片处理。

1. 使用附件工具

启动附件的方法:单击"开始"→"所有程序"→"附件"命令,从"附件"菜单中启动相应

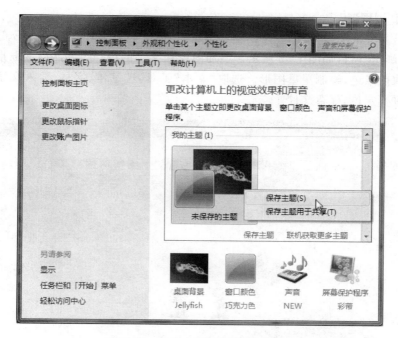

图 1-49 保存主题的"个性化"窗口

的工具命令。

（1）使用计算器

"计算器"是 Windows 7 中的一个数学计算工具，它包括标准型、科学型、程序员和统计信息 4 种。标准型计算器和科学型计算器与我们日常生活中的小型计算器类似，可完成简单的算术运算和较为复杂的科学运算，比如，函数运算等。打开"计算器"窗口，系统默认为"标准计算器"，打开"查看"菜单，可以切换种类，如图 1-50 所示。比如，切换为"程序员计算器"后如图 1-51 所示。进制转换的操作方法为：选择原数据的进制（如十进制）→输入原数据（如 42）→选择将要转换的进制（如二进制）→显示栏上显示出结果（101010）。

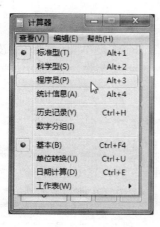

图 1-50 计算器的种类

图 1-51 程序员计算器

（2）使用"画图"程序

"画图"是 Windows 自带的一个绘图和编辑工具，它能以 BMP、JPG、GIF、PNG 等格式保存文件。"画图"窗口如图 1-52 所示。添加图形和文字的操作方法为：选取形状工具"四角星形"，选取前景色，绘制星星图形。选取"文本"工具，选字体、字号，输入文字"星星"，拖动文本区域进行定位，保存文件。

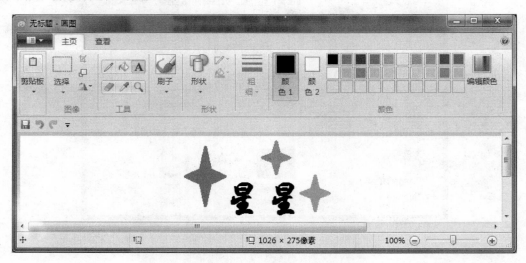

图 1-52 "画图"窗口

"画图"窗口的绘图技巧比较多，下面学习利用橡皮工具绘图的技巧。选择工具箱上的橡皮工具 ，可以用左键或右键进行擦除，这两种擦除方法适用于不同的情况。左键擦除是把画面上的图像擦除，并用背景色填充经过的区域。右键擦除可以只擦除指定的颜色，即所选定的前景色，而对其他的颜色没有影响。这就是橡皮的分色擦除功能。前景色和背景色的选取分别由"颜色 1"和"颜色 2"两个按钮来控制。

（3）使用录音机

在附件中启动"录音机"工具，单击"开始录制"按钮，开始录制音频。若要停止录制音频，就单击"停止录制"按钮，如图 1-53 所示。停止录制音频后就会打开"另存为"对话框，将录制的音频文件保存到"文档库"中。

图 1-53 "录音机"对话框

（4）使用截图工具

在附件中打开"截图工具"窗口，如图 1-54 所示，在"新建"下拉列表中有 4 种截图方式，即任意格式截图、矩形截图、窗口截图、全屏幕截图，选择所需的方式，当鼠标光标变成十字形状时，在要截取的区域上按住左键不放并拖动鼠标，松开鼠标左键时会打开"截图工具"窗口，其

图 1-54 "截图工具"窗口

中显示了截取好的图片,如图 1-55 所示。最后,单击"保存截图"按钮,可以保存截取的图片;单击"复制"按钮,可以复制图片以便粘贴到其他应用程序中。

图 1-55　"矩形截图"窗口

（5）使用便笺

"便笺"是用户随时记录备忘信息的工具。启动"便笺"工具后,在桌面的右上角位置会出现一个黄色的便笺纸,在便笺中可以输入内容,在便笺上右击,在弹出的菜单上可以选择颜色,比如"粉红",如图 1-56 所示。

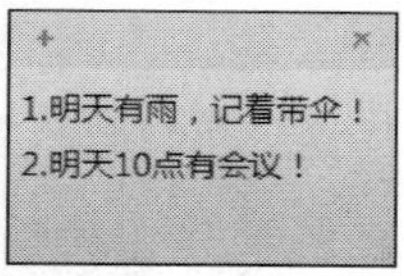

2. 休闲娱乐

（1）听音乐看电影

使用 Windows Media Player 播放器可以播放音乐和视频等媒体文件,其所有的媒体文件都保存在媒体库中,因此需要对媒体库进行管理。选择"开始"菜单→"所有程序"→Windows Media Player 命令,启动 Windows Media Player 播放器。

图 1-56　"便笺"工具

按 Alt 键或右击地址栏,在弹出的快捷菜单中选择"文件"→"打开"命令,在"打开"对话框中打开音乐文件和文件夹,选择要播放的音乐文件,单击"打开"按钮,开始播放选中的音乐文件,单击播放器的"播放"选项卡可以看到播放列表,如图 1-57 所示。用 Windows Media Player 播放 DVD 视频文件与播放 CD 的方法类似,如图 1-58 所示。

（2）浏览图片

在计算机中要浏览存放的图片,可以使用系统自带的"Windows 照片查看器"。当用户在未安装其他图片浏览软件之前,直接双击图片,系统将默认使用"Windows 照片查看器"浏览图片。也可以右击"图片库"中的图片,在弹出的快捷菜单中选择"打开方式"→"Windows 照片查看器"命令,进入查看界面,可以对图片进行幻灯片放映、旋转、放大、缩小、打印、以邮件方式发送以及刻录到光盘等操作,如图 1-59 所示。

待播放的音乐文件

图 1-57　Windows Media Player 对话框

图 1-58　"视频"窗口

另外，Windows 7 提供了 Windows Media Center(数字点播媒体家庭娱乐中心)播放视频和观看动态播放图片。选择"开始"菜单→"所有程序"→Windows Media Center 命令，启动 Windows Media Center，如图 1-60 所示，它会在计算机的音乐、图片和视频库中查找数字媒体。只要将数字媒体文件添加到库中，就可以控制那些歌曲、电影和其他媒体会出现在 Media Center 中。

图 1-59　"Windows 照片查看器"窗口

图 1-60　WindowsMedia Center 对话框

实训 2　使用附件工具

实训要求：

1. 用计算器进行各种进制转换

（1）将十进制数 1259 转换成二进制。

（2）将八进制数 5376 转换成十进制。

（3）将二进制数 1101100010101101 转换成十六进制。

（4）将二进制数 10101100111 转换成十进制。

（5）将十六进制数 9A8F 转换成八进制。

2. 用画图工具绘制双色汉字图像

利用橡皮工具的分色擦除功能，只要按住右键进行擦除就可以起到只擦掉前景色的作用。如果分别选用两次不同的背景色，就可以使文字成为双色字，当然也可以变化为更多的颜色，样式如图 1-61 所示。最后将图像保存文件，并设置为屏幕背景。

图 1-61　双色汉字样式

操作提示：

（1）选用文本工具做出约 72 磅大小的加粗文字，颜色由前景色决定；

（2）选用橡皮工具将背景色设为双色中的另一种颜色，用右键擦除的方法在文字的上面涂抹（前景色会露出所选的背景颜色）；

（3）再选择另外的背景色进行其他部位的擦除，可以制作多色汉字图像。

注意：用什么颜色打字，后面的操作中必须将这种颜色设为前景色，即要擦掉的颜色。

实训 3　Windows 7 的个性化设置

实训要求：

1. 设置任务栏和"开始"菜单

（1）任务栏调整到屏幕的左侧。

（2）打开多个窗口，排列方式为"堆叠显示窗口"，并复制排列方式的屏幕画面到写字板文档中。

（3）在"开始"菜单的自定义中，设置"视频"项显示为"菜单"，设置"要显示的最近打开过的程序的数目"为 3 个。

（4）使用"截图工具"截取"开始"菜单并保存到桌面上。

（5）设置当前时间与 Internet 时间同步，并添加一个时钟，显示"莫斯科"时间。

2. 自定义个性化桌面主题

（1）选用两幅图为桌面背景，每 30 秒更换一次。

（2）窗口颜色设置为"白霜"，并启用透明效果。

（3）屏幕保护程序设置为"三维文字"效果，等待时间为 2 分钟，自定义文字"请等我一会儿！"，设置为加粗隶书，旋转类型为"跷跷板式"，表面样式为"纹理"。

（4）保存自定义主题，名为"最美主题"。

（5）桌面上添加"日历"、"时钟"小工具，并设置其参数。也可以根据自己的喜好在桌面上添加需要的小工具。

（6）桌面上添加一个"便笺"，将今天的日程安排输入上去。比如，①8:30 去图书馆；②10:30 去接老同学；③12:00 同学聚会。

桌面设置效果如图 1-62 所示。

操作提示：

（1）复制窗口和屏幕：若想把窗口复制到文档中，可按 Alt＋PrintScreen 组合键将整个窗口复制到剪贴板，然后编辑文档或图形窗口中，比如"写字板"，选择"粘贴"命令即可；若想复制整个屏幕，可按 PrintScreen 键。

（2）使用"截取工具"截取：打开附件中的"截取工具"后，单击"新建"按钮旁边的箭头，选择"矩形截图"，按 Esc 键，然后打开"开始"菜单，再按 Ctrl＋PrintScreen 组合键，这时就

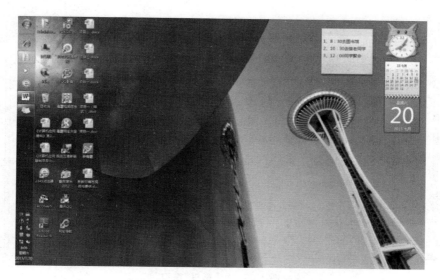

图 1-62 自定义桌面效果图

可以用鼠标框住要截取的屏幕区域了，最后保存截取的图片。

（3）添加一个时钟：打开"时间和日期"对话框中的"附加时钟"选项卡，选中"显示此时钟"项，选择时区为"莫斯科"，输入显示名称为"莫斯科"。附加时钟可以显示其他时区的时间，当鼠标指针悬停在任务栏时钟图标上时可以查看附加时钟。

任务三 Windows 7 管理操作

Windows 7 是用于管理计算机中的硬件资源和软件资源。计算机中的各种信息都是以文件的形式保存在磁盘中的，比如，文档、图片、音乐、动画和程序等，利用 Windows 7 资源管理器可对这些文件进行分类管理。把同类的文件存储在相应的文件夹中，这样能方便用户查找和使用文件，提高工作效率。

1. 使用"资源管理器"管理文件与文件夹

"资源管理器"是 Windows 提供的用于管理和查看文件和文件夹内容的重要工具。在"资源管理器"中，可以访问计算机中的各个位置和资源，例如，硬盘、CD 或 DVD 驱动器以及可移动媒体；还可以访问可能连接到计算机的其他设备，如外部硬盘驱动器和 USB 闪存驱动器。打开资源管理器的方法有以下两种。

（1）双击桌面上的"计算机"图标，或单击任务栏左侧的"Windows 资源管理器"图标。

（2）选择"开始"→"所有程序"→"附件"→"Windows 资源管理器"命令，或在"开始"按钮上右击，在弹出的快捷菜单中选择"打开 Windows 资源管理器"命令。

通过"计算机"打开的资源管理器窗口也称为"计算机"窗口，如图 1-63 所示。

在"计算机"窗口中查看资源的方法如下：

（1）通过左侧的导航窗格查看。单击需要查看资源的根目录前的 ▷ 按钮，可展开下一级目录，此时该按钮变为 ◢ 状态。单击某个文件夹目录，在右侧的窗口工作区将显示该文

图 1-63　"计算机"窗口

件夹中的内容。注意，"导航窗格"可以从工具栏中"组织"→"布局"菜单命令中打开。

（2）通过地址栏快速查看。单击地址栏中每个文件夹后的 ▼ 按钮，将在弹出的下拉列表中显示该文件夹中的子文件夹，即可快速将其打开，如图 1-64 所示。地址栏前面的"前进" 与"后退" 按钮可以实现在打开过的文件夹之间切换。

图 1-64　从地址栏打开文件夹

为了便于查看文件夹中的内容，可以设置不同的显示方式。单击窗口工具栏中的"更改您的视图"按钮 右侧的三角按钮，在打开的列表中选择一种显示方式，如图 1-65 所示。

2. 使用控制面板管理程序与用户

"控制面板"是用于进行系统设置和设备管理的工具集。使用"控制面板"可以设置 Windows 系统外观和工作方式、添加或删除程序、设置网络连接和用户账户等。

启动控制面板的方法有很多，最简单的有以下两种：

（1）打开"开始"菜单，在系统控制区单击"控制面板"命令。

（2）打开"计算机"窗口，在工具栏中单击"打开控制面板"按钮。

"控制面板"的查看方式有三种：类别、大图标和小图

图 1-65　"更改您的视图"选项

标,如图 1-66 所示为分类视图显示方式,它把相关的项目和常用的任务组合在一起,以组的形式呈现出来;如图 1-67 所示为大图标显示方式,均以超链接的形式显示所有控制面板项。

图 1-66　控制面板分类视图

图 1-67　控制面板大图标视图

3. 使用系统工具进行系统日常维护

当计算机用了一段时间后,程序的运行速度越来越慢,不时出现死机、蓝屏等现象,这主要是没有进行计算机维护。通过扫描磁盘、整理磁盘碎片、清理磁盘垃圾等操作,可以检查系统中是否存在逻辑错误,并使系统的性能得到一个全面的提升。

4. 使用杀毒软件查杀计算机病毒

计算机经常会受到病毒、木马和恶意软件的威胁,计算机病毒的历史几乎和计算机的历史一样长。一旦感染病毒,操作系统的运行速度就会减慢,工作效率也会降低,甚至会破坏系统中的文件。防范计算机病毒最有效的措施是安装杀毒软件,它们通常具有实时防护、清除病毒、自动升级、数据恢复等功能。

一、管理文件与文件夹

管理文件与文件夹是 Windows 的主要功能,相关的基本操作包括新建、选择、复制、移动、重命名、删除、文件属性设置等。

1. 认识文件与文件夹

计算机中的各种资源都是以文件的形式保存的,而文件则存放在磁盘或文件夹中。

(1) 文件

"文件"是计算机中的数据在磁盘上的存储形式,不管是文章、图像、歌曲、程序,还是视频,最终都是以文件形式存储在计算机磁盘中。Windows 中的任何文件都是用图标和文件名来标识的,文件名由主文件名和扩展名两部分组成,中间由圆点"."分隔。如图 1-68 所示为几种不同类型的文件的图标和文件名。

图 1-68　Windows 中的文件

> 主文件名:最多可以由 255 个英文字符或 127 个汉字组成,也可混合使用字符、汉字和数字,字母不区分大小写。但是,文件名中不能含有"\"、"/"、":"、"<"、">"、"?"、"＊"、"|"和"""字符。

> 扩展名:决定了文件的类型,通常由 3 个字符组成。不同的扩展名就代表不同的文件格式。

(2) 文件夹

为了便于管理计算机中的各种文件,用户可以对文件进行分类,并存放在不同的文件夹中。如果将计算机比作图书馆,那么磁盘就是图书室,而文件夹就是图书室中的书架,文件就是图书。文件夹中除文件外还可以存放多个子文件夹,这就构成一个"树形"文件管理结构,如图 1-69 所示。文件夹由文件夹图标和文件夹名称两部分组成,在 Windows 7 中,通过文件夹图标即可显示文件夹中的预览文件,新建的空文件夹中无预览文件。

在此结构中,文件的存储位置就叫作"路径",即:盘符:\一级文件夹\二级文件夹名\…\文件名。

盘符是指计算机上配置的驱动器编号。硬盘从 C 开始(若硬盘划分多个分区,则分别

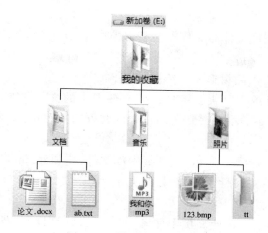

图 1-69 "树形"文件结构

为 D,E…)

2. 设置文件夹选项

设置文件夹选项可以设置是否显示文件的扩展名、是否显示文件提示信息、是否显示隐藏文件等选项。在"计算机"窗口中,单击"工具"→"文件夹选项"命令,或单击工具栏中的"组织"→"文件夹和搜索选项"命令,打开"文件夹选项"对话框,单击"查看"选项卡,如图 1-70所示,在"高级设置"栏中列出了文件和文件夹的显示方式,其中有"隐藏已知文件类型的扩展名"、"鼠标指向文件夹和桌面项时显示提示信息"、"不显示隐藏的文件、文件夹和驱动器"这些选项。

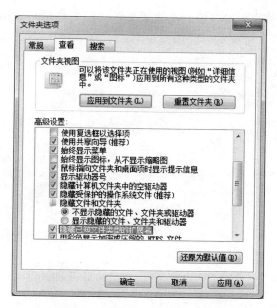

图 1-70 "文件夹选项"对话框中的"查看"选项卡

3. 文件与文件夹的基本操作

由于采用了树形结构来组织计算机中的本地资源和网络资源,因此,对文件与文件夹的操作非常方便。

【任务操作 1-3】 完成文件与文件夹的基本操作。

（1）要求

① 创建如图 1-69 所示的树形文件结构。

② 移动和复制文件或文件夹：将"照片"文件夹中的文件 123. bmp 复制到 tt 文件夹中，并改名为"毕业照.jpg"；将"文档"文件夹中的文件"论文. docx"和"ab. txt"一起移动到 tt 文件夹中。

③ 删除文件或文件夹：将"音乐"文件夹中的文件"我和你. mp3"删除。

④ 设置文件或文件夹属性：将 tt 文件夹中的"论文. docx"设置为"只读"和"隐藏"属性。

⑤ 搜索文件或文件夹：在计算机中搜索 calc. exe(计算器)文件；搜索所有的 MP3 类型的文件，并将它们复制到"音乐"文件夹中。

（2）操作方法和步骤

① 新建文件或文件夹

创建文件在通常情况下是通过应用程序编辑、保存的，如文档编辑程序、图像处理程序等。此外，也可以直接在 Windows 7 中创建某种类型的空白文件，并通过创建文件夹来分类管理文件。

a. 新建文件夹：打开"计算机"窗口，双击打开 E 磁盘或新建文件夹的上级文件夹；在右窗格中，单击工具栏中的"新建文件夹"按钮，或在右窗格空白处右击，在弹出的快捷菜单中选择"新建"→"文件夹"命令，如图 1-71 所示，也可以使用"文件"→"新建"→"文件夹"菜单命令；在新建文件夹名称文本框中直接输入文件夹的名称，如"我的收藏"，按 Enter 键或单击其他地方，即可完成文件夹的新建与重命名。

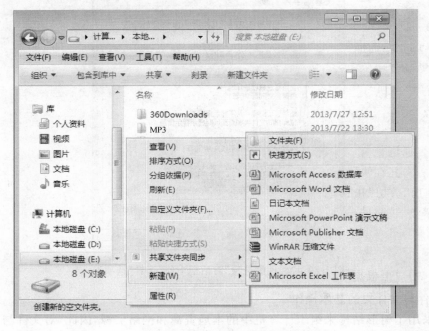

图 1-71　新建文件或文件夹快捷菜单

　　b. 新建文件：双击打开新建的"文档"文件夹，右击空白处，在弹出的快捷菜单中，选择"新建"菜单中某个应用程序，即可创建一个基于该应用程序类型的空文件，比如，选择"文本文档"，输入文件名 ab. txt，按 Enter 键确认。注意，此时文件扩展名处于显示状态，否则输入文件名时不要输入扩展名。如果要改变原有的扩展名，比如，创建文件"我和你. mp3"，系统会弹出一个警告框，如图 1-72 所示，单击"是"按钮确认后才能完成。

　　c. 重命名操作：单击选中某个文件或文件夹，再单击工具栏中的"组织"按钮，在展开的列表中选择"重命名"项，或在选定的对象上右击，在弹出的快捷菜单中选择"重命名"命令；直接输入新的名称，按 Enter 键或单击其他位置确认。当输入的名称要改变扩展名时，同样也会出现图 1-72 所示的警告框。

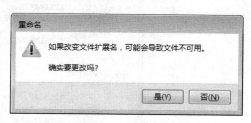

图 1-72　改变扩展名警告框

　　② 选择文件或文件夹

　　选择是执行文件与文件夹操作的前提。单击对象即可选定一个对象，当需要对多个对象进行相同操作时，可以同时先选定多个对象，然后再执行相应的操作。

> 选择多个连续的对象：先单击第一个，按下 Shift 键，再单击最后一个。也可以按下左键不放，拖出一个矩形选框，这时在选框内的所有对象都会被选中。
> 选择多个不连续的对象：按住 Ctrl 键不放，再依次单击所要选择的对象。
> 选择全部：在打开的窗口中单击工具栏中的"组织"按钮，在展开的列表中选择"全选"命令，或直接按 Ctrl＋A 组合键。
> 反向选择：执行"编辑"→"反向选择"菜单命令，即可选定那些在当前没有被选中的对象。

　　③ 复制和移动文件或文件夹

　　移动文件或文件夹是指改变文件或文件夹的存放位置；复制是指为文件或文件夹在目标位置建立副本，而原位置的文件或文件夹还存在。在 Windows 7 中有多种复制和移动文件或文件夹的方法。

　　a. 使用"复制"和"粘贴"命令实现复制，快捷键是 Ctrl＋C 和 Ctrl＋V。

　　打开"照片"文件夹，选定文件"123. bmp"，选择"编辑"→"复制"命令，或单击工具栏中的"组织"→"复制"项，或右击并在快捷菜单中选择"复制"命令。

　　打开目标位置 tt 文件夹，选择"编辑"→"粘贴"命令，或单击工具栏中的"组织"→"粘贴"项，或右击并在快捷菜单中选择"粘贴"命令。

　　b. 使用"剪切"和"粘贴"命令实现文件或文件夹的移动，快捷键是 Ctrl＋X 和 Ctrl＋V。

　　打开"文档"文件夹，同时选定两个文件"论文. docx"和 ab. txt，与"复制"操作方法相同，选择"剪切"命令；打开目标位置 tt 文件夹，执行"粘贴"命令即可。

　　在执行复制或移动时，如果目标位置有相同名称的文件或文件夹时，系统会打开一个提示对话框，用户可根据需要选择是替换、不复制（或不移动）还是保留两个文件，如图 1-73 所示。

　　提示：

> 当执行"复制"和"剪切"操作时，Windows 会将内容保存在"剪贴板"中，在使用"粘

41

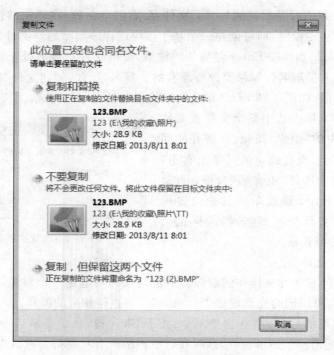

图 1-73　"复制文件"对话框

贴"命令之前,它会一直存储在剪贴板中。"剪贴板"是计算机内存中开辟的共享的临时存储区域,它是数据传递的中转站。剪贴板只保留最近一次复制或剪切的信息,每次将信息复制到剪贴板时,旧信息均由新信息所替换。

➢ 当不小心执行错误的复制或移动操作时,可在"编辑"菜单,或"组织"工具栏中选择"撤销"命令,快捷键是 Ctrl+Z,即可撤销刚执行的操作。

④ 删除文件或文件夹

使用"文件"菜单、"组织"工具按钮,或右击并选择快捷菜单中的"删除"命令,或按"Delete"键,都可以执行删除操作。

当用户对文件或文件夹进行删除操作时,默认情况下,它们并没有从计算机中直接删除,而是保存在"回收站"中,如图 1-74 所示;对于误删除的对象,还可以随时将其从"回收站"中恢复,"回收站"为删除文件或文件夹提供了安全保障。

图 1-74　"删除文件"对话框

　　"回收站"是硬盘上的一块区域,用于临时保存从硬盘中删除的文件或文件夹,对 U 盘和网络上的文件是不回收的。双击桌面上的"回收站"图标,打开"回收站"窗口,选定要还原的对象,单击工具栏中的"还原此项目",或右击要还原的对象,从快捷菜单中选择"还原"命令,如图 1-75 所示,即可将"回收站"中的文件或文件夹恢复到删除前的位置。

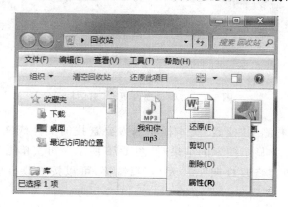

图 1-75　"回收站"窗口

　　如果不希望将删除的文件或文件夹放入"回收站",而是将其彻底删除,只需在删除时按住 Shift 键。在"回收站"中对文件或文件夹执行删除将是一种彻底删除;"清空回收站"命令可将"回收站"中的所有文件彻底删除。

　　⑤ 设置文件或文件夹属性

　　Windows 7 为文件或文件夹提供了 3 种属性:只读、隐藏和存档。各种属性的含义如下。

　　➤ 只读:该文件或文件夹只能打开阅读其内容,不能进行修改。

　　➤ 隐藏:该文件或文件夹被隐藏,打开其所在窗口不会被显示。

　　➤ 存档:该文件或文件夹不仅可以打开阅读,还可以修改其内容并进行保存。一般新建或修改后的文件都具有这种属性。

　　打开 tt 文件夹,选定文件"论文.docx",单击工具栏中的"组织"→"属性"项,或右击文件,在快捷菜单中选择"属性"命令,打开"属性"对话框,如图 1-76 所示,可查看与设置属性。单击"高级"按钮,可设置存档属性,以及对文件或文件夹的压缩和加密属性。

　　如果对文件夹设置属性,会出现"确认属性更改"对话框,如图 1-77 所示,需要选择"仅将更改应用于该文件夹"或"将更改应用于该文件夹、子文件夹和文件"单选项。

　　⑥ 搜索文件或文件夹

　　随着计算机中的文件和文件夹的增加,用户可以使用搜索框快速、准确地搜索出符合要求的文件。打开"计算机"窗口,选择搜索位置

图 1-76　文件属性对话框

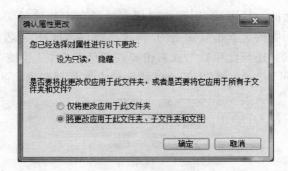

图 1-77　"确认属性更改"对话框

"计算机",并在地址栏右侧的"搜索"文本框中输入要查找的文件或文件夹的名称 calc. exe 后,系统自动开始搜索,并显示搜索的结果,如图 1-78 所示。再次单击"搜索"文本框将弹出设置搜索范围快捷菜单,"修改日期"和"大小"超链接,可以按修改日期和大小来设置搜索范围。

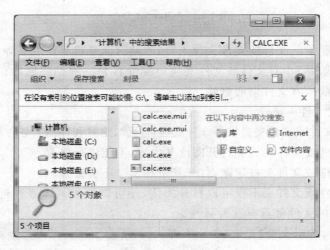

图 1-78　"搜索"窗口

在搜索框中输入文件或文件夹名称时,可以使用通配符进行模糊搜索,如"?"代表一个任意字符,"＊"代表多个任意字符。比如,搜索所有的 MP3 类型的文件,可以输入"＊.mp3"。如图 1-79 所示。

4. 使用 Windows 7 的库

Windows 7 的库类似于文件夹,用于组织和访问文件,但与文件夹不同的是,库可以收集存储在多个位置的文件,并将它们显示为一个集合,而无须移动这些文件。使用库可以更加便捷地查找、使用和管理分布于整个计算机或网络中的文件。Windows 7 系统默认提供了"视频"、"图片"、"文档"、"音乐"4 个库,在资源管理器中单击导航窗格中的"库"项目,如图 1-80 所示。双击某个库,即可查看已添加到其中的文件夹或文件。

用户也可以创建新库,将常用的文件和文件夹添加到库中,进行集中管理。创建新库并添加文件和文件夹的操作步骤如下:

① 打开"计算机"窗口,在导航窗格中右击"库",在弹出的快捷菜单中选择"新建"→

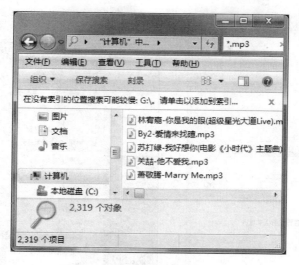

图 1-79 模糊搜索

图 1-80 资源管理器的"库"窗口

"库"命令，再输入新建库的名称，比如，"个人资料"。

② 右击创建的"个人资料"库，在弹出的快捷菜单中选择"属性"命令，打开"个人资料属性"对话框。单击"包含文件夹"按钮，在打开的对话框中选择要添加的文件夹，比如，"E：\我的收藏"文件夹，如图 1-81 所示，单击"确定"按钮，即可以将其添加到新建库中。

将文件夹包含到库中，也可以右击要包含的文件夹，在弹出的快捷菜单中选择"包含到库中"命令，然后单击相应的库即可，如图 1-82 所示。

提示：库是一个逻辑文件夹，添加到库中的文件夹只是原始文件夹的一个超链接，不占任何磁盘空间。当我们删除某个库时，文件夹并没有被真正删除，在原位置依然存在。但对添加到库中的文件夹或文件夹中的文件进行的任何管理操作，如复制、移动、删除等，都将直接影响到原始位置的文件夹。

45

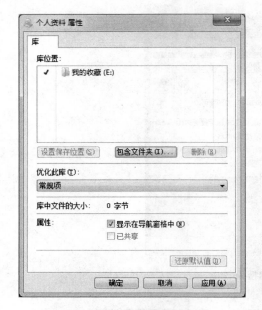

图 1-81　库属性对话框

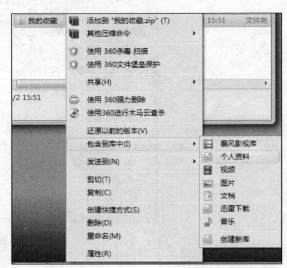

图 1-82　"文件夹包含到库中"快捷菜单

　　要想添加或删除包含到库中的文件夹(删除该文件夹时也不会从原始位置中删除),其操作方法是:在"导航"窗格中单击要更改的库,在"库"窗格中文件列表上方"包括"的旁边,单击"位置"超链接,在显示的位置对话框中(如图 1-83 所示)单击"添加"按钮,可以添加其他位置的文件夹;选择要删除的文件夹,单击"删除"按钮,可以删除包含到库中的文件夹。

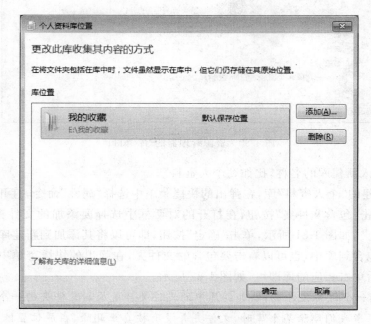

图 1-83　"库位置"对话框

二、管理应用程序与用户账户

计算机的功能强大也取决于计算机中安装的应用软件，要获得更多的功能，就需要有不同应用软件的支持。安装过的应用软件如若不需要，也可将其从操作系统中卸载，以节约系统空间、提高系统运行速度。

1. 安装与管理应用软件

（1）安装常用的应用软件

➢ 办公类：Office 是目前使用最广泛的办公软件，其组合套件有编辑文档软件 Word、电子表格软件 Excel、制作幻灯片软件 PowerPoint 等。

➢ 播放类：播放视频和音频的媒体文件常用的有暴风影音、百度影音、酷狗音乐、迅雷看看、千千静听、QQ 音乐等。

➢ 下载类：从 Internet 上下载文件常用的有迅雷、BT 下载等。

➢ 阅读类：阅读 PDF 电子书常用 Adobe Reader。

➢ 杀毒类：维护计算机安全常用的有 360 杀毒、金山毒霸、瑞星、卡巴斯基等。

要获得这些软件，用户可以购买安装光盘，也可以从官方网站下载，免费提供各种软件下载的网站有华军软件网（http://www. onlinedown. net）、天空软件站（http://www. skycn. com）等。

一般应用软件都配置了安装程序 Setup. exe 或 Install. exe 等，双击它便可进入应用软件的安装过程，按照安装向导的指引一步一步地进行安装操作。安装完成后可以通过"开始"菜单或桌面上放置的快捷方式图标等启动应用软件。

（2）卸载应用程序

删除应用程序最好不要直接从文件夹中删除，这样可能无法删除干净，并且可能导致其他程序无法运行。卸载应用程序的方法有两种：一种是使用"开始"菜单；另一种是使用"程序和功能"窗口。

大多数软件在安装以后，会自带卸载命令，在"开始"菜单中可以找到该命令，如图 1-84 所示。有些软件的卸载命令不在"开始"菜单中，这时就要在"控制面板"窗口，单击"程序"→"程序和功能"超链接，打开"程序和功能"窗口，如图 1-85 所示，可以对应用程序进行卸载、更改或修复。

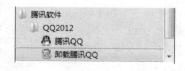

图 1-84 "开始"菜单中的卸载

（3）管理应用程序进程

使用 Windows 的任务管理器可以管理当前正在运行的应用程序和进程，查看有关计算机性能、联网及用户的信息。同时按下 Ctrl＋Shift＋Esc 键或 Ctrl＋Alt＋Delete 键，或者右击任务栏空白处并在弹出的快捷菜单中选择"启动任务管理器"命令，即可打开"Windows 任务管理器"窗口，如图 1-86 和图 1-87 所示。

➢ 终止未响应的应用程序：当系统出现"死机"时，通常是因为存在未响应的应用程序，可以通过任务管理器终止它们，选中后单击"结束任务"按钮，系统即可恢复正常。

➢ 终止运行的进程：当 CPU 的使用率长时间达到或接近 100%，或者系统提供的内存长时间处于几乎耗尽的状态时，通常是系统感染了蠕虫病毒，通过任务管理器找到这些程序，单击"结束进程"按钮，系统即可结束该应用程序。

47

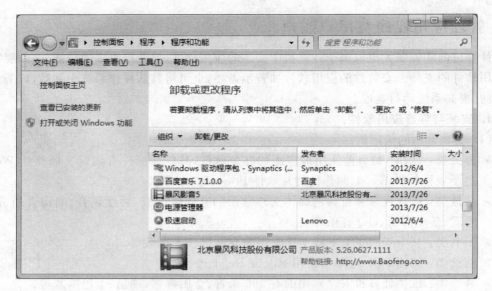

图 1-85 "程序和功能"中的卸载

图 1-86 "任务管理器"应用程序选项卡

图 1-87 "任务管理器"进程选项卡

2. 创建和管理用户账户

Windows 7 的多用户账户功可以实现多人共享一台计算机,通过设置账户密码来有效地保护各自的资源安全,不同的用户可以设置自己个性化的工作环境。不用重新启动计算机,并且不关闭当前打开的程序和文件,通过"开始"菜单中的"注销"功能即可实现不同用户之间的切换。

Windows 7 中有 3 种不同类型的账户,不同的账户使用权限不同,分别说明如下。

➤ 管理员账户:启动 Windows 后系统自动创建的用户账户,拥有最高操作权限,具有安全访问权,可以做任何需要的修改。

> 标准账户：可以使用大多数软件，更改不影响其他用户或计算机安全的系统设置，可以创建多个此类账户。

> 来宾账户：拥有最低的使用权限，不能对系统进行修改，只能进行最基本的操作，该账户默认没有被启用。

账户的创建和管理方法如下：在"控制面板"窗口中单击"添加或删除用户账户"超链接，打开"管理账户"窗口，如图 1-88 所示，单击窗口下部的"创建一个新账户"超链接，打开"创建新账户"窗口，为新账户命名并选择账户类型。创建完新账户后，可以根据实际情况，对账户的类型、名称、图片、密码等进行更改。

图 1-88 "管理账户"窗口

三、系统日常维护与病毒防范

系统的日常维护主要是指对计算机磁盘的维护，以及系统优化的工作。磁盘维护一般包括扫描磁盘、整理磁盘碎片、清理磁盘垃圾等操作。

1. 使用系统工具

（1）磁盘碎片整理

操作计算机时，由于经常对磁盘上的文件进行读写、删除等操作，会使一个文件被分散保存在多个不连续的区块，这些分散的文件块就叫"磁盘碎片"。大量的磁盘碎片将会影响计算机的运行速度，通过整理磁盘碎片，可以把磁盘碎片重新合并，以提高磁盘的性能。整理 C 盘碎片的操作方法如下：

① 单击"开始"→"所有程序"→"附件"→"系统工具"→"磁盘碎片整理程序"命令，打开"磁盘碎片整理程序"对话框，如图 1-89 所示。

② 在"当前状态"列表框中选择 C 磁盘，单击"磁盘碎片整理"按钮，系统开始对磁盘进行碎片整理。注意，在整理磁盘碎片期间最好不要运行其他程序。

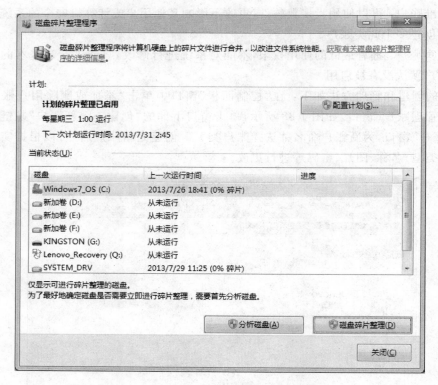

图 1-89 "磁盘碎片整理程序"对话框

（2）清理磁盘垃圾

操作计算机时，系统会产生一些临时文件，如果不及时删除它们，长期积累后就会占用磁盘空间，并且会影响系统运行的速度。通过磁盘清理可以删除临时文件、清空回收站、Internet 缓存文件等垃圾文件，释放磁盘空间。清理 D 盘垃圾的操作步骤如下：

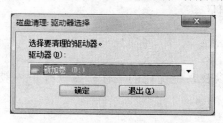

图 1-90 选择要清理的磁盘

① 单击"开始"→"所有程序"→"附件"→"系统工具"→"磁盘清理"命令，打开"磁盘清理：驱动器选择"对话框，在其下拉列表框中选择 D 盘，并单击"确定"按钮，如图 1-90 所示。

② 打开"（D：）的磁盘清理"对话框，在"要删除的文件"列表中选中需删除的文件类型的复选框，单击"确定"按钮，开始清理磁盘，如图 1-91 所示。

（3）检查磁盘错误

计算机出现频繁死机、蓝屏或者系统运行变慢时，可能是由于磁盘上出现了逻辑错误。利用检查磁盘错误功能，可以检测当前磁盘中是否存在逻辑错误，并可以进行自动修复，以确保磁盘中的数据安全。检查 G 盘错误的操作步骤如下：

① 右击要检查错误的磁盘"G 磁盘"，在弹出的快捷菜单中选择"属性"命令，打开磁盘属性对话框，切换到"工具"选项卡，如图 1-92 所示。

② 单击"开始检查"按钮，打开"检查磁盘"对话框，如图 1-93 所示，选中两个选项可在检查磁盘时自动修复文件系统错误和逻辑坏磁道。

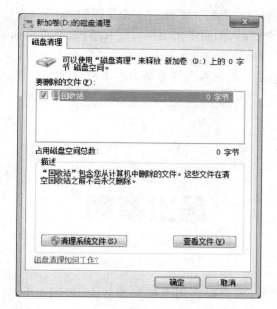

图 1-91 "磁盘清理"对话框

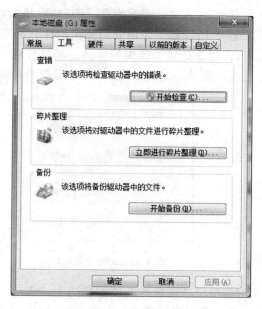

图 1-92 "磁盘属性"对话框

2. 计算机病毒防范

（1）认识计算机病毒

计算机病毒（Computer Virus）实际上是一种人为编制的特殊的计算机指令或者程序代码。它专门破坏计算机功能或者破坏数据、影响计算机使用并能够自我复制。具有非授权可执行性、隐蔽性、破坏性、传染性、可触发性等特点。

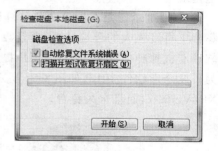

图 1-93 "检查磁盘"对话框

计算机病毒能把自身附着在各种类型的文件上，通过移动存储器、光盘或网络进行传播，使计算机无法正常使用或损坏整个操作系统甚至计算机硬盘，其主要危害表现在两个方面。

① 针对计算机的危害：会破坏正常文件，自动打开恶意网页，使系统速度变慢，让计算机运行不稳定，严重的会让系统无法启动，甚至损坏计算机硬件。

② 盗取用户的数据：通过 Internet 盗取用户的 QQ 账号和密码、游戏账号和密码、信用卡账号和密码等；通过 Internet 控制用户计算机，比如，提取和删除用户文件、监控用户在计算机上的所有操作、自动打开计算机的摄像头偷窥用户的隐私。

（2）病毒防范

提高系统的安全性是防病毒的一个重要方面，但完美的系统是不存在的，过于强调提高系统的安全性将使系统多数时间用于病毒检查，系统失去了可用性、实用性和易用性。另外，安装杀毒软件并定期更新也是预防病毒的重中之重。杀毒软件可以杜绝绝大多数的病毒，在安装后它会自动开启防火墙防御病毒。常用的杀毒软件如下。

① 360 安全卫士是目前国内比较受欢迎的一款免费的上网安全软件，具有自动防范黑客的攻击、查杀木马、清理恶意软件、修复系统漏洞、清理垃圾文件、提升系统运行速度等多种功能。360 杀毒是 360 安全中心开发的一款免费杀毒软件，如图 1-94 所示，具有查杀率高、

资源占用少、升级迅速等特点。360杀毒和360安全卫士配合使用,是安全上网的"黄金组合"。

②金山毒霸是金山公司推出的计算机安全产品,如图1-95所示,具有监控、杀毒全面、可靠、占用系统资源较少等特点。其软件的组合版功能强大(金山毒霸2011、金山网盾、金山卫士),集杀毒、监控、防木马、防漏洞为一体,是一款具有市场竞争力的杀毒软件。

图1-94　360杀毒软件

图1-95　金山毒霸

③瑞星杀毒软件的监控能力是十分强大的,但同时占用系统资源较大,如图1-96所示。瑞星采用第八代杀毒引擎,能够快速、彻底查杀大小各种病毒,这个绝对是全国顶尖的。但是瑞星的网络监控不行,最好再加上瑞星防火墙弥补缺陷。

④百度杀毒是百度公司与计算机反病毒专家卡巴斯基合作出品的全新免费杀毒软件,集合了百度强大的云端计算、海量数据学习能力与卡巴斯基反病毒引擎专业能力,一改杀毒软件卡机臃肿的形象,竭力为用户提供轻巧不卡机的产品体验。第一款百度杀毒软件版本为百度杀毒软件2013,如图1-97所示,是一款专业杀毒和极速云安全软件,支持Windows XP/Vista/7,而且永久免费。

图1-96　瑞星杀毒软件

图1-97　百度杀毒

⑤360手机卫士是一款完全免费的手机安全软件,市场份额已超过50%,是中国使用人数最多的手机安全软件。集防垃圾短信、防骚扰电话、防隐私泄露、手机杀毒、对手机进行安全扫描、软件安装实时检测、联网行为实时监控、长途电话IP自动拨号、系统清理手机加速、号码归属地显示及查询等功能于一身。360手机卫士为您带来便捷实用的功能,全方位的手机安全及隐私保护。

实训4　管理文件与文件夹的操作

实训要求:
(1) 在C盘创建如图1-98所示的树形文件结构,并实现文件和文件夹的操作。
①将MYFILE文件夹中的TEST文件夹更名为ROUP。

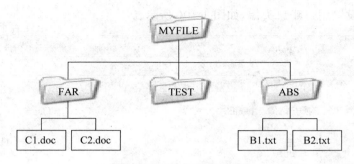

图 1-98　树形文件结构(1)

② 将 MYFILE\FAR 文件夹中的文件 C1.doc 移动到 ABS 文件夹内,并将该文件更名为 PLI.doc。

③ 将 MYFILE\ABS 文件夹的文件 B1.txt、B2.txt 复制到 ROUP 中。

④ 将 MYFILE\ABS 文件夹的文件 B1.txt 删除,并且不进入回收站。

⑤ 将 MYFILE\FAR 中的 C2.doc 设置成存档和隐藏属性。

⑥ 为 MYFILE\ABS 文件夹中的 B2.txt 创建快捷方式,放置到 MYFILE 文件夹中。

(2) 在 C 盘创建如图 1-99 所示的树形文件结构,并实现文件和文件夹的操作。

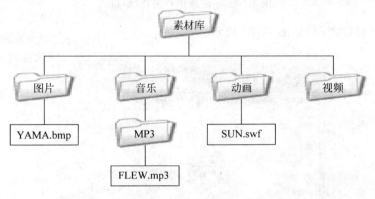

图 1-99　树形文件结构(2)

① 将"素材库\音乐\MP3"文件夹中的文件 FLEW.mp3 设置为存档和隐藏属性,并且设置不显示。

② 将"素材库\图片"文件夹中的文件 YAMA.bmp 删除。

③ 将"素材库\动画"文件夹中的文件 SUN.swf 移动到"视频"文件夹中。

④ 将"素材库\图片"文件夹复制到"动画"文件夹中,并且改名为 TEM。

⑤ 在 C 盘上查找 Windows Media Player 应用程序,其文件名为 wmplayer.exe,并将该文件复制到"视频"文件夹中,对该文件创建桌面快捷方式。

实训 5　创建新用户与设置控制面板组件

实训要求:

1. 创建新用户并设置密码

(1) 创建一个名为"风云"的标准用户账户。

（2）个性化设置用户账户头像，如图 1-100 所示。

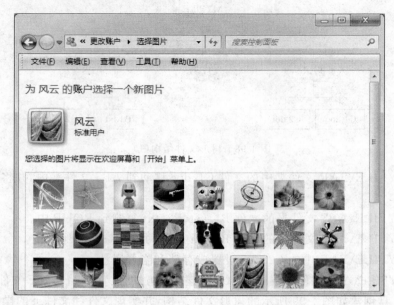

图 1-100　"更改用户图片"窗口

（3）为用户设置密码，如图 1-101 所示。

图 1-101　"更改账户"窗口

（4）对该用户使用家长控制。

操作提示：

使用家长控制主要是针对家庭中的儿童使用计算机。这种功能可以对指定账户的使用时间及使用程序进行限定。家长控制需要以管理员身份登录 Windows 系统，针对标准用户要先启用该功能。具体操作如下：

在"更改账户"窗口中单击"设置家长控制"超链接，打开"家长控制"窗口，单击需要家长控制的账户，打开"用户控制"窗口，选中"启用，应用当前设置"单选按钮，即可对账户的使用时间、游戏等级、使用程序等进行限制，如图 1-102 所示。

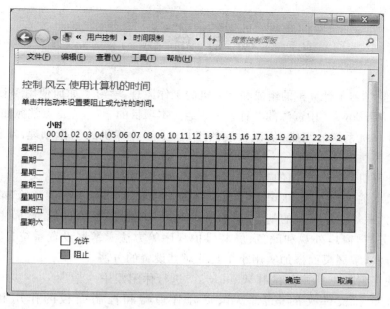

图 1-102　"用户控制"窗口

2. 打开和关闭"游戏"组件

操作提示：

Windows 7 默认自带了许多组件功能，根据需要可以打开或关闭某些组件功能。

（1）打开"控制面板"→"程序"→"程序和功能"→"打开或关闭 Windows 功能"超链接，打开"Windows 功能"窗口，如图 1-103 所示。

图 1-103　"Windows 功能"窗口

（2）选中"游戏"复选框，添加想要打开或关闭的"游戏"功能组件。

55

项 目 总 结

本项目主要学习了计算机的组成和计算机的工作原理,学习了如何使用 Windows 7 的基本操作和管理 Windows 7 中资源的各种方法。通过本项目的学习,应重点掌握如下内容:

➢ 认识计算机系统的组成,认识软硬的组成,了解计算机的工作原理,掌握键盘操作,提高输入法的使用能力。

➢ 掌握计算机启动与关闭的方法,了解睡眠、锁定、切换与注销的含义。

➢ 掌握鼠标的操作方法,认识 Windows 7 的工作界面,包括桌面、"开始"菜单、窗口、菜单、对话框等界面元素的基本构成,掌握通过"个性化"设置鼠标、桌面主题、图标、背景、任务栏、窗口外观和颜色、屏幕保护程序等方法。掌握设置系统日期、时间和音量的方法,掌握桌面添加实用小工具并对其设置的方法。

➢ 学会使用附件工具并会利用 Windows 7 进行休闲娱乐。

➢ 了解文件和文件夹的概念,认识资源管理器和控制面板的作用和意义,掌握 Windows 7 中利用资源管理器窗口工具栏中的"组织"按钮或右键快捷菜单中的命令实现对文件和文件夹的基本操作,包括新建、选择、重命名、移动、复制、删除、搜索、设置属性等操作。在删除文件或文件夹时,掌握从回收站中恢复或清空的方法。

➢ 利用 Windows 7 的库可以对计算机中的文件和文件夹进行集中管理。新建多个库,并将常用的文件夹添加到相应的库中,实现方便快捷地找到和使用这些文件夹中的文件。

➢ 学会应用程序的安装、启动与卸载。了解 Windows 7 的用户账户类型,掌握创建与更改用户账户的方法,了解使用家长控制功能。

➢ 掌握利用 Windows 7 自带的系统维护工具整理、清理、扫描磁盘的方法,了解病毒的常识,以及各种杀毒软件的功能,能够定期对计算机进行维护、查杀病毒、清理垃圾文件、管理计算机中的软件等操作。

项 目 实 训

使用 Windows Live 影音制作软件制作电子相册。

Windows Live 是一个浏览和处理照片的非常好的工具。它包含 Windows Live 照片库、Windows Live 影音制作等多个组件。上网下载 Microsoft 提供的 Windows Live 软件包并安装,使用 Windows Live 照片库组件可以处理图片、使用 Windows Live 影音制作组件可以制作电子相册。

操作提示:

(1) 下载和安装 Windows live 影音制作。

打开"控制面板"窗口,单击"入门"图标,打开"入门"窗口,双击"联机获取 Windows Live Essentials"选项,将该软件包下载到计算机中;双击下载的 Windows Live 软件包,将其安装到计算机中,如图 1-104 所示。

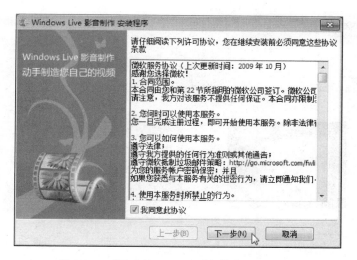

图 1-104　"Windows Live 影音制作"安装界面

（2）打开和使用 Windows Live 影音制作。

在"开始"菜单"所有程序"列表中 Windows Live 文件夹中单击"Windows Live 影音制作"，启动该程序，如图 1-105 所示。

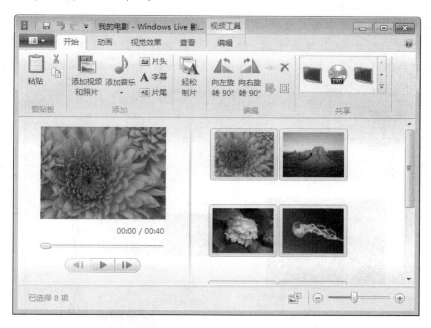

图 1-105　"Windows Live 影音制作"窗口

（3）添加照片和背景音乐。

利用"开始"选项卡，"添加视频和照片"按钮添加照片，"添加音乐"按钮添加背景音乐；利用"编辑"选项卡中的工具按钮对素材文件进行编辑（包括设置每张图片的播放时间等）；利用"视觉效果"选项卡，选择不同的视觉效果，对照片进行亮度的调整；利用"动画"选项卡中的按钮设置动画特效（包括过渡特技、平移和缩放效果），如图 1-106 所示。

图 1-106　添加音乐

（4）添加片头、片尾和字幕。

根据需要可以为影片添加片头、片尾和字幕。在"开始"选项卡中单击"片头"、"片尾"、"字幕"按钮即可添加片头、片尾和字幕。添加时可以选择字幕的动画效果以及片头片尾的颜色；为选中的照片写好字幕后，可以选择字幕切换和出现的动画效果，如图 1-107 所示。

图 1-107　添加片头

（5）保存电影。首先建议先保存项目，然后选择保存电影，这样便于修改。保存电影时一般选择推荐的设置。一个漂亮的相册视频完成了。

项目二　Internet 应用

项目导读：

随着计算机网络技术的普及和发展，计算机网络已深入人们的工作、学习和生活等各个领域，不断地推动人类社会信息化水平的提高。通过 Windows 7 接入 Internet，利用 IE 浏览器可以获取网上资源，享受网络服务，体验现代化的办公和数字化的生活。

本项目通过两个任务介绍计算机网络的应用，学习 Internet 的相关知识，认识 Windows 7 与网络的关系，体验 Internet 给学习和生活带来的无穷魅力。通过本项目的学习，可以使我们掌握利用 Internet 进行工作和学习的方法。

学习目标：

- 了解网络配置和接入 Internet 的 ADSL 方式。
- 掌握 IE 浏览器在 Internet 上进行浏览网页、保存网页和下载资料的用法。
- 学会利用搜索引擎在 Internet 上搜索资料和进行电子商务处理的方法。
- 会申请免费的电子邮箱，使用 Web 方式收发电子邮件，进行网上学习、娱乐和交流。

任务一　浏览网页并查询信息

Internet 称为"因特网"或"国际互联网"。它是由各种不同类型和规模、独立运行并进行管理的计算机网络组成的覆盖全球范围的计算机网络。在世界上任何地方的任何一台计算机只要接入 Internet，就可以跨越时空查阅 Internet 上的信息资源，与网络上的其他计算机或用户交换信息，获得该网络提供的各种信息服务，而不受地区、国界和时间的限制。

浏览网页通常是指 WWW（World Wide Web）服务，它的信息资源以页面（也称网页、Web 页）的形式呈现给用户，它是 Internet 信息服务的核心，也是目前 Internet 网上使用最广泛的信息服务。WWW 为全世界人们提供查找和共享信息的手段。信息查询也称为信息搜索，它是指用户利用某些专业的搜索工具，如百度等网站在 Internet 上查找自己所需要的资料。

一、Windows 7 中局域网的配置

局域网技术已经广泛应用于企业、机关、学校的信息自动化处理中。利用局域网技术，将各种计算机、外部设备和数据库等连接成网络，可以合理利用硬件资源，加快信息交流和资源共享。组建一个局域网，首先应通过连接线和所需的硬件设备将接入的计算机连接在一起，然后再正确配置局域网，设置 TCP/IP 协议，确保计算机间的数据正常传输。

1. 安装局域网硬件设备

一般配置一个局域网的基本硬件设备是：两台以上具有网卡的计算机、网线、交换机或路由器等。目前笔记本电脑和大多数台式机的主板均已经配置了网卡并安装了驱动程序，可以直

接进行网络设置。如果计算机中没有网卡,则需要单独安装网卡并按网卡说明安装驱动程序。

安装局域网硬件设备的方法是:将连接了水晶头的网线的一端插入计算机网卡的接口上,另一端插入路由器的接口上,如图 2-1 所示,启动计算机并进入 Windows 7,在桌面上打开"网络"窗口,即可看到当前连接在一起的计算机图标。

计算机网卡　　　　　　　　网线　　　　　　　　正确连接

图 2-1　正确连接网线与计算机网卡

2. 配置网络通信协议

将计算机接入局域网的方式有很多,可以使用固定 IP 地址上网,也可以使用客户端认证上网。如果使用固定 IP 地址将计算机接入局域网,需向局域网管理者了解本地局域网入网规则,申请自己的局域网 IP 地址和上网账号。

连接好硬件设备后,需在 Windows 7 中设置 IP 地址,才能使局域网正常工作,具体操作步骤如下。

(1) 打开 Windows 7 的网络和共享中心窗口

在"控制面板"窗口中,单击"网络和共享中心"超链接,或右击桌面上的"网络"图标,在弹出的快捷菜单中选择"属性"命令,打开"网络和共享中心"窗口,如图 2-2 所示,用户可以查看基本网络信息和设置网络连接。单击左侧的"更改适配器设置"超链接,打开"网络连接"窗口。

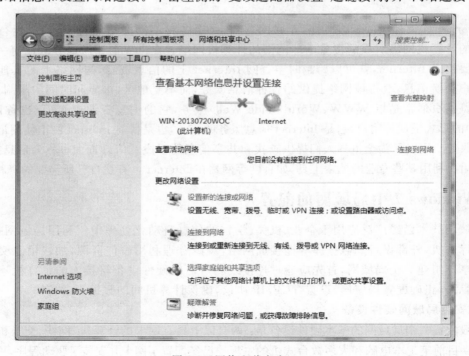

图 2-2　网络和共享中心

（2）打开"本地连接 属性"对话框

右击"网络连接"窗口中的"本地连接"图标，在弹出的快捷菜单中选择"属性"命令，打开"本地连接 属性"对话框，如图 2-3 所示。双击"此连接使用下列项目"列表中的"Internet 协议版本 4(TCP/IPv4)"选项，打开"Internet 协议版本 4(TCP/IPv4)属性"对话框。

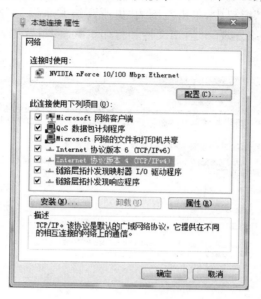

图 2-3　"本地连接 属性"对话框

（3）配置协议

选中"使用下面的 IP 地址"单选项，在"IP 地址"文本框中输入 IP 地址，系统会根据 IP 地址自动分配子网掩码，输入"默认网关"和"首选 DNS 服务器"后，完成本地连接 TCP/IP 协议的属性配置，如图 2-4 所示。

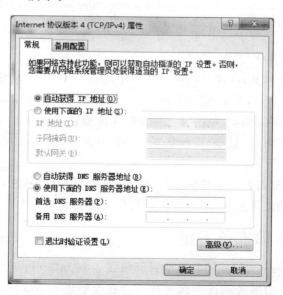

图 2-4　"Internet 协议版本 4(TCP/IPv4)属性"对话框

61

3. 共享网络资源

配置好局域网中的设备和 IP 地址后,就可在局域网中共享各台计算机中的文件、文件夹和打印机等资源,具体操作步骤如下。

(1) 开启文件和打印机共享功能

在"网络和共享中心"窗口中,单击左侧的"更改高级共享设置"超链接,打开"高级共享设置"窗口,选中"启用网络发现"、"启用文件和打印机共享"单选项,如图 2-5 所示,单击"保存修改"按钮开启共享功能。

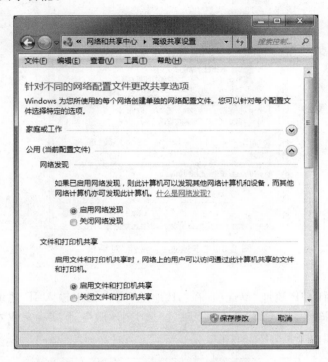

图 2-5 "高级共享设置"窗口

(2) 共享和访问文件夹

右击需要共享的文件夹,在弹出的快捷菜单中选择"共享"→"特定用户"命令,打开"文件共享"窗口,如图 2-6 所示,选择用户名 Everyone,单击"添加"按钮,再单击 Everyone 权限级别为"读取"或"读/写"的选项,单击"共享"按钮完成操作。还可以在文件夹右键快捷菜单中选择"属性"→"共享"命令,单击"高级共享"按钮,打开"高级共享"对话框,选择"共享此文件夹"复选项,如图 2-7 所示。

打开"网络"窗口,双击目标主机的图标,输入正确的用户名和密码,便可访问局域网中其他计算机所有共享的文件夹了,用户能够对共享文件夹中的文件进行读取、复制和修改。

二、加入 Internet 的准备工作

用户如要加入 Internet,只需将自己的计算机接入与 Internet 互联的任何一个网络,或与 Internet 上的任何一台服务器连接起来即可。在能够进入 Internet 冲浪之前,还要做一些准备工作,首先需要申请上网账号,还要对系统的硬件、软件和通信系统进行安装和设置。

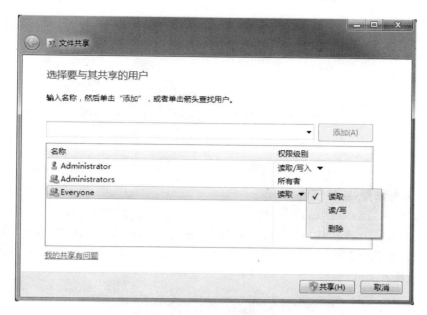

图 2-6 "文件共享"窗口

图 2-7 "高级共享"对话框

1. 申请上网账号

目前国内有中国电信、中国移动、中国联通三大基础 Internet 服务供应商(ISP),为个人用户提供 Internet 接入服务。ADSL 的中文名称是"非对称数字用户环路",是一种在普通电话线上进行宽带通信的技术。用户通过 ADSL 方式连入 Internet,需要先选择一家 ISP 申请账号,办理入网手续。

2. 硬件安装与设置

上网的用户,需要安装调制解调器(Modem)。先将加载了 ADSL 信号的电话线连上滤波分离器,再将滤波分离器与 ADSL Modem 连通,最后用一条网线将 ADSL Modem 连接到计算机网卡,如图 2-8 所示。

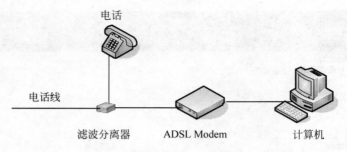

图 2-8　通过 ADSL 接入 Internet

3. 设置上网账号,连接网络

硬件设置好后,用户可以直接通过 Windows 7 的连接向导创建自己的 ADSL 拨号连接,即设置上网账号。连接建立好后,打开"网络连接"窗口,双击 ADSL 图标,出现"连接 ADSL"对话框,如图 2-9 所示,输入用户名和密码,并单击"连接"按钮,系统进行登录,登录成功后计算机接入 Internet。

图 2-9　"连接 宽带连接"对话框

三、网上进行浏览与查询

搜索引擎是指 Internet 上专门帮助用户搜索信息的网站。搜索引擎作为互联网的基础应用,是网民获取信息的重要工具,其使用率近几年始终保持在 80% 左右,使用率在所有应用程序中稳居第二。目前国内用户使用最多的搜索引擎有百度(www. baidu. com)、搜狗(www. sogou. com)、迅雷狗狗(www. gougou. com)等,国外的搜索引擎主要有谷歌 Google(www. google. com),如图 2-10 所示。它们以关键字进行搜索,可以在很短的时间内处理和收录大量的网页。其 Google 目前已经收录了 80 亿个网页,应用面越来越广。

IE(Internet Explorer)浏览器是由美国 Microsoft 公司开发的浏览网上站点信息的工具软件,Windows 7 操作系统中自带的为 IE 8.0 版本,借助于浏览器,用户便可以上网浏览网页、搜索信息、下载资料、收发电子邮件,畅游 Internet。

图 2-10　Google 主页

【任务操作 2-1】　启动和设置 IE 浏览器，下载网上资源。

（1）要求

① 启动 IE 浏览器。

② 设置 IE 浏览器：将 IE 浏览器的"主页"设置为 www.baidu.com；清除保存在历史记录中的网页。

③ 浏览、收藏、保存网页。

④ 搜索网上信息资源。

⑤ 下载网上资源（下载腾讯 QQ 软件）。

（2）操作方法和步骤

① 启动 IE 浏览器

单击任务栏快速启动区的 IE 图标 ，或单击"开始"→"所有程序"→Internet Explorer 命令，即可启动 IE 浏览器，并会自动连接到系统（或用户）所设置的"主页"（即所设置的第一个网页），用户可以按要求来设置自己计算机的主页。

② 设置 IE 浏览器

在 IE 浏览器工作窗口中，单击工具栏的"工具"按钮 ，在弹出的下拉菜单中选择 "Internet 选项"命令，如图 2-11 所示。在"常规"选项卡中，将"主页"文本框中原来的网页删除，并输入 www.baidu.com；在"启动"选项区中选择"从主页开始"选项；在"浏览历史记录"选项区中单击"删除"按钮，选择要删除的历史记录，如图 2-12 所示，然后将其删除即可。

③ 打开"搜狐"网站

启动 IE 浏览器，在地址栏中输入网址 http://www.sohu.com，按 Enter 键，打开"搜狐"网站的主页面,在窗口上方的空白区域上右击,从弹出的快捷菜单中选择相应的命令,可显示或隐藏菜单框、收藏夹栏、命令栏等,如图 2-13 所示。

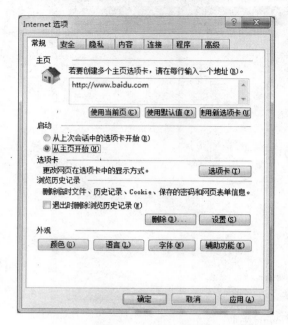

图 2-11　"Internet 选项"对话框

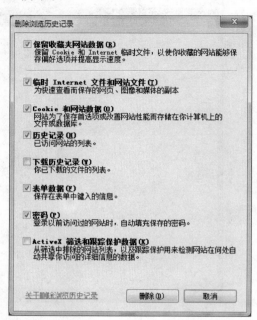

图 2-12　"删除浏览历史记录"对话框

图 2-13　在 IE 窗口中通过地址栏打开"搜狐"网站主页面

④ 打开和浏览网页

将鼠标指针移到"搜狐"网主页的超链接文本上,当鼠标指针变成手状时单击,比如单击"新闻"、"军事"或"时尚"等超链接。打开的"军事"新闻网页如图 2-14 所示,在其中继续单击相关超链接,便可浏览相应的新闻内容了。单击浏览器左上方的"前进"和"返回"按钮,可在浏览过的网页之间切换。在按住 Shift 键的同时单击超链接,或右击超链接,在快捷菜单中选择"在新窗口中打开"命令，可在新窗口中打开该超链接，从而可以在多个窗口中浏览网页。

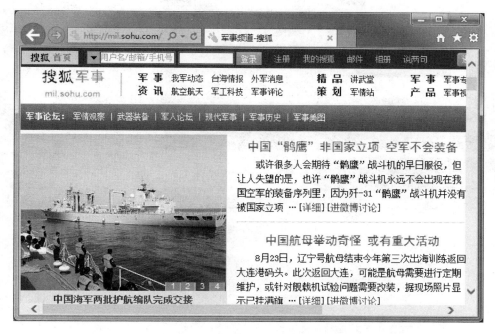

图 2-14　通过超链接打开"搜狐军事"网页

⑤ 收藏和保存网页

收藏网页，可以将网页保存在"收藏夹"中，以便下次更快速地打开和查看该网页的内容。方法是：单击工具栏上的"查看收藏夹、源和历史记录"按钮 ★，弹出"收藏中心"窗格，单击"添加到收藏夹"按钮，打开"添加收藏"对话框，在名称框中输入网页的名称，比如"军事新闻"，如图 2-15 所示，然后单击"添加"按钮，将该网页添加到收藏夹中。今后在"收藏中心"窗格中单击收藏网页的超链接，即可打开该网页。

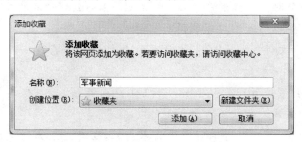

图 2-15　"添加收藏"对话框

保存整个网页，可以将喜欢的网页保存到计算机中，以后不必上网就可以查看和使用该网页的内容。方法是：打开"搜狐"网"新闻"页面，单击工具栏的"工具"按钮 ⚙，在弹出的下拉菜单中选择"文件"→"另存为"命令，如图 2-16 所示。

或单击命令栏的"页面"按钮，选择"另存为"命令，打开"保存网页"对话框，再选择保存位置和保存类型，单击"保存"按钮，如图 2-17 所示。

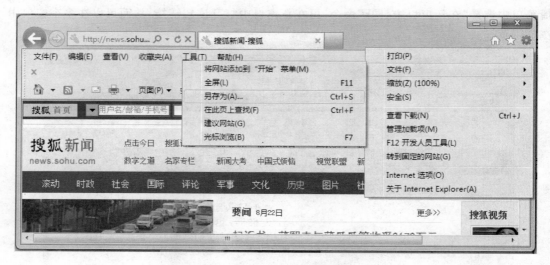

图 2-16 "保存网页"菜单

图 2-17 "保存网页"对话框

提示：网页的保存类型有以下 4 种。

➢ 网页，全部(＊.htm；＊.html)：保存整个网页，包括文字、图片、声音、动画等。最终保存结果是一个网页文件和一个以"网页文件名.files"命名的文件夹，文件夹中保存的是网页中需要用到的图片等资源。

➢ Web 档案，单个文件(＊.mht)：把网页的全部信息保存在一个扩展名为.mht 的文件中。

➢ 网页，仅 HTML(＊.htm；＊.html)：只保存网页信息，不保存图像、声音等。保存的结果也是一个单一的网页文件。

➢ 文本文件(＊.txt)：只保存网页中的文本内容，保存结果为纯文本格式。

⑥ 保存网页中的资料

保存网页中的文本，可以在网页中选择需要保存的文本，并使用复制、粘贴命令来实现。要保存当前网页中的某幅图片或者动画，使用的方法是：右击页面中的图片或动画，在弹出的快捷菜单中选择"图片另存为"命令，然后在"保存图片"对话框中指定保存的位置为"库/图片"，输入文件名为"军舰"，然后单击"保存"按钮完成操作，如图 2-18 所示。

图 2-18　保存网页中的图片

⑦ 利用"百度"搜索"营销管理招聘"的信息资源

在 IE 浏览器地址栏中输入"http://www.baidu.com",按 Enter 键,进入百度网站。百度搜索引擎的分类检索功能提供了新闻、网页、音乐、图片、视频和地图等资源。在网页搜索文本框中输入搜索的关键字"营销管理招聘",如图 2-19 所示,按 Enter 键或单击"百度一下"按钮,即可打开包含"营销管理招聘"关键词的搜索结果页面,并分别逐列显示,如图 2-20所示。

图 2-19　"百度"网站的首页

若单击百度首页中的"更多"超链接,则还可进行更多搜索。单击"百科"超链接,进入"百度百科"页面,这是全球最大的中文百科全书,如图 2-21 所示。

提示:为了及时准确地检索到所需要的结果,用户应正确书写关键词;可采用逐步增加

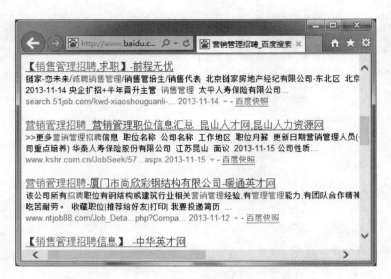

图 2-20　百度搜索结果页面

图 2-21　"百度百科"页面

关键词的方法来缩小搜索范围;可选择多个搜索引擎综合搜索;还可以使用如下搜索技巧。

➤ 使用空格或加号(十)表示逻辑"与":比如关键词为"营销管理招聘 北京",搜索结果将同时包含"营销管理招聘"、"北京"两个关键词。

➤ 使用减号(一)表示逻辑"非",比如关键词为"营销管理招聘一北京",搜索结果将只包含关键词"营销管理招聘",但不包含关键词"北京"。输入时要求在减号之前留一空格。

➤ 双引号("")表示精确匹配,如果关键词较长,搜索结果中的关键词可能会被拆分,关键词加上的双引号可以避免被拆分。比如输入关键词"营销管理招聘"、"北京"后开始搜索。搜索结果中关键词将避免被拆分。

⑧ 下载网上资源

Internet 上有丰富的资源,例如各种资料、软件、电影和音乐等。可以将这些资源下载到计算机中使用。下载 Internet 资源有两种方法,一种是使用 IE 浏览器自身的直接下载保存功能,另一种是使用专门的下载软件下载保存。目前常用的下载软件有迅雷(Thunder)、网际快车(Flashget)和 QQ 旋风等,将下载软件安装到计算机中后,便可以使用它下载各种资源。

下载的具体操作如下:使用"百度"搜索"腾讯 QQ2013",在搜索结果网页中,单击第一个下载超链接的"立即下载"按钮,下方出现"运行"或"保存"对话框,单击"保存"按钮,如图 2-22 所示,即可启动 IE 下载功能,然后可以直接下载相应的文件。

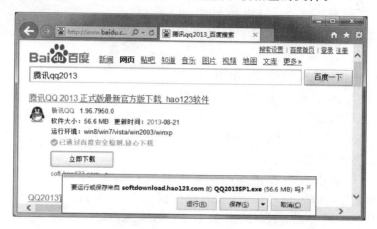

图 2-22　通过指向文件的超链接直接下载保存的页面

实训 1　浏览网页与信息查询

实训要求:

(1) 输入网址"http://www.xinhuanet.com",打开"新华"网站,浏览网站中的新闻或其他信息;将该网页以"Web 档案,单个文件"的格式保存到计算机桌面上;将网站中自己喜欢的图片保存到计算机中。

(2) 输入网址"http://www.sina.com.cn",打开"新浪"网,将该网页添加到收藏夹中;将该网页设置为 IE 浏览器主页。

(3) 使用百度搜索引擎:搜索关键字"列车时刻",查找关于列车时刻的信息;搜索自己所学专业在北京、上海、广州和本地的就业情况;搜索自己喜欢的歌曲,下载 MP3 歌曲到自己的计算机中;搜索"QQ 音乐",将"QQ 音乐"播放器软件下载到自己的计算机中。

(4) 利用 Google 搜索与英语四级考试相关的网页。

操作提示:在 IE 浏览器地址栏中输入"http://www.google.com",在空白栏中输入"英语四级考试",然后单击"Google 搜索"按钮,即可得到相关的网页。

任务二　网络交流与电子商务

有了 Internet,人们可以通过收发电子邮件、QQ 聊天、飞信发短信、微博发布消息等与人交流;有了 Internet,人们可以在繁忙的工作和学习之余,在线看看电影、听听音乐,放松一下心情。

即时通信是网上一种十分方便、快捷的点对点沟通软件。即时通信作为有最多用户的上网应用程序,网民规模继续上升;截至 2013 年 6 月底,我国即时通信网民规模达 4.97 亿,使用率为 84.2%,在各种应用程序中保持第一,尤其手机端的即时通信发展更为迅速。腾讯 QQ 是目前国内覆盖面最广的一款即时通信软件。QQ 聊天是即时通信产品最基础的功能,能够满足人们交流沟通的需求,并在用户间完成信息的传递工作。

使用 QQ 首先要到 QQ 的官方网站(http://www.QQ.com)或专业的软件下载站下载 QQ 客户端软件,安装并启动 QQ 后,可以申请一个 QQ 号码。登录界面如图 2-23 所示,输入 QQ 号和密码,即可登录 QQ。

图 2-23　QQ 聊天登录窗口

看电影、听音乐国内有名的视频网站有土豆网(www.tudou.com)、优酷网(www.youku.com)、爱奇艺高清(www.iqiyi.com)和搜狐视频(tv.sohu.com)等。在线听音乐的网站有百度 MP3(mp3.baidu.com)、酷狗音乐(www.kuwo.cn)等。优酷视频如图 2-24 所示。

图 2-24　优酷视频窗口

一、电子邮件

电子邮件又称 E-mail,是现代生活中最常用的交流方式之一,Internet 上数以亿计的用户都有自己的 E-mail 信箱。收发电子邮件需要先申请一个电子邮箱,获得一个电子邮件地址。目前,提供免费电子邮箱的网站有很多,比如,新浪、搜狐、网易等。

在电子邮件系统,用户使用的 E-mail 邮箱地址是具有固定格式的,一般由 3 部分组成,即:用户名@域名。其中"用户名"是指用户申请的电子邮件账号;"域名"是电子邮件服务器名;"@"是一个功能分隔符号,发音为"at"。比如,JSJJCJYS_1@163.com。

【任务操作 2-2】　收发 E-mail。

(1) 要求

① 申请免费的电子邮箱。

② 撰写、回复和发送邮件。

③ 接收、阅读和管理邮件。

(2) 操作方法和步骤

① 申请免费的电子邮箱:在 IE 地址栏中输入"http://mail.163.com/",按 Enter 键,进入"网易免费邮箱"登录和注册页面,如图 2-25 所示,单击"注册"超链接,进入注册免费邮的界面,如图 2-26 所示。填写相应的注册资料(说明:可以是不真实的),最后单击"立即注册"按钮,当出现注册成功对话框后完成注册。

图 2-25　登录和注册 163 电子邮箱

图 2-26　注册网易免费邮箱

② 登录网易电子邮箱界面,输入用户名和密码。进入邮箱后,单击邮箱导航栏中的"写信"按钮,在"写信"窗口可以写信,如图 2-27 所示。

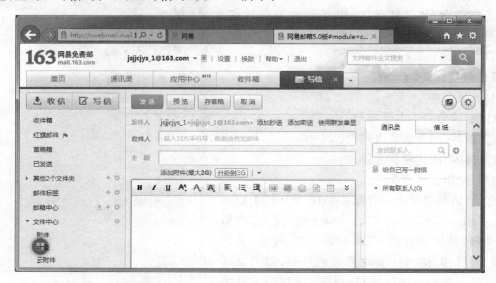

图 2-27　网易 163 电子邮箱中的写信页面

电子邮件由信头(收件人、抄送与密送、主题等)和信体(正文、附件等)组成。

收件人:即收件人的邮箱地址。如果有多个收件人,邮箱地址之间用分号(;)或逗号(,)隔开。

抄送与密送:是指在给收件人发信的同时,还发给另外的人。只是"收件人"可以看到"抄送"中的地址,看不到"密送"中的地址。

主题:即邮件的标题。如果收信人的信箱中有很多邮件,可利用主题来快速找到自己需要的邮件。

正文:邮件的正文就是包含实际邮件内容的文字。

附件:是随同电子邮件发出的附带文件,附件的类型没有限制。

③ 单击"添加附件"链接,打开"选择要上载的文件"对话框,选择需要添加的附件文件。邮件中将显示添加的附件列表,同时自动上传文件并显示上传进度和文件大小。如果单击"删除"超链接可删除附件。

④ 新邮件撰写完成后,单击"发送"按钮发送邮件。发送成功后,会显示发送成功的提示信息。

⑤ 单击"收件箱"超链接,打开"收件箱"窗口,可以阅读接收到的邮件;选择要回复的邮件,单击工具栏上的"回复"按钮,打开回复信件窗口可以发送答复信息;选择不想要的邮件,单击工具栏上的"删除"按钮可删除该邮件。

二、电子商务

电子商务,是指各种具有商业活动能力的实体利用网络和先进的数字化技术进行的各项商业贸易活动。近年来,电子商务的发展非常迅速,通过 Internet 进行交易已成为潮流。

电子商务可提供网上交易和管理等全过程的服务。因此,它具有广告宣传、咨询洽谈、网上定购、网上支付、电子账户、服务传递、意见征询、交易管理等各项功能。

1. 网上订购

电子商务可借助 Web 中的邮件交互传送实现网上的订购。网上的订购通常都是在进行产品介绍的页面中提供十分友好的订购提示信息和订购交互格式框。当客户填完订购单后,通常系统会回复确认信息单来保证订购信息的收悉。订购信息也可采用加密的方式使客户和商家的商业信息不会泄露。截至 2013 年 6 月底,我国在网上预订过机票、酒店、火车票和旅行行程的网民规模达到 1.33 亿,占网民比例的 22.4%。其中,16.8%的网民在网上预订火车票;9.1%在网上预订机票;7.6%在网上预订酒店;5.3%在网上预订旅行行程。

2. 网上支付

电子商务要成为一个完整的过程,网上支付是重要的环节。客户和商家之间可采用信用卡账号实施支付。在网上直接采用电子支付手段将可省略交易中很多人员的开销。网上支付将需要更为可靠的信息传输安全性控制,以防止欺骗、窃听、冒用等非法行为。

3. 电子账户

网上的支付必需要有电子金融来支持,即银行或信用卡公司及保险公司等金融单位要为金融服务提供网上操作的服务。而电子账户管理是其基本的组成部分。信用卡号或银行账号都是电子账户的一种标志。而其可信度需配以必要技术措施来保证。如数字凭证、数字签名、加密等手段的应用提供了电子账户操作的安全性。

4. 服务传递

对于已付了款的客户应将其订购的货物尽快地传递到他们的手中。而有些货物在本地,有些货物在异地,使用电子邮件可以在网络中进行物流的调配。而最适合在网上直接传递的货物是信息产品。如软件、电子读物、信息服务等,它能直接从电子仓库中将货物发到用户端。

5. 意见征询

电子商务能十分方便地采用网页上的"选择"、"填空"等格式文件来收集用户对销售服务的反馈意见。这样使企业的市场运营能形成一个封闭的回路。客户的反馈意见不仅能提高售后服务的水平,更使企业获得改进产品、发现市场的商业机会。

6. 交易管理

整个交易的管理将涉及人、财、物多个方面,企业和企业、企业和客户及企业内部等各个方面的协调和管理。因此,交易管理是涉及商务活动全过程的管理。电子商务的发展,将会提供一个良好的交易管理的网络环境及多种多样的应用服务系统。

【任务操作 2-3】 网购火车票。

(1)要求

① 注册申请网络用户。

② 搜索网上信息,完成订单。

③ 网上支付,完成订购。

(2)操作方法和步骤

① 打开 12306 网站,注册并申请为网络用户。

a. 启动 IE 浏览器,在地址栏中输入网址"https://kyfw.12306.cn/",按 Enter 键,打开 12306 网站的主页面,如图 2-28 所示。

b. 单击"注册"超链接,进入注册用户名的界面,如图 2-29 所示,填写相应的注册资料(说明:必须是真实的),最后单击"同意协议并注册"按钮,当出现注册成功对话框后完成注册。用同样的方法可以注册银行网银用户和第三方支付(支付宝、快钱)用户名。

图 2-28 12306 网站的主页面

图 2-29 "注册账户信息"界面

② 搜索网上信息,完成订单。

a. 登录"12306 中国铁路客户服务中心"首页界面,输入用户名和密码。进入页面后,单击窗口上方的"车票预订"超链接,进入车票预订窗口,根据需要分别填写出发地、目的地、出发日期、返程日期等车票信息,单击"查询"超链接,进入查询界面,如图 2-30 所示。

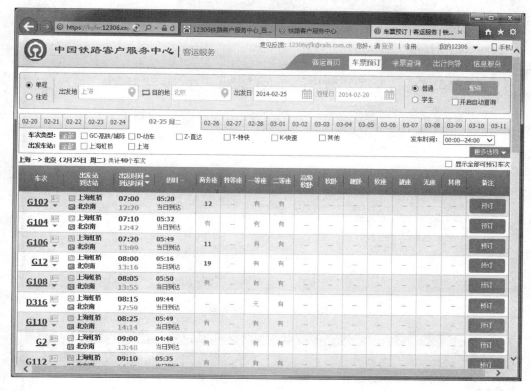

图 2-30　车票查询窗口

b. 根据自己的需要,选择相应的车次和席别,单击"预订"超链接,进入完成订单的界面。填写屏幕给出的验证码,单击"提交订单"超链接,即可完成订单。

③ 网上支付,完成订购。

a. 订单完成后需在 45 分钟内完成支付,单击"立即支付"超链接,进入支付页面,如图 2-31 所示。

根据需要,可以选择网银支付和第三方支付平台(支付宝)支付。要用网银支付,可以单击相应银行的网上银行页面,输入注册的用户名和密码,根据提示进行相应的操作,即可完成支付。

支付宝是国内领先的独立第三方支付平台,是由前阿里巴巴集团 CEO 马云先生在 2004 年 12 月创立的第三方支付平台,是全球最大电子商务公司阿里巴巴集团的关联公司,定位于电子商务支付领域,2014 年 3 月支付宝将联合中信银行首发 100 万张网络信用卡。

b. 若选择支付宝支付,可单击"支付宝"超链接,进入支付宝收银台页面,输入注册的支付宝用户名和支付密码,如图 2-32 所示。单击"下一步"超链接,再单击"确认"按钮,完成火车票的订购。凭身份证即可换取相应的纸质车票或到车站乘车。

图 2-31　选择支付界面

图 2-32　"支付宝"支付界面

实训 2　使用 Internet 网进行学习与交流

实训要求：

（1）搜索 CNNIC(中国互联网络信息中心)，了解该机构的主要职责和历年来的重要新闻；找到最近一次 CNNIC 发布的《中国互联网络发展状况统计报告》，并下载该报告的电子版。

（2）《中国互联网络发展状况统计报告》一般为 . pdf 格式(Adobe 公司开发的电子文件格式)；搜索最新版本的 Adobe Acrobat Reader 阅读器，下载、安装并阅读该报告。

（3）申请一个电子邮箱，收发电子邮件。

① 发送电子邮件给同学们，主题为"网上学习分享"。

② 编写邮件内容为"免费电子邮箱已申请成功并开始使用，我是××班×××"。

③ 接收人为同学们的邮箱地址；抄送一份给你自己；并密送一份给你的老师。

④ 添加附件，将《中国互联网络发展状况统计报告》以附件形式发送给同学们。

（4）使用 QQ 聊天软件给好友发送文件，比如，一首自己喜欢的 MP3 歌曲。

项 目 总 结

本项目主要介绍了 Internet 的基本应用，使用 IE 浏览器的方法和网上交流的方式。通过本项目的学习，应重点掌握如下内容：

➤ 学会合理地使用搜索引擎，在 Internet 网络中搜索资料。

➤ 学会运用 IE 浏览器浏览网页，能够保存和下载网页资料。

➤ 学会收发、管理电子邮件，掌握网上学习、娱乐和交流的方法。

➤ 学会进行网上购物、网上支付、网上交易等电子商务工作。

另外，还有一些常用的 Internet 应用，比如，网络聊天(如腾讯 QQ)、文件下载(如快车 Flashget)、FTP 应用软件等，通过查看帮助信息、灵活运用学到的 Internet 应用技能，就可以很好地学会和掌握这些软件的使用方法。

项 目 实 训

检索资料并进行自我职业规划。

通过 Internet 检索有关职业规划方面的信息，了解自我职业取向；通过邮件联系同学、教师或专家，进行咨询辅导；书写个人职业规划方案。

（1）通过网络了解什么是"职业规划"，明白其意义。

（2）搜索职业规划方面的专业网站，了解详细信息。建立个人职业规划资料文件夹，保存有价值的资料。

（3）搜索网络中职业规划方面的测评资料并进行自我测评，了解自我职业取向。

（4）搜索职业规划方面的专家信息，通过邮箱与专家或老师建立联系，并进行咨询、沟通，明晰自己的职业方向。

（5）通过搜索、学习其他人在职业规划方案方面的资料、样例，酝酿自己的规划方案。

（6）书写"个人职业规划方案"。

项目三　Word 2010 的基础应用

项目导读：

Office 2010 是微软公司推出的新一代的办公软件。与 Office 以前的版本相比，它的变化首先是体现在界面上。新版的 Office 2010 采用了 Ribbon 新界面主题，界面更加简洁明快、更加干净整洁，并且标识也改为了全橙色。其次是体现在功能上。新版的 Office 2010 做了许多功能上的改进，同时也增加了很多新的功能，特别是在线应用，可以让用户更加方便、更加自由地去表达自己的想法、去解决问题以及与他人联系。Office 2010 所包括的组件有 Word、Excel、Access、PowerPoint、Outlook、OneNote、Publisher 等。

Office 2010 新增主要功能如下。

1. 截屏工具

Office 2010 的 Word、PowerPoint 等组件里增加了这个非常有用的功能，在插入标签里可以找到（Screenshot），支持多种截图模式，特别是会自动缓存当前打开窗口的截图，单击一下鼠标就能插入文档中。

2. 背景移除工具（Background Removal）

可以在 Word 的图片工具下或者图片属性菜单里找到，在执行简单的抠图操作时就无须动用 Photoshop，还可以添加、去除水印。

3. 全新的图片编辑工具

Office 2010 全新的图片编辑工具能够营造出特别的图片效果，如将图片设置为各种默认的效果，文档中的图片呈现不同的风格。

4. 保护模式（Protected Mode）

如果打开从网络上下载的文档，Word 2010 会自动处于保护模式下，默认为禁止编辑。想要修改内容，就得选择启用编辑（Enable Editing）功能。

5. 新的 SmartArt 模板

SmartArt 是 Office 2007 引入的一个功能，可以轻松制作出精美的业务流程图，而 Office 2010 在现有类别下增加了大量新模板，还新添了数个新的类别。

6. 作者许可（Author Permissions）

在线协作是 Office 2010 的重点努力方向，也符合当今办公趋势。Office 2007 里审阅标签下的保护文档现在变成了限制编辑（Restrict Editing），旁边还增加了阻止作者（Block Authors）功能。

7. 改良导航和搜索功能

在 Office 2010 中新增了"文档导航"窗格和搜索功能，让用户轻松应对长文档。例如，通过拖放各个部分，轻松重组文档，也可以使用渐进式搜索功能查找内容，不需要大量复制和粘贴工作。

8. Excel 新增了迷你图功能

适用于单元格的微型图表,并且以可视化方式汇总趋势和数据。

9. PowerPoint 新增视频编辑功能

在 PowerPoint 2010 中除新增了更多的幻灯片切换特效、图片处理特效之外,还增加了更多视频功能,用户可直接在 PowerPoint 2010 中设定(调节)开始和终止时间剪辑视频,也可将视频嵌入 PowerPoint 文件中。

10. 云共享功能,提升协同作业效率

新版 Office 2010 的云共享功能包括同企业 SharePoint 服务器的整合,让 PowerPoint、Word、Excel 等 Office 文件皆可通过 SharePoint 平台,同时供多人编辑、浏览,提升文件协同作业效率。

Word 2010 是微软公司开发的 Office 2010 办公组件之一,主要用于文字处理工作。Word 2010 提供一套完整的文本编辑工具,供用户创建专业水准的文档。Word 中带有众多顶尖的文档格式设置工具,可以更有效地组织和编写文档。Word 还包括功能强大的编辑和修订工具,以便用户与他人轻松地开展协作。

本项目将完成对 Word 2010 的基础操作的学习。从认识 Word 2010 窗口开始,依次学习文档的创建、编辑、排版、保存;使用图片、图形、艺术字、文本框等制作精美的图文混排文档,并能在文档中运用 SmartArt 功能,制作、编辑和美化表格。

学习目标:

- 掌握创建、编辑、排版及保存 Word 文档的方法。
- 掌握如何利用插入图片、绘制图形、添加艺术字和文本框来美化文档,并了解利用 SmartArt 丰富文档的方法。
- 掌握创建、美化表格的方法,要学会利用表格数据快速创建与编辑图表的方法。

任务一　文档编辑与排版

Word 是目前世界上应用最为广泛的文字处理软件,可以帮助用户轻松、快捷地创建精美的文档。文档排版便于浏览、便于整理,这既是社会上需求也是大学生的需求,比如,毕业论文、学术论文、毕业简历以及各门课程的需要,它已成为学生们进入社会工作的基本工具,如图 3-1 所示。

启动 Word 2010 程序后,可打开其工作界面,如图 3-2 所示。窗口界面的构成如下。

(1)快速访问工具栏:用于放置一些常用工具,在默认情况下包括"保存"、"撤销"和"恢复"3 个按钮。单击快速访问工具栏右侧的下拉按钮,在弹出的菜单中选择相关命令,可以将其以按钮形式添加到快速访问工具栏中。

(2)"文件"选项卡:打开"文件"选项卡,可以看到与文件有关的操作选项。

(3)标签:单击相应的标签可以切换到相应的选项卡,不同的选项卡中提供了多种不同的操作设置选项。

(4)功能区:在每个标签对应的选项卡中,按照具体功能将其中的命令进行了更为详细的分类,并把此分类划分成不同的组,例如,"开始"选项卡的功能区中就在"字体"、"段落"、"样式"等组中集中了相关的操作命令。

（5）视图控制区：用于切换文档视图方式和缩放文档查看比例。Word 2010 的视图方式包括页面视图、阅读版式视图、Web 版式视图、大纲视图和草稿视图。在查看文档的格式、对文档进行审阅和编辑修改时，可以根据需要使用不同的视图方式，便于操作。

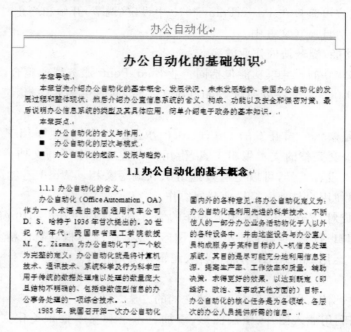

图 3-1　Word 文档的编辑与排版

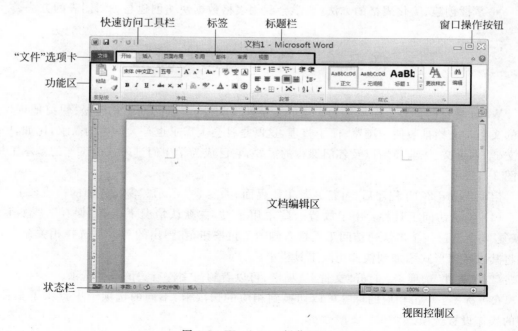

图 3-2　Word 2010 操作界面

一、文档的基本操作

Word 2010 文档的基本操作,包括新建文档、输入内容、编辑文档、保存文档、打开文档和关闭文档等。

(一)新建文档

启动 Word 2010 后,系统将自动创建名为"文档 1"的空白文档。进行文档创建时,用户既可以创建新的空白文档,也可以根据 Word 2010 自带的设计模板创建新文档。

创建一个空白文档的操作方法是:启动 Word 2010,单击功能区中的"文件"按钮,在选项卡左侧选择"新建"选项,在中间"可用模板"栏中选择"空白文档"图标,如图 3-3 所示,单击"创建"按钮,即可创建一个空白文档。创建文档可以用快捷键 Ctrl+N 快速实现。

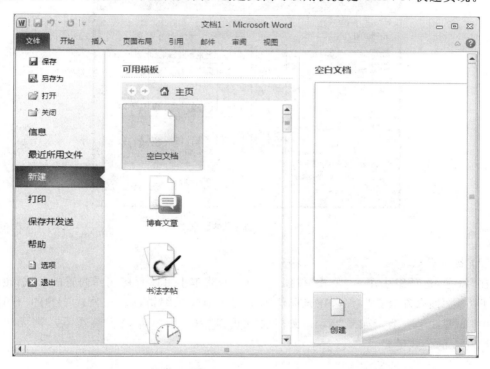

图 3-3　创建空白文档

(二)输入内容

1. 输入文字

在默认情况下,Word 文档有"即点即输"的功能,可以在文档的任意空白位置双击,则光标就定位在那里,即插入点的位置就是文本输入的位置。在文档编辑区,可以看到一个闪烁的光标被称为"插入点"。Word 提供两种编辑模式:插入和改写。默认情况下,是处于插入状态。在插入状态下,输入的文字出现在光标所在位置,而后续的字符依次右移。在改写状态下,是用新输入的文本依次替代其后面的字符。插入和改写的转换是利用键盘上的 Insert 键,也可以单击状态栏的相关按钮进行切换。

2. 插入符号和公式

文本输入过程中,有时需要输入一些特殊的符号。可以利用软键盘直接输入,但更多的字符可以通过 Word 中插入符号的功能来实现。另外在文本中还可以插入自己编辑的公式。

(1) 插入符号

将插入点定位到需要插入符号的位置,切换到"插入"选项卡,单击"符号"选项组中的"符号"按钮,弹出"符号"下拉列表,如图 3-4 所示。选择"其他符号"命令,可打开"符号"对话框,如图 3-5 所示。选定要插入的符号,单击"插入"按钮,或双击所选符号,将其插入至文档中。

图 3-4 "符号"下拉列表

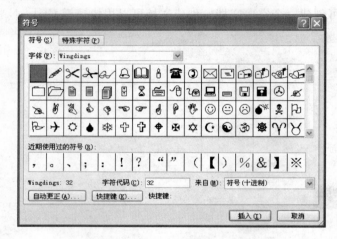

图 3-5 "符号"对话框

(2) 插入公式

在"符号"选项组中单击"公式"按钮,在弹出的菜单中可以直接选择内置的公式,也可以选择下方的"插入新公式"命令,在光标位置出现一个公式编辑框。在公式工具的"设计"选项卡中,如图 3-6 所示。如果 Word 文档的格式为" * . doc"(即兼容模式下),则无法使用 Word 2010 的公式编辑器。

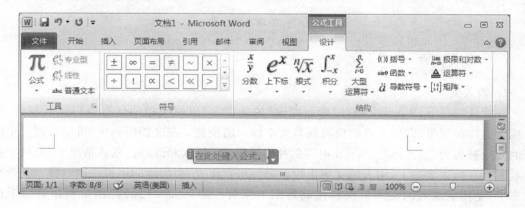

图 3-6 公式工具"设计"选项卡

"结构"选项组中可以选择函数类型；"符号"选项组中则提供了制作公式所使用的符号，若单击该组右侧的"其他"按钮，则弹出一个完整的符号选择器，如图 3-7 所示。利用公式编辑器可以自如地生成和编辑公式。

3．插入日期和时间

在"插入"选项卡中，单击"文本"选项组的"日期和时间"按钮，弹出"日期和时间"对话框，如图 3-8 所示，选择一种日期格式和时间格式即可。

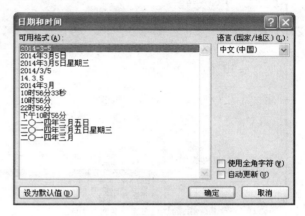

图 3-7　符号选择器　　　　　　　图 3-8　"日期和时间"对话框

（三）编辑文档

编辑文档的过程中，当需要对文档中存在的问题进行修改时，可以对文档进行选定、复制、移动、删除等操作。

（1）文本的删除：删除文本时可在选定文本后，按 Delete 键或 Backspace 键进行。

（2）文本的剪切和复制：剪切操作可以移动文本，复制操作可以使文本重复使用，剪切和复制操作都要有粘贴命令配合才能生效。

（3）查找和替换：编辑文档的过程中，对文本进行查找和替换是编辑中最常用的操作之一。通过查找功能可以帮助用户快速查找和定位。替换在查找的基础上，将找到的内容替换成用户需要的内容。

（4）撤销和恢复：是为了防止用户误操作而设置的功能。撤销可以取消前一步或几步的操作，而恢复则可以取消刚做的撤销操作。单击"快速访问工具栏"中的"撤销"按钮 ↺ 或"恢复"按钮 ↻，就可以执行撤销或恢复操作了。

（四）保存和打开文档

1．保存文档

保存文档是办公工作中非常重要的操作。工作中要养成随时进行文档保存操作的习惯，从而避免因计算机死机、意外断电等意外情况造成的损失。当第一次保存新文档时，Word 会打开一个"另存为"对话框，如图 3-9 所示，在对话框中指定文档的保存位置、文件名及类型。Word 2010 的默认保存类型的扩展名为"＊.docx"的文档格式，为了与老版本兼容，在"保存类型"下拉列表中，也可以选择保存"Word 97-2003 文档（＊.doc）"类型。如果选择 PDF 类型，则可将 Word 文档直接转换成 PDF 文档。

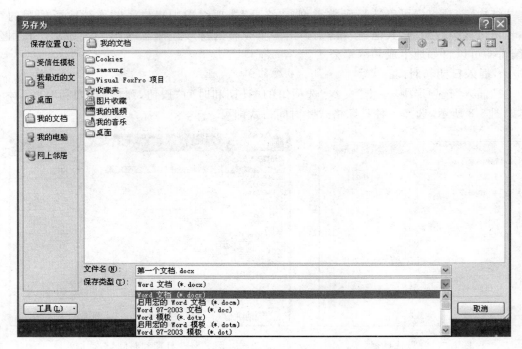

图 3-9 "另存为"对话框

2. 打开文档

对于一个已经存在的文档,要想对它进行编辑操作,就要先打开文档。单击"文件"选项卡,在展开的菜单中单击"打开"命令,弹出"打开"对话框。选择"文件类型",如"所有 Word 文档";在"查找范围"中,选择文件所在的位置,然后在文件列表中选择要打开的文件,最后单击"打开"按钮,或双击该文件。

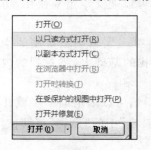

图 3-10 "打开"命令按钮列表

在 Word 中打开文件时,可以通过"打开"对话框中 打开(0) 命令按钮右侧的下拉按钮,如图 3-10 所示,选择打开文件的方式。例如,选择"以只读方式打开"可以避免在阅读过程中不小心对文档进行不必要的修改。

【任务操作 3-1】 创建一个新文档,并对文档进行编辑操作及保存操作。

(1) 要求

① 创建一个空白文档,并创建图 3-11 中所示的文字内容。

② 将文中最后一句话"微博已经……活动之一。",移动到"2012 年第三季度……"这句话的前面。

③ 将文中"微博"一词替换为"微型博客",并且在替换的同时将文字格式设置为二号、倾斜,双下划线,如图 3-12 所示。

④ 编辑好的文档命名为"基本操作练习",存放在 C 盘一个名为"同步练习"的文件夹中。

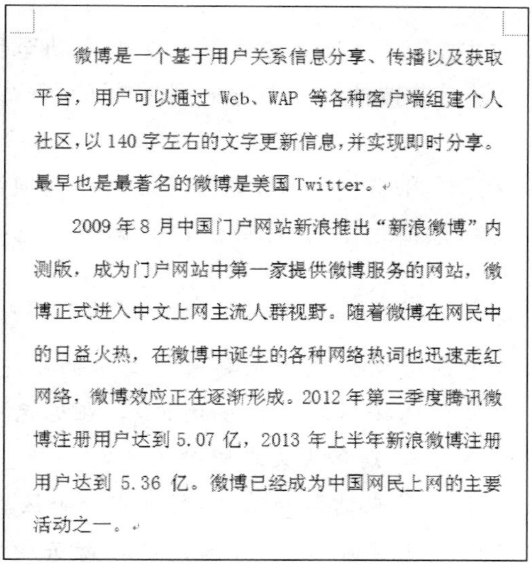

微博是一个基于用户关系信息分享、传播以及获取平台，用户可以通过 Web、WAP 等各种客户端组建个人社区，以 140 字左右的文字更新信息，并实现即时分享。最早也是最著名的微博是美国 Twitter。

2009 年 8 月中国门户网站新浪推出"新浪微博"内测版，成为门户网站中第一家提供微博服务的网站，微博正式进入中文上网主流人群视野。随着微博在网民中的日益火热，在微博中诞生的各种网络热词也迅速走红网络，微博效应正在逐渐形成。2012 年第三季度腾讯微博注册用户达到 5.07 亿，2013 年上半年新浪微博注册用户达到 5.36 亿。微博已经成为中国网民上网的主要活动之一。

图 3-11　示例原文

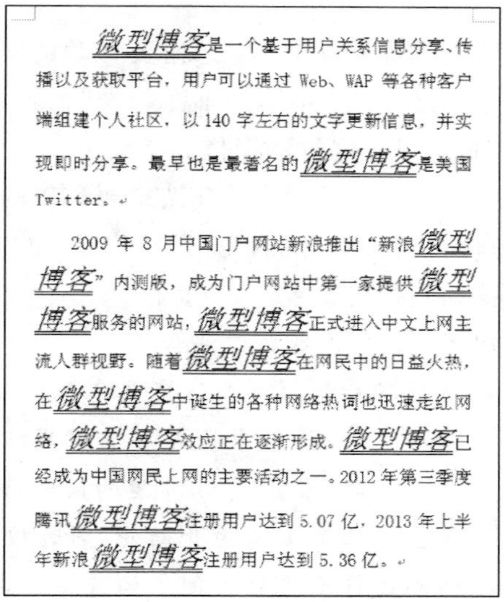

*微型博客*是一个基于用户关系信息分享、传播以及获取平台，用户可以通过 Web、WAP 等各种客户端组建个人社区，以 140 字左右的文字更新信息，并实现即时分享。最早也是最著名的*微型博客*是美国 Twitter。

2009 年 8 月中国门户网站新浪推出"新浪*微型博客*"内测版，成为门户网站中第一家提供*微型博客*服务的网站，*微型博客*正式进入中文上网主流人群视野。随着*微型博客*在网民中的日益火热，在*微型博客*中诞生的各种网络热词也迅速走红网络，*微型博客*效应正在逐渐形成。*微型博客*已经成为中国网民上网的主要活动之一。2012 年第三季度腾讯*微型博客*注册用户达到 5.07 亿，2013 年上半年新浪*微型博客*注册用户达到 5.36 亿。

图 3-12　查找和替换后的效果图

（2）操作方法和步骤

① 创建空白文档，输入文本或粘贴文本

使用剪贴板复制文本：选定要复制的文本，在"开始"选项卡中，单击"剪贴板"选项组中的"复制"按钮，将光标移至目标位置，单击"剪贴板"选项组中的"粘贴"按钮，即可将选择的文本复制到指定位置；

若单击"粘贴"按钮下的下拉箭头，可以打开"粘贴选项"，如图 3-13 所示，根据要求可以选择"保留源格式"、"合并格式"或"只保留文本"。根据"复制"和"剪切"的对象不同，粘贴选项的内容也不同。

若单击"粘贴"下拉列表中的"选择性粘贴"选项，打开"选择性粘贴"对话框，如图 3-14 所示，在"形式"列表框中选择需要粘贴的对象格式，这个列表里的内容不是固定的，而是根据复制、剪切的对象不同而不同。Word 2010 提供的选择性粘贴功能非常强大，利用该功能可以将文本或表格转换为图片格式，还可以将图片转换为另一种图片格式。

图 3-13　粘贴选项列表

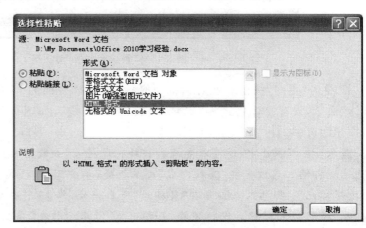

图 3-14　"选择性粘贴"对话框

② 编辑文本

使用鼠标移动文本：选定要移动的文本即文中最后一句话，按住鼠标左键拖动至目标位置也就是"2012 年第三季度……"之前，松开左键。若按住鼠标左键的同时按下 Ctrl 键进行拖动，可以实现复制操作。

使用剪贴板移动文本：选定要移动的文本，在"开始"选项卡中，单击"剪贴板"选项组中的"剪切"按钮，将光标移至目标位置，单击"剪贴板"选项组中的"粘贴"按钮，即可将选择的文本移动到指定位置。

提示：选择文本的方法如下。

➢ 将鼠标指针移到要选定文本的开始处，按下鼠标左键拖动至要选定文本的结尾处，释放左键，被选中的文字呈反显状态。如果要选择不连续的多块文本，在选定一块文本之后，在按下 Ctrl 键的同时选择另外的文本，则多块文本同时被选定。

➢ 单击要选定文本的开始处，同时按下 Shift 键在结束选取处单击，则选中一个区域。

➢ 移动鼠标至文档左侧文档选择区，鼠标形状变成 ⤢ 时，单击可选定鼠标箭头所指向的一整行；双击可选中整个段落；三击可选中全文，全选的快捷键是 Ctrl＋A。

➢ 按下 Alt 键的同时，在要选择的文本上拖动鼠标，可以选定一个矩形文本区域。

③ 查找和替换文本

a. 单击"开始"标签，在"开始"选项卡"编辑"选项组内选择"替换"选项，弹出"查找和替换"对话框。

b. 在"查找内容"文本框中输入"微博"，在"替换为"文本框中输入"微型博客"，如图 3-15 所示。

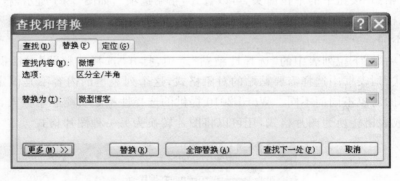

图 3-15　"查找和替换"对话框

c. 单击"更多"按钮扩展对话框。光标定位中"替换为"文本框，选择"格式"按钮中的"字体"命令，设置字体格式为"二号、倾斜、双下划线"，如图 3-16 所示。最后单击"全部替换"按钮即可。

提示：在 Word 中，还可以查找和替换特殊符号，如段落标记（也叫硬回车）、制表符、分节符等。将插入点放置在"查找内容"文本框处，单击"特殊格式"按钮，选择要替换的特殊符号"段落标记"；将插入点放置在"替换为"文本框处，单击"特殊格式"按钮，选择要替换的特殊符号"段落符号"，然后进行替换，如图 3-17 所示。若在"替换为"文本框中不输入任何内容，替换后可实现文档中原有的硬回车全部被清除。

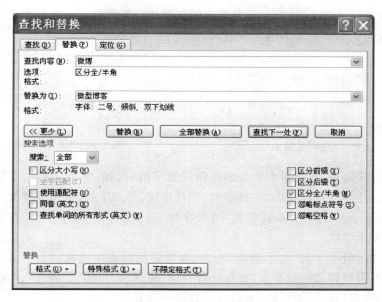

图 3-16　"查找和替换"对话框

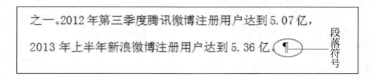

图 3-17　"段落符号"替换"段落标记"效果图

④ 保存编辑完的文档

单击快速访问工具栏的"保存"按钮,或者单击"文件"选项卡,在展开的菜单中单击"保存"或"另存为"命令,均可打开"另存为"对话框。在"文件名"文本框中输入所要保存文档的文件名"基本操作练习";在"保存位置"处选择驱动器 C,单击"新建文件夹"按钮 📁 创建新文件夹"同步练习";在"保存类型"下拉列表中选择文档的保存类型,然后单击"保存"按钮。

二、文档排版

文档创建、输入和编辑完以后,为了使文档更美观,并且便于阅读,还要对文档进行格式的设置,包括字符格式化、段落格式化和页面格式化等。

(一) 设置文本格式

默认情况下,在新建的文档中输入文本时,文字采用的是宋体五号字,字体颜色为黑色。设置字符格式包括字体、字号、字形、颜色、字符间距、字符的边框和底纹等。

1. 使用"字体"选项组设置字符格式

在"开始"选项卡"字体"选项组内,如图 3-18 所示,通过"字体"、"字号"、"字体颜色"下拉列表分别设置字体、字号和字体颜色。

2. 使用浮动工具栏设置字符格式

在 Word 2010 中,当选中文本后,工具栏将自动浮出,这个工具栏中开始显示颜色很淡,只有将鼠标指针放在工具栏上,工具栏上的按钮才会正常显示。在浮动工具栏上单击相应的按钮,可以为文本设置所需的字符格式,如图 3-19 所示。

图 3-18 "字体"选项组

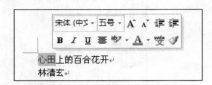

图 3-19 "字体"浮动工具栏

在"字体"选项组内,通过单击相应的按钮设置字形,比如,加粗、倾斜、下划线、删除线、上标和下标。另外还有拼音指南、字符边框、字符底纹、带圈字符、突出显示文本等特殊效果设置,如图 3-20 所示。选中文本后单击"增大字体"按钮 $A^{\wedge}$ 和"缩小字体"按钮 $A^{\vee}$,可以依次增大字体或缩小字体。

在"字体"选项组中单击"文本效果"按钮,在打开的列表中选择一种样式,如图 3-21 所示。若列表中的内置样式不符要求,可以选择使用"轮廓"、"阴影"、"映像"、"发光"选项中的样式,或打开相应有"选项"对话框,对具体参数进行设置。

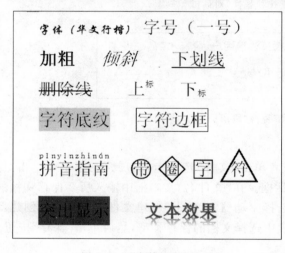

图 3-20 "字体"设置效果

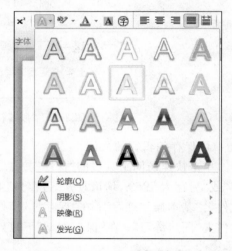

图 3-21 "字体效果"列表

3. 使用"字体"对话框设置字符格式

单击"字体"选项组右下角的"对话框启动器"按钮,打开"字体"对话框,如图 3-22 所示。除了具有上述各种设置功能外,单击"高级"选项卡,可设置字符的缩放比例、字符间距和字符位置等,如图 3-23 所示。

(二) 设置段落格式

在 Word 中段落是一个文档的基本组成单位,它是独立的信息单位,具有自身的格式特征(如对齐方式、行距、段距、缩进方式等)。每个段落的结尾处都有段落标记"↵"。输入文本时,每按一次 Enter 键,便会产生一个段落标记,表示一个段落的结束,同时也标志另一个段落的开始。

如果对一个段落进行段落格式设置,首先要选中该段落,或者是将插入点放在该段落

图 3-22 "字体"对话框

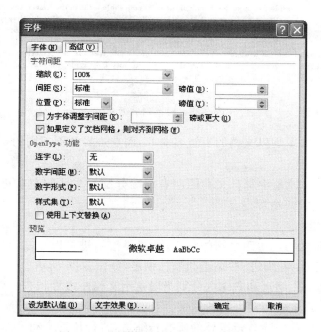

图 3-23 "字体"对话框的"高级"选项卡

中；如果同时对多个段落进行段落格式设置，则需选定这几个段落。设置段落格式可以使用"段落"选项组，如图 3-24 所示。

1. 段落对齐方式

段落的对齐方式控制了段落中文本行的排列方式，Word 提供了 5 种段落对齐方式，效果如图 3-25 所示。

（1）两端对齐：文本沿文档的左、右边界对齐，段落中最后一行文本会居左对齐。这种对方式是文档中最常用的，也是系统默认的对齐方式。

图 3-24 “段落”选项组

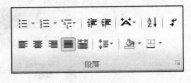

（2）居中对齐：各行的左右边留出数量均等的空白，一般文章标题采用居中对齐。

（3）左对齐：文本均以文档的左边界为基准对齐。对中文来说，左对齐方式和两端对齐方式没什么区别。在英文排版中，可以使单词之间距离均匀，但右边界参差不齐。

两端对齐

"Confidence" is probably one of the most noticeable traits in the Americans. They show confidence in the way they talk, the way they smile, the way they dress and the way they walk.

居中对齐

"Confidence" is probably one of the most noticeable traits in the Americans. They show confidence in the way they talk, the way they smile, the way they dress and the way they walk.

左对齐

"Confidence" is probably one of the most noticeable traits in the Americans. They show confidence in the way they talk, the way they smile, the way they dress and the way they walk.

右对齐

"Confidence" is probably one of the most noticeable traits in the Americans. They show confidence in the way they talk, the way they smile, the way they dress and the way they walk.

分散对齐

"Confidence" is probably one of the most noticeable traits in the Americans. They show confidence in the way they talk, the way they smile, the way they d r e s s a n d t h e w a y t h e y w a l k .

图 3-25 段落对齐效果

（4）右对齐：文本均以文档的右边界对齐，而左边界是不规则的，一般用于文章的署名、日期等。

（5）分散对齐：段落中每行文本的左右两端分别沿文档的左右边界对齐，段落的最后一行也分散开并左右两端对齐。

2. 设置段落缩进

段落缩进是指正文与页边距之间的距离，设置段落缩进可以显示出更为清晰的段落层次。缩进分为首行缩进、左缩进、右缩进和悬挂缩进，如图 3-26 所示。

（1）左(右)缩进：左缩进和右缩进分别指段落距文档左边界和右边界的距离。

（2）首行缩进：设置段落第一行的缩进。

（3）悬挂缩进：段落中除首行以外的所有行缩进，首行位置不动。

使用“段落”选项组中的“减少缩进量”按钮和“增加缩进量”按钮可以对段落进行整体缩进量的设置。每次单击“减少缩进量”或“增加缩进量”按钮一次，可使插入点所在段落整体减少或增加一个字符的左缩进量。

3. 使用“段落”对话框

设置段落格式还可以使用“段落”对话框。单击“段落”选项组右下角的“对话框启动器”按钮，打开“段落”对话框，如图 3-27 所示。在此对话框中，可以详细设置段落的对齐方式、段落缩进、段落间距和行距。

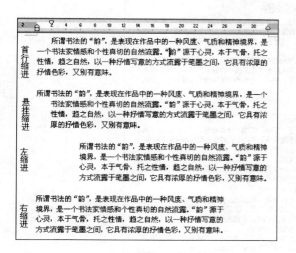

图 3-26　段落缩进效果

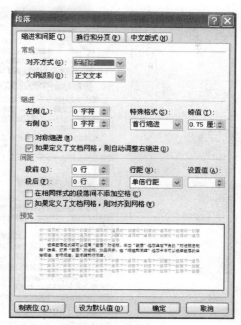

图 3-27　"段落"对话框

【任务操作 3-2】　按照图 3-28 所示的效果，完成"办公自动化"文档的排版。

（1）要求

① 设置字体、字号：标题华文琥珀小一号，小标题宋体小三号，正文宋体小四号。

② 设置字形：标题加粗并设置文本效果"渐变填充—橙色"，小标题加粗。

③ 设置字符间距位置：标题文字字符间距 2 磅。

④ 设置段落格式：标题居中，标题下的文字首行缩进 2 字符，正文第一段段前间距为 1 行。

⑤ 首字下沉：首字下沉 3 行，隶书。

⑥ 设置边框和底纹：小标题文字添加底纹"红色，强调文字颜色 2，淡色 40％"，小标题"办公自动化的特点"下面的段落加深蓝色 1.5 磅方框。

⑦ 添加项目符号："办公自动化的趋势"加项目符号❏。

⑧ 文件名为"办公自动化.docx"，保存至 C 盘以自己"班级_学号"命名的文件夹中。

（2）操作方法和步骤

① 设置字体、字号

选择相应文字在"开始"选项卡"字体"选项组内，通过"字体"、"字号"下拉列表分别设置字体、字号。

② 设置字形

选择标题文字，单击"字体"选项组中"加粗"按钮，将标题设置为粗体，并将小标题同样设置为粗体；选择"字体"选项组内的"文本效果"按钮，在打开的菜单中选择"渐变填充—橙色"效果。

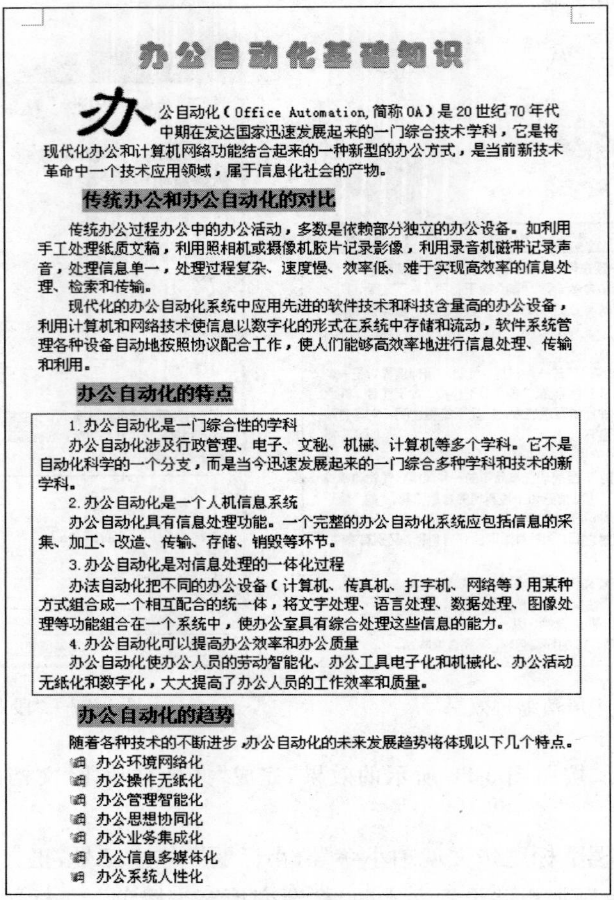
办公自动化基础知识

办公自动化（Office Automation, 简称 OA）是 20 世纪 70 年代中期在发达国家迅速发展起来的一门综合技术学科，它是将现代化办公和计算机网络功能结合起来的一种新型的办公方式，是当前新技术革命中一个技术应用领域，属于信息化社会的产物。

传统办公和办公自动化的对比

传统办公过程办公中的办公活动，多数是依赖部分独立的办公设备。如利用手工处理纸质文稿，利用照相机或摄像机胶片记录影像，利用录音机磁带记录声音，处理信息单一，处理过程复杂、速度慢、效率低、难于实现高效率的信息处理、检索和传输。

现代化的办公自动化系统中应用先进的软件技术和科技含量高的办公设备，利用计算机和网络技术使信息以数字化的形式在系统中存储和流动，软件系统管理各种设备自动地按照协议配合工作，使人们能够高效率地进行信息处理、传输和利用。

办公自动化的特点

1.办公自动化是一门综合性的学科

办公自动化涉及行政管理、电子、文秘、机械、计算机等多个学科。它不是自动化科学的一个分支，而是当今迅速发展起来的一门综合多种学科和技术的新学科。

2.办公自动化是一个人机信息系统

办公自动化具有信息处理功能。一个完整的办公自动化系统应包括信息的采集、加工、改造、传输、存储、销毁等环节。

3.办公自动化是对信息处理的一体化过程

办法自动化把不同的办公设备（计算机、传真机、打字机、网络等）用某种方式组合成一个相互配合的统一体，将文字处理、语言处理、数据处理、图像处理等功能组合在一个系统中，使办公室具有综合处理这些信息的能力。

4.办公自动化可以提高办公效率和办公质量

办公自动化使办公人员的劳动智能化、办公工具电子化和机械化、办公活动无纸化和数字化，大大提高了办公人员的工作效率和质量。

办公自动化的趋势

随着各种技术的不断进步，办公自动化的未来发展趋势将体现以下几个特点。

- 办公环境网络化
- 办公操作无纸化
- 办公管理智能化
- 办公思想协同化
- 办公业务集成化
- 办公信息多媒体化
- 办公系统人性化

图 3-28 文档排版效果图

③ 设置字符间距位置

单击“字体”选项组右下角的“对话框启动器”按钮，打开“字体”对话框，单击“高级”选项卡，在“间距”后的下拉列表框中选择“加宽”，在“磅值”数字框中设置间距大小为 2 磅。

④ 设置段落格式

选定标题段，单击“段落”选项组中的“居中”按钮，设置标题居中；选中标题下的文字，单击“段落”选项组右下角的“对话框启动器”按钮，打开“段落”对话框，选择“缩进和间距”选项卡，在“特殊格式”下拉列表框中选择缩进类型为“首行缩进”，在“磅值”数字框中输入“2 字符”，单击“确定”按钮；选中正文第一段，在“段落”对话框中的“间距”区域的，设置段前间距 1 行。

⑤ 首字下沉

a. 将光标定位在要设置首字下沉的段落中。

b. 单击“插入”标签，在“文本”选项组内单击“首字下沉”按钮，从下拉菜单中选择一种下沉方式。当鼠标指针指向“下沉”选项时，可以在文档中预览下沉效果。

c. 如果要设置首字下沉的相关选项，可以单击下拉菜单中的“首字下沉选项”命令，在弹出的“首字下沉”对话框中设置下沉文字的字体为“隶书”、下沉行数为 3 行。

⑥ 设置边框和底纹

为文档中的一些文本、段落等内容添加边框和底纹可以起到突出和强调的作用。

设置边框的方法如下。

a. 选定要设置边框的文字。

b. 在"段落"选项组中单击"下框线"按钮右侧的下拉按钮,从下拉菜单中选择"边框和底纹"命令,打开"边框和底纹"对话框,选择"边框"选项卡,如图 3-29 所示。选择边框样式、线型、颜色为"深蓝色";"宽度"为 1.5 磅;在"应用于"列表框中设置边框的作用范围是段落。

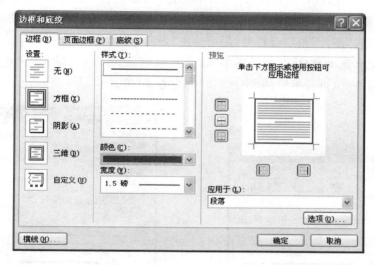

图 3-29　"边框"选项卡

设置底纹:选定小标题文字,单击"段落"选项组中的"底纹"按钮,选择"红色,强调文字颜色 2,淡色 40%"。底纹的设置也可以选择"边框和底纹"对话框中的"底纹"选项卡,如图 3-30 所示。在"应用于"下拉列表中选择应用范围是文字还是段落。

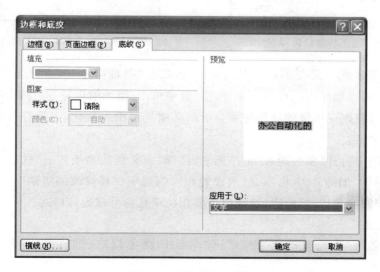

图 3-30　"底纹"选项卡

⑦ 项目符号和编号

可以在已有文本上添加项目符号和编号,也可以在空白位置上先设置好,再编辑内容,按 Enter 键会自动在下一行出现。设置项目符号和编号可以分为内置、自定义和多级。

a. 内置。选定要设置项目符号的段落,切换到"开始"选项卡,在"段落"选项组中单击"项目符号"下拉按钮,从打开的列表中选择所需的项目符号"▦"即可。用同样方法设置编号。

b. 自定义。在打开的"项目符号"列表中单击"自定义新项目符号"选项,打开"定义新项目符号"对话框,如图 3-31 所示。设置"项目符号字符"的"字体"、"对齐方式"等,还可以选择新的"符号"和"图片"做项目符号,最后单击"确定"按钮完成操作。

同理,在"定义新编号格式"对话框中,如图 3-32 所示,在"编号样式"下拉列表框中可以选择需要的编号样式,设置编号的"字体"和"对齐方式"等。

图 3-31 "定义新项目符号"对话框

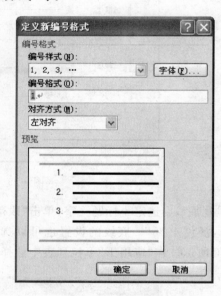

图 3-32 "定义新编号格式"对话框

c. 多级。若文档中需要不同级别的文本,可以在"项目符号"列表中选择"更改项目符号级别"选项里的级别样式。也可以在"段落"组中单击"增加缩进量"或"减少缩进量"按钮,来更改项目符号级别。每级的项目符号会根据其缩进范围而变化,多级符号可清晰地表明各层次之间的关系。

在"段落"组中打开"多级列表"下拉列表,选择"定义新的多级列表"选项,打开"定义新多级列表"对话框,如图 3-33 所示,依次设置相应的选项,"要修改的级别"、"输入编号的格式",在"此级别的编号样式"框中,选择列表要用的项目符号或编号样式。

⑧ 保存文件

将文件命名为"办公自动化. docx",保存至 C 盘中以自己"班级_学号"命名的文件夹中。

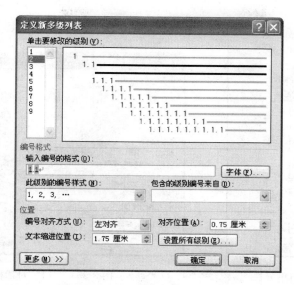

图 3-33 "定义新多级列表"对话框

提示：格式刷的功能可以复制文本或段落格式。操作步骤如下。

a. 选中已设置格式的文本或段落。

b. 单击"剪贴板"选项组上的"格式刷"按钮，鼠标指针变成"格式刷"形状 🖌️ 。

c. 用鼠标去选取要复制格式的文本或段落，可完成文本或段落格式的复制。

如果要多次复制格式，可在步骤 b 双击"格式刷"按钮。复制完后，再单击"格式刷"按钮取消格式刷的选中状态。

三、设置页面格式

完美的文档不仅包括字符格式和段落格式的设置，还要有页面格式的设置。页面格式化是指对整个文档进行的操作，包括页面设置、分栏、页眉和页脚等。

1. 分栏排版

（1）简单分栏

选定要分栏的文本，单击"页面布局"功能选项卡，单击"页面设置"选项组中的"分栏"下拉按钮，从下拉列表中选择分栏选项即可，如图 3-34 所示。

（2）使用"分栏"对话框

若内置选项不符合分栏要求，可以在"分栏"下拉列表中单击"更多分栏"选项，打开"分栏"对话框，如图 3-35 所示。在"分栏"对话框中，设置栏数、栏宽相等、宽度、间距和分隔线等。

2. 页眉和页脚

页眉和页脚是指在文档页面的顶端和底端重复出现的文字或图片等信息。页眉和页脚通常用于显示文档的附加信息，例如页码、日期、作者名称、章节名称等。位于页面顶端的信息称为页眉，位于页面底端的信息称为页脚。

3. 页面设置

Word 在新建文档时，采用默认的页边距、纸型、版式等页面格式。用户可以根据需要重新设置页面格式。

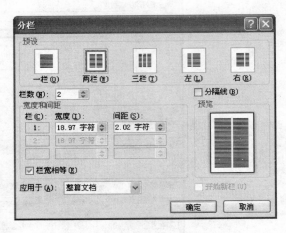

图 3-34　简单分栏　　　　　　　　图 3-35　"分栏"对话框

4. 打印和打印预览

文档页面设置完成后,打印效果是否与预想的一样,可以通过打印预览,在屏幕上观看打印效果,若不满意还可以对文档进行修改。

单击"文件"选项卡,在展开的菜单中单击"打印"命令,在文档窗口中显示出与文档打印相关的命令,在右侧窗格中能够预览打印的效果,如图 3-36 所示。拖到"显示比例"滚动条上的滑块,可以调整文档的显示大小。打印时,单击展开菜单中的打印命令即可。

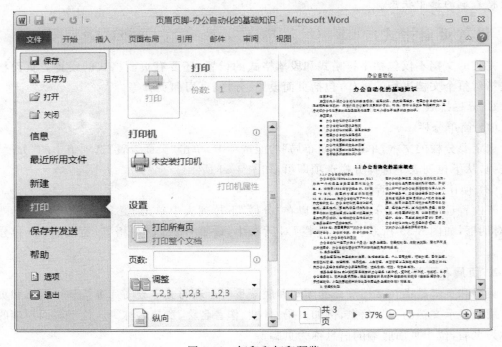

图 3-36　打印和打印预览

【任务操作 3-3】　按照图 3-37 所示的效果,设置文档的页面格式。

（1）要求

① 页面设置：设置纸张为 B5 纸,页边距自定义为上下页边距为 3.2 厘米,左右页边距为 3 厘米。

② 分栏：对文中"办公自动化的含义"下面的两段内容分两栏,栏间距 3 字符,加分隔线。

③ 添加页眉和页脚：在文中添加"字母表型"页眉,内容为"办公自动化",页眉顶端距离 1.8 厘米；在页脚处插入页码"Ⅰ,Ⅱ,Ⅲ…"。

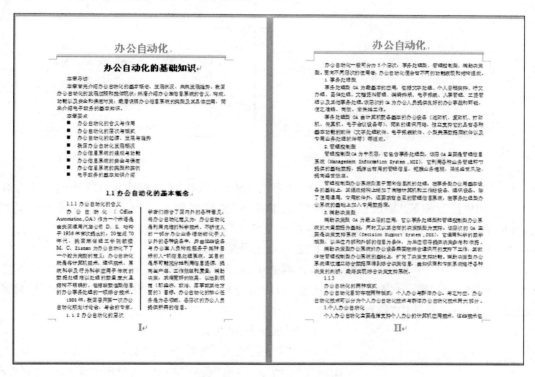

图 3-37　页面排版效果图

（2）操作方法和步骤

① 页面设置

单击"页面布局"选项卡,再单击"页面设置"选项组右下角的"对话框启动器"按钮,打开"页面设置"对话框,如图 3-38 所示。选择"纸张"选项卡,在"纸张大小"下拉列表中选择纸张类型为 B5；选择"页边距"选项卡,在"页边距"区域设置上、下边界值为 3.2 厘米,左、右界值为 3 厘米,以及装订线占用的空间和位置；在"方向"区域设置纸张显示方向；在"应用于"下拉列表中选择适用范围。

也可以直接打开"页面设置"选项组,设置纸张大小、页边距、纸张方向等,如图 3-39 所示。

② 设置分栏

a. 选定要进行分栏的段落区域,单击"分栏"下拉列表中的"更多分栏"选项,打开"分栏"对话框。

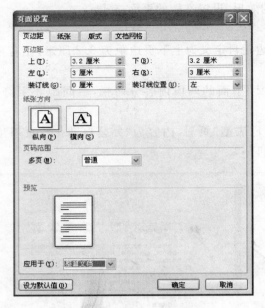

图 3-38 "页面设置"对话框

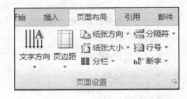

图 3-39 "页面布局"选项组

b. 在"预设"选项区域中选择分栏样式"两栏",或在"栏数"文本框中设置文档的栏数为 2。

c. 选中"栏宽相等"复选框设置各栏宽相等,调整栏间距为 3 字符。若设置不同的栏宽,可取消"栏宽相等"复选框的选定,各栏宽度可在"栏宽"中输入和调节。

d. 选中"分隔线"复选框,可在各栏之间加上分隔线。

e. 单击"应用于"下拉列表框按钮,在列表中选择分栏设置的应用范围。

f. 单击"确定"按钮,完成设置。注意,给段落分栏时,要选中"段落标记";为文档最后一段分栏时,则不要选中"段落标记"。

图 3-40 "页眉和页脚"选项组

③ 添加页眉和页脚

a. 切换到"插入"选项卡,在"页眉和页脚"选项组中,如图 3-40 所示,单击"页眉"按钮,从弹出的菜单中选择"字母表型"页眉格式,输入内容"办公自动化",并设置页眉顶端距离 1.8 厘米。

b. 将插入点定位在页脚区,单击"页码"按钮,从弹出的菜单中选择"页面底部"的"普通数字 2"样式。

c. 再次单击"页码"按钮,从弹出的菜单中选择"设置页码格式"命令,弹出"页码格式"对话框,在"编号格式"下拉列表框中选择罗马数字"Ⅰ,Ⅱ,Ⅲ,…",在"页码编排"中选择"起始页码"为"Ⅰ",单击"确定"按钮。

实训 1 文档的编辑

实训要求:

题目 1:

(1) 新建文件:在 Word 中新建一个文档,文件名为 w1. doc,保存至 C 盘以自己"班级_

学号"命名的文件夹中。

（2）录入文本与符号：按样文，录入文字、字母、标点符号、特殊符号等。

（3）文本分段：将文中两个自然段合并成一段。

（4）查找替换：将文中所有"员工"替换成"公司员工"，设置为三号隶书、加粗、倾斜并加着重号。

【样文】

&员工是智力型公司最主要的资产，员工能力是企业最宝贵的财富，将员工能力培训活动制度化、长期化，提升员工的专业能力和业务水平，尽快培养一支专业水平的团队，是策划公司在市场竞争中生存下去的迫切需求。

※员工能力的养成，不是一朝一夕之功，需要耗费大量的时间精力，也不是哪一个人单独能够完成的，因为光有教员没有听众不行，需要全体员工的积极参与。所以要想"知识分享，共同成长"真正取得成效，并能够长期贯彻落实下去，而不是一次性的行为，要解决的有三个问题：如何发挥少数人的带头作用；如何激发大家的学习热情；如何保证参与者的延续性，使活动能够长期制度化。

题目 2：

（1）新建文件：在 Word 中新建一个文档，文件名为 w2.doc，保存至 C 盘以自己"班级_学号"命名的文件夹中。

（2）录入文本与符号：按样文，录入文字、字母、标点符号、特殊符号等。

（3）移动文本：将正文的最后一句话"NGN 的特点……可管理。"移动到正文第二段开始处，原文仍保持是二段。

（4）查找替换：将文中的 NGN 一词替换为黑体、红色并带着重号的"下一代网络"。

【样文】

✍下一代网络泛指一个大量采用创新技术。NGN 是可以支持数据、语声、视频、宽带接入、无线上网等多媒体综合业务的融合网络。这个融合网络希望有传统电话网的普遍性和可靠性；因特网的灵活性；以太网的运作简单性；光网络的带宽；蜂窝网的移动性；以及有线电视网的丰富内容。

➔NGN 是电信史一块里程碑，标志着新一代电信网络时代的到来。NGN 是传统的电话交换网络和分组网络融合的产物，是可以同时提供话音、数据、多媒体等多种业务的综合性的、全开放的宽频网络平台体系，至少可实现千兆光纤到户。NGN 的特点可概括为多业务、宽带化、分组化、开放性、移动性、泛在性、兼容性、安全性、可管理。

题目 3：

（1）新建文件：在 Word 中新建一个文档，文件名为 w3.doc，保存至 C 盘以自己"班级_学号"命名的文件夹中。

（2）录入文本与符号：按样文，录入文字、字母、标点符号、特殊符号等。

（3）将文中的所有的"段落标记"替换为"段落符号"。

【样文】

▦微信是腾讯公司于 2011 年年初推出的一款快速发送文字和照片、支持多人语音对讲的手机聊天软件。用户可以通过手机、平板、网页快速发送语音、视频、图片和文字。

☝微信提供公众平台、朋友圈、消息推送等功能，用户可以通过摇一摇、搜索号码、附近的人、扫二维码方式添加好友和关注公众平台,同时微信帮将内容分享给好友以及将用户看到的精彩内容分享到微信朋友圈。

微信支持多种语言,支持 Wi-Fi 无线局域网,2G、3G 和 4G 移动数据网络,iOS 版,Android 版、Windows Phone 版、Blackberry 版、诺基亚 S40 版、S60V3 和 S60V5 版。

实训 2　文档的排版

实训要求:

题目1:

(1) 设置字体、字号:标题宋体三号;正文设置为楷体四号。

(2) 设置字形:将标题文字设置为粗体;对正文第一段文字加着重号。

(3) 设置段落格式:标题居中;正文首行缩进 0.75 厘米;并设置 1.5 倍行距;

(4) 设置项目符号:三种误解前加项目符号"⌘"。

(5) 设置边框和底纹:将标题文字加阴影方框,框线 1 磅,对最后一段文字设置"红色,强调文字颜色 2,深色 25%"底纹。

【样文】

什么是绿色食品

如今"绿色食品"备受消费者青睐,但许多人对它的内涵并不十分清楚,从而出现种种误解:

"绿色食品"就是含叶绿素的绿颜色食品。

"绿色食品"就是走上餐桌的野菜。

市场上销售的绿颜色食品就是"绿色食品。

其实这些都不是真正意义上的绿色食品,"绿色食品"——特指遵循可持续发展原则,按照特定生产方式生产,经专门机构认证,许可使用绿色食品标志的无污染的安全、优质、营养类食品。之所以称为"绿色",是因为自然资源和生态环境是食品生产的基本条件,由于与生命、资源、环境保护相关的事物国际上通常冠之以"绿色",为了突出这类食品出自良好的生态环境,并能给人们带来旺盛的生命活力,因此将其定名为"绿色食品"。

题目2:

(1) 设置字体、字号:第一行标题隶书二号;第二行为楷体小四号;正文设置为方正姚体四号。

(2) 设置字形:标题加粗并设置文本效果"渐变填充—蓝色",字符间距 3 磅。

(3) 设置段落格式:第一、二行居中;正文首行缩进 2 字符;最后一段右缩进 1.5 厘米。

(4) 拼音指南:"樯橹"添加拼音指南。

【样文】

念奴娇(赤壁怀古)

苏轼

大江东去,浪淘尽,千古风流人物。故垒西边,人道是,三国周郎赤壁。乱石穿空,惊涛拍岸,卷起千堆雪。江山如画,一时多少豪杰。

遥想公瑾当年,小乔初嫁了,雄姿英发。羽扇纶巾,谈笑间,樯橹灰飞烟灭。故国神游,多情应笑我,早生华发。人生如梦,一樽还酹江月。

题目 3：

（1）设置字符格式：标题行为隶书二号、加粗；正文为楷体、小四号；第二行作者为幼圆、四号、斜体、加双下划线。

（2）设置边框和底纹：标题文字加橄榄色，1.5 磅，三维边框。

（3）设置段落格式：标题和作者居中对齐；正文首行缩进 2 字符、右缩进 2 厘米；标题段后 18 磅；正文行距 2 倍、段前 6 磅。

（4）设置首字下沉：正文段首字下沉 3 行、隶书、距正文 0.2 厘米。

【样文】

我们要在安静中，不慌不忙的坚强

林徽因

生命中有太多的挫折，让我们来不及去消化，它无声无息地来了。或许是在安静中，或许在喧闹中，它们不像蚊帐，静静地呆在那里，我们可以随时掌握它的动向；它也不会变质，不会突然变成凉席。但是挫折却会，也许我们正处在兴奋中，也许我们正在欢呼，下一秒它便向我们袭来，就像我们正在庆祝着高考结束的时候，殊不知，我们即将离开校园，以后便要各自天涯，以后要如何相聚。又是失意。而我们要做的是安静下来，要不慌不忙地学会坚强，要知道天下没有不散的宴席。有缘便会相聚，无缘，我们注定错过。

实训 3　设置页面格式

实训要求：

题目 1：

（1）页面设置：纸张大小 B5 纸。

（2）设置分栏：正文第一段分两栏、栏宽为默认值、添加分隔线。

（3）页眉和页脚：在页眉处插入内容"什么是网瘾"，字号小四；在页脚处插入页码"1，2，…"。

【样文】

网　　瘾

网瘾是指上网者由于长时间和习惯性地沉浸在网络时空当中，对互联网产生强烈的依赖，以至于达到了痴迷的程度而难以自我解脱的行为状态和心理状态。由于花费过多时间上网，以至于损害了现实的人际关系和学业事业。由于某些不法业者恶意炒作、无照经营的"戒网中心"在社会上造成严重不良影响，已于 2009 年 12 月被卫生部疾控局明文予以否定。

网瘾的表现

主观：逃避学习，沉迷网络。长时间地沉浸在网络中，放弃学习，以至于达到了痴迷的程度而难以自我解脱的行为状态和心理状态。

具体特征：长时间沉迷网络，一旦减少或停止上网，即表现出消极的情绪和不良的生理反应。

轻度网瘾患者的表现为每天必打游戏，否则心神不宁；中度网瘾患者的表现为每天上网两小时，不上网就会出现焦虑、紧张、敏感、注意力不集中等；重度网瘾患者的表现为无法控制上网时间，头脑中一直浮现和网络有关的事，在生活中心不在焉；上网时间越来越长，到了无法自控的程度,且行为反常。

网瘾对青少年身心的危害

青少年患上网瘾后,开始只是精神依赖,以后便发展为躯体依赖,长时间地沉迷于网络可导致情绪低落、视力下降、肩背肌肉劳损、睡眠节奏紊乱、食欲不振、消化不良、免疫功能下降。停止上网则出现失眠、头痛、注重力不集中、消化不良、恶心厌食、体重下降。由于上网时间过长,大脑高度兴奋,导致一系列复杂的生理变化,尤其是植物神经功能紊乱,机体免疫功能降低,由此诱发心血管疾病、焦虑症、抑郁症等。

题目 2:

(1) 页面设置:纸张大小 B5 纸,页边距为适中。

(2) 页眉和页脚:页眉文字"余秋雨散文",页码为"颚化符"样式。

【样文】

沙　漠　隐

沙漠中也会有路的,但这儿没有。远远看去,有几行歪歪扭扭的脚印。

顺着脚印走罢,但不行,被人踩过了的地方,反而松得难走。只能用自己的脚,去走一条新路。回头一看,为自己长长的脚印高兴。不知这行脚印,能保存多久?

挡眼的是几座巨大的沙山。只能翻过它们,别无他途。上沙山实在是一项无比辛劳的苦役。刚刚踩实一脚,稍一用力,脚底就松松地下滑。用力越大,陷得越深,下滑也越加厉害。才踩几脚,已经气喘,浑身恼怒。我在浙东山区长大,在幼童时已能欢快地翻越大山。累了,一使蛮劲,还能飞奔峰巅。这儿可万万使不得蛮劲。软软的细沙,也不硌脚,也不让你磕撞,只是款款地抹去你的全部气力。你越发疯,它越温柔,温柔得可恨之极。无奈,只能暂息雷霆之怒,把脚底放轻,与它厮磨。

要腾腾腾地快步登山,那就不要到这儿来。有的是栈道,有的是石阶,千万人走过了的,还会有千万人继续走。只是,那儿不给你留下脚印,属于你自己的脚印。来了,那就认了罢,为沙漠行走者的公规,为这些美丽的脚印。

任务二　图文混合排版

在文档中恰当地插入一些图片和图形,不仅使文档更加生动有趣,而且也增强了文档的说服力,可以使文档更形象、更美观、更丰富多彩,如图 3-41 所示。

一、图文混排

为 Word 文档插入图形、图片、艺术字、文本框等图形对象,可以通过"插入"选项卡的"插图"选项组和"文本"选项组中的各选项按钮实现,如图 3-42 所示。再通过编辑这些图形对象的格式,从而实现图文混排。

1. 插入图片

在文档中插入图片,以提高文档的美观性和生动形象性。插入图片的来源可以是剪贴画或来自文件中的图片。

图 3-41　图文混合排版

图 3-42　"插入"选项卡

2. 绘制图形

文档中除了可以插入图片,还可以自己绘制图形。选择"插入"选项卡,在"插图"选项组中单击"形状"按钮,在下拉菜单中选择相应的形状,即可在 Word 文档中插入图片。

3. 制作艺术字

艺术字是文档中具有特殊效果的文字。在文档中插入艺术字不仅可以美化文档,还能够突出文档所要表达的内容。插入艺术字可单击"文本"选项组中的"艺术字"按钮,从打开的艺术字库列表中选择需要的样式。编辑区将出现"请在此放置您的文字"提示框,直接输入文字即可。

4. 使用文本框

文本框是一种特殊的文本对象,既可以当作图形对象处理,也可以当作文本对象处理。在文档中灵活使用文本框,可以将文字、图形、图片和表格等对象在页面中方便地定位和调整。

在文档中可以插入横排文本框和竖排文本框,也可以根据需要插入内置的文本框样式。选择"插入"选项卡,在"文本"选项组中单击"文本框"按钮,在出现的下拉菜单中选择内置的文本框样式,可以快速绘制出带格式的文本框;或者选择"绘制文本框"、"绘制竖排文本框"命令,手工绘制一个文本框。在文本框中输入文字或者插入图片。

5. 使用 SmartArt 图示功能

在编辑文档的过程中,经常在文档插入生产流程、公司组织结构图以及其他表明相互关系的流程图。在 Word 中可以通过插入 SmartArt 图来快速绘制此类图形。Word 2010 中提供的 SmartArt 图形类型包括"列表"、"流程"、"循环"、"层次结构"、"关系"等,还可以将插入文档中的图片转换为 SmartArt 图形。

【任务操作 3-4】 实现如图 3-43 所示的图文混排效果。

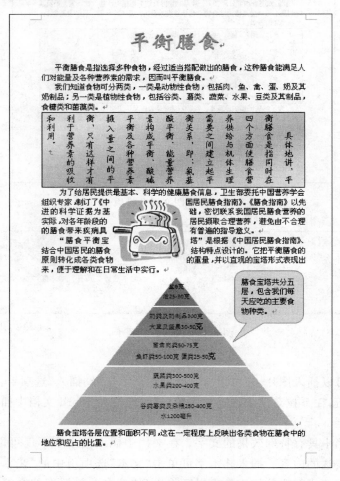

图 3-43 图文混排效果图

(1) 要求

① 标题插入艺术字:样式为"渐变填充—橙色",字体为华文新魏、小初号字、居中。

② 正文宋体小四号字,首行缩进 2 字符。

③ 正文第三段插入竖排文本框,字体四号楷体,环绕方式"上下型",渐变填充预设颜色"麦浪滚滚",方向为"线性对角—左上到右下"。

④ 插入剪贴画:调整大小为原来图片的 80%,紧密型环绕方式,并放置于合适位置。

⑤ 插入 SmartArt 图形:选择"基本棱锥图",并添加两个形状,输入相关文字,文字大小为 10 磅,更改颜色为"彩色范围—强调文字颜色 2"。

⑥ 插入"圆角矩形标注":设置线条颜色"橄榄色,强调文字颜色 3,深色 50%",线型宽度 1 磅,填充颜色"橄榄色,强调文字颜色 3,淡色 60%";添加文字,字体宋体小四号,黑色;

环绕方式"浮于文字上方"。

（2）操作方法和步骤

① 设置艺术字标题

a. 切换至"插入"选项卡，单击"文本"选项组中的"艺术字"按钮，在出现的列表中选择"渐变填充—橙色"样式，如图 3-44 所示，在文档中出现"请在此放置您的文字"提示框，输入文字即可，如图 3-45 所示。

可以在"形状样式"选项组中设置"艺术字"框的轮廓样式；在"艺术字样式"选项组中设置文本填充效果、文本轮廓效果以及文字效果。也可以单击"艺术字样式"选项组右下角的对话框启动器，打开"设置文本效果格式"对话框进行各种效果的设置，如图 3-46 所示。

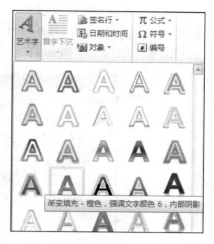

图 3-44　艺术字样式库

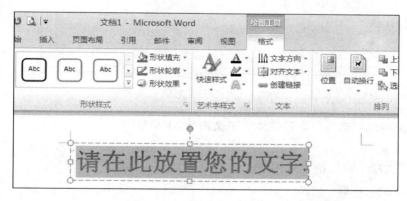

图 3-45　艺术字框和"绘图工具格式"选项卡

图 3-46　"设置文本效果格式"对话框

b. 选定艺术字,单击"格式"选项卡,在"排列"选项组中单击"位置"按钮,在下拉菜单中选择"其他布局选项"命令,打开"布局"对话框,在"位置"选项卡中选择水平对齐方式为"居中",在"文字环绕"选项卡中选择"上下型"环绕方式,如图 3-47 所示。

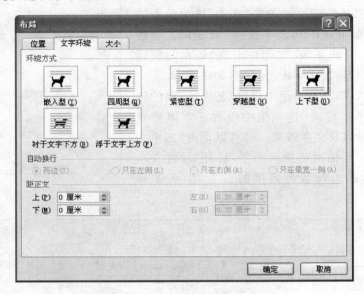

图 3-47 "布局"对话框

c. 切换至"开始"选项卡设置字体为华文新魏,小初号字。

② 文档排版

在"开始"选项卡设置正文宋体小四号字,首行缩进 2 字符。

③ 插入竖排文本框

a. 选定正文第三段文字,选择"插入"选项卡,在"文本"选项组中单击"文本框"按钮,在出现的下拉菜单中选择"竖排文本框"命令,插入一个"竖排文本框"。

b. 调整文本框的大小并放置在合适位置。选定文本框,单击"格式"选项卡,在"排列"选项组中单击"位置"按钮,在下拉菜单中选择"其他布局选项"命令,打开"布局"对话框,在"文字环绕"选项卡中选择"上下型"环绕方式。

c. 在"格式"选项卡中,单击"形状样式"选项组右下角对话框启动器,打开"设置形状格式"对话框,选择"填充"项的"渐变填充"。选择预设颜色"麦浪滚滚",方向为"线性对角—左上到右下"。

④ 插入剪贴画

a. 在文档中设置好插入点,将插入点定位在要插入剪贴画的位置,选择"插入"选项卡,在"插图"选项组中单击"剪贴画"按钮,弹出"剪贴画"任务窗格。在"搜索文字"文本框中可以输入要搜索的剪贴画信息"食物",在"结果类型"下拉列表中选择搜索目标的类型如"插图",然后单击"搜索"按钮。

b. 找到需要的剪贴画后,用鼠标直接单击,剪贴画会插入文档当前光标所在的位置。

c. 单击图片,在功能区中显示"格式"选项卡,单击"大小"选项组中的对话框启动器,打开"布局"对话框,在"大小"选项卡中调整图片缩放比例为原来的 80% 大小,在"文字环绕"

选项卡中选择"紧密型"环绕方式。在"大小"选项组中也可以直接设置图片的高度和宽度，还可以对图片进行裁剪。

d. 将剪贴画放置在文档中的合适位置。

⑤ 插入 SmartArt 形状

a. 在"插入"选项卡中的"插图"选项组中，单击 SmartArt 按钮，打开"选择 SmartArt 图形"对话框，选择 SmartArt 图形的类型为"棱锥图"，然后在中间选择"基本棱锥图"布局，如图 3-48 所示。单击"确定"按钮，即可在文档中插入 SmartArt 图形。

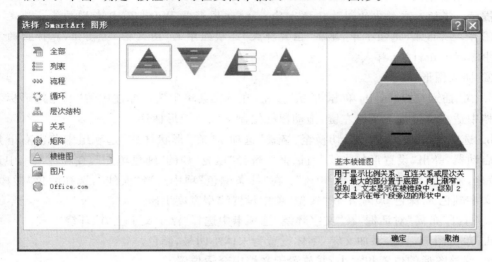

图 3-48 "选择 SmartArt 图形"对话框

b. 选择 SmartArt 图形的最后一行，切换到"设计"选项卡，在"创建图形"组中单击"添加形状"按钮右侧的下拉按钮，从下拉菜单中选择"在后面添加形状"命令，连续添加两个形状，如图 3-49 所示。

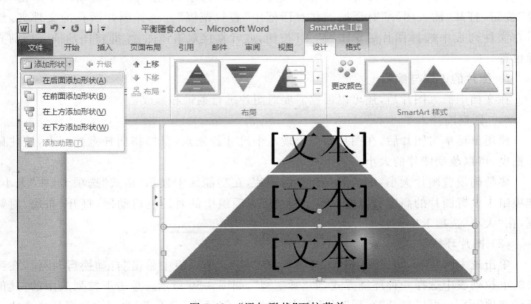

图 3-49 "添加形状"下拉菜单

　　c. 单击图框,可以输入所需的文本;对于新添加的形状,在右键快捷菜单中选择"编辑文字"命令,就可以输入文字内容;设置字体大小为 10 磅。

　　d. 选中整个 SmartArt 图形,单击"设计"选项卡中的"更改颜色"按钮,在打开的下拉菜单中,选择"彩色范围—强调文字颜色 2"。

　　若要删除形状,选中要删除的图形,按 Delete 键或 BackSpace 键,也可以执行"剪切"命令将形状删除。修改 SmartArt 图形布局时,选择 SmartArt 图形,在"设计"选项卡中单击"布局"选项组中的"其他"按钮,可以从中选择所需的图形布局。

　　提示:将插入文档中的图片转换为 SmartArt 图形是 Word 2010 新增功能。选定要编辑的图片,在"格式"选项卡中,单击"图片样式"选项组中的"图片格式"按钮,在弹出的下拉列表中选择 SmartArt 样式。

　　⑥ 插入图形

　　a. 在"插入"选项卡中,单击"形状"按钮,在下拉菜单中选择标注中的"圆角矩形标注",在文档中适当位置按下鼠标左键,拖动鼠标绘制出圆角矩形标注。

　　b. 选定"圆角矩形标注",切换至"格式"选项卡,在"形状样式"选项组中单击右下角对话框启动器,弹出"设置形状格式"对话框。选择"填充"项的"纯色填充",在颜色菜单中选择"橄榄色,强调文字颜色 3,淡色 60%";在"线条颜色"项中选择"实线",选择颜色"橄榄色,强调文字颜色 3,深色 50%";在"线型"项中设置线型宽度 1 磅。

　　c. 打开"布局"对话框,在"文字环绕"选项卡中选择"浮于文字上方"环绕方式。

　　d. 单击图形,直接添加文字,字体设置为宋体小四号,黑色。

　　e. 调整图形的位置和大小,并放置于文档中合适位置。

二、图片格式设置

1. 图片的插入

　　将插入点定位在要插入图片的位置,选择"插入"选项卡,在"插图"选项组中单击"图片"按钮,打开"插入图片"对话框。在对话框中"查找范围"处选择图片所在的文件夹,然后在文件列表中选择图片后单击"插入"按钮,或者直接双击该图片,即将图片插入当前光标位置。

2. 图片的设置与编辑

　　在文档中插入图片后,还可以根据需要对图片进行编辑和修改。

　　(1)调整图片大小

　　使用鼠标单击图片后,在图片四周出现八个尺寸控制点,鼠标指向任意控制点,按住鼠标拖曳,可以改变图片的大小。

　　要精确设置图片大小,单击需要调整的图片,在功能区中显示"格式"选项卡,在"大小"选项组中设置图片的高度和宽度;单击"大小"选项组中的对话框启动器,打开"布局"对话框,在"大小"选项卡中调整图片大小。

　　(2)图片环绕方式

　　单击选中图片后,切换到"格式"选项卡,在"排列"选项组中单击"自动换行"按钮,在弹出的下拉列表中选择一种环绕方式,如"紧密型",如图 3-50 所示。单击下拉列表中的"其他布局选项"命令,可以打开"布局"对话框中,选择"文字环绕"选项卡,也可以选择环绕方式。

（3）裁剪图片

普通裁剪是指仅对图片的四周进行裁剪，只需要在"格式"选项卡中单击"大小"选项组中的"裁剪"按钮，在图片的四周出现控制点，用鼠标按住控制点向内拖曳，松开鼠标裁剪完成。

Word 2010 还可以将图片裁剪成不同的形状。单击"裁剪"按钮的向下箭头，在弹出的下拉列表中选择"裁剪为形状"选项，弹出子菜单，单击"基本形状"区内的"云形"图标，图片就被裁剪为指定的形状，如图 3-51 所示。

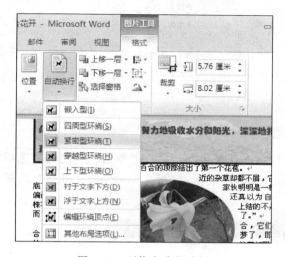

图 3-50　环绕方式的选择

图 3-51　将图片裁剪为云形

（4）设置图片的效果

① 图片样式

Word 2010 中提供许多图片样式，可以快速应用到图片上。选中图片后，在"格式"选项卡中，单击"图片样式"列表框中的图片样式，可以改变该图片的样式。如果单击"图片样式"列表框右侧的"其他"按钮，则会出现更多样式供选择。

单击"图片边框"按钮，可以设置图片的边框；单击"图片效果"按钮，可以设置图片的各种效果，如阴影、发光、柔化边缘、三维旋转等。

② 去除图片背景

选中图片，在"格式"选项卡中，单击"调整"选项组中的"删除背景"按钮，进入"背景消除"选项卡，在图片周围可以看到一些控制点，拖到控制点可以调整删除的背景范围。单击"背景删除"选项卡中的"标记要保留的区域"按钮或"标记要删除的区域"按钮，利用鼠标对图片中的一些特殊的区域进行标记，进一步修正消除背景的准确性。最后单击"保留更改"按钮即可，如图 3-52 所示。

③ 其他效果

在"格式"选项卡中，选择"调整"选项组中的"更正"按钮，可以设置图片的锐化和柔化效果以及调整亮度和对比度；单击"颜色"按钮，可以设置颜色饱和度、色调等；单击"艺术效果"按钮，在弹出的列表中可以选择设置艺术效果。

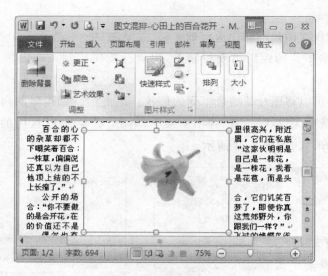

图 3-52 删除图片的背景图

选择图片并右击,在快捷菜单中选择"设置图片格式"命令,或者单击"图片样式"选项组右下角对话框启动器,均可以打开"设置图片格式"对话框,如图 3-53 所示,可以在对话框中对各种效果进行精确设置。

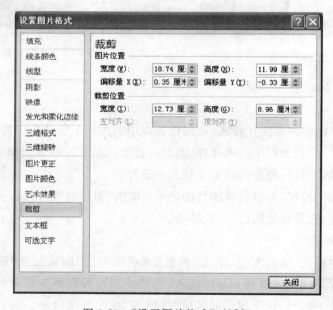

图 3-53 "设置图片格式"对话框

实训 4 图文混排

实训要求:

(1) 绘制如图 3-54 所示的图形。

树冠部分用椭圆绘制,填充绿色;树干部分用等腰三角形绘制,填充橙色(深色 50%)。

（2）利用文本框制作就餐券，如图 3-55 所示。

制作就餐券，文本框形状样式为"细微效果—水绿色"，边框 4.5 磅，深蓝色，艺术字为"填充—红色，强调文字颜色 2，粗糙棱台"样式，字号小初。

（3）利用 SmartArt 图形制作如图 3-56 所示的流程图。

选用基本循环流程图，更改颜色为"彩色"第一个，SmartArt 样式效果为"强烈效果"。

（4）实现如图 3-57 所示的图文混排效果。

① 标题字体为华文彩云，小初号，设置为艺术字"渐变填充—蓝色，填充文字颜色 1"，居中。

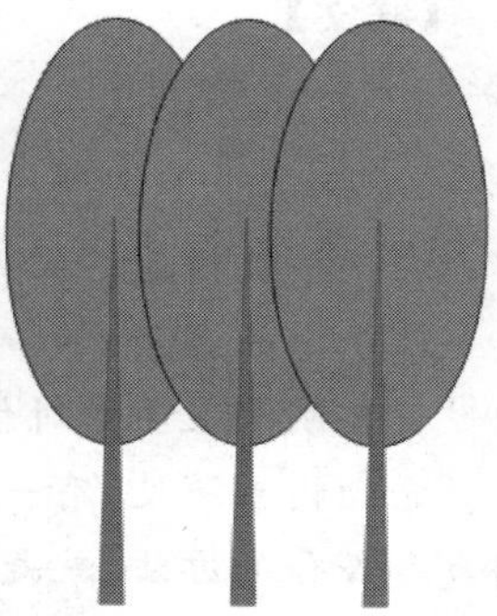

② 正文宋体小四号，首行缩进 2 字符，正文第一段段前一行。

③ 正文第三段文字加横排文本框；内部填充"百合花"图片，设置透明度为 70%；文本框内字体为华文琥珀、四号，颜色为标准色紫色；边框线条颜色深蓝色，宽度 2.5 磅。

④ 插入"百合花"图片，大小缩放为原有图片的 35%，对图片裁剪成椭圆形，紧密型环绕方式，放置于文档中合适位置。

⑤ 对正文中倒数 2～4 段分栏加分隔线。

⑥ 最后一段文字添加"橄榄色，强调文字颜色 3，深色 25%"底纹。

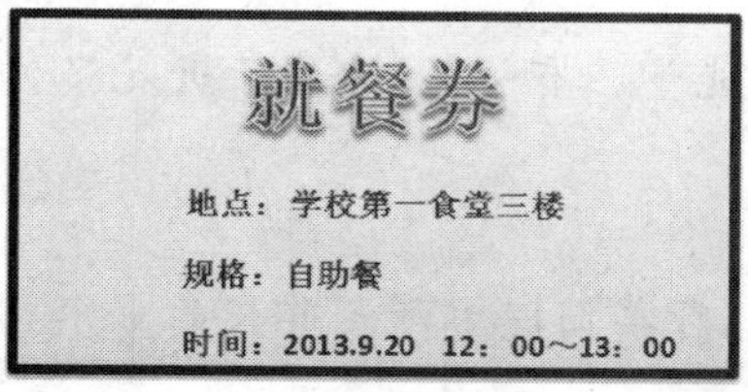

图 3-54　绘制图形

图 3-55　"就餐券"效果图

图 3-56　"材料循环利用"流程图

图 3-57　图文混排效果

【样文】

心田上的百合花开

林清玄

在一个偏僻遥远的山谷里,有一个高达数千尺的断崖。不知道什么时候,断崖边上长出了一株小小的百合。

百合刚刚诞生的时候,长得和杂草一模一样。但是,它心里知道自己并不是一株野草。

它的内心深处,有一个内在的纯洁的念头:"我是一株百合,不是一株野草。唯一能证明我是百合的办法,就是开出美丽的花朵。"有了这个念头,百合努力地吸收水分和阳光,深深地扎根,直直地挺着胸膛。

终于,在一个春天的早晨,百合的顶部结出了第一个花苞。

百合的心里很高兴,附近的杂草却都不屑,它们在私底下嘲笑着百合:"这家伙明明是一株草,偏偏说自己是一株花,还真以为自己是一株花,我看他顶上结的不是花苞,而是头上长瘤了。"

公开的场合,它们讥笑百合:"你不要做梦了,即使你真的会开花,在这荒郊野外,你的价值还不是跟我们一样?"

偶尔也有飞过的蜂蝶鸟雀,它们也会劝百合不用那么努力开花:"在这断崖边上,纵然开出世界上最美的花,也不会有人来欣赏呀!"

百合说:"我要开花,是因为我知道自己有美丽的花;我要开花,是为了完成作为一株花的庄严使命;我要开花,是由于自己喜欢以花来证明自己的存在。不管有没有人欣赏,不管你们怎么看我,我都要开花!"

在野草和蜂蝶的鄙夷下,野百合努力地释放着内心的能量。有一天,它终于开花了,它那灵性的洁白和秀挺的风姿,成为断崖上最美丽的颜色。

这时候,野草与蜂蝶,再也不敢嘲笑它了。

百合花一朵朵地盛开着,它花上每天都有晶莹的水珠,野草们以为那是昨夜的露水,只有百合自己知道,那是极深沉的欢喜所结的泪滴。

年年春天,野百合努力地开花、结籽。它的种子随着风,落在山谷、草原和悬崖边上,到处都开满洁白的野百合。

任务三　表格制作与数据操作

在办公应用中,表格是不可缺少的元素。表格在文档中不仅能够比文字更为清晰且直观地描述内容,还可以对文本信息进行定位、以方便排版。Word 2010 具有强大的表格编辑能力,用户可以轻松地在文档中创建各类美观的专业表格。

一、制作表格

(一)创建表格

在 Word 2010 文档中插入表格的方法有 3 种,一种是通过"插入表格"按钮来快速插入表格；另一种是使用"插入表格"对话框来实现表格的定制插入；还有一种是将文本转换成表格。

1. 自动创建表格

将插入点定位于文档中要插入表格的位置，切换至"插入"选项卡，单击"表格"选项组中的"表格"按钮，在按钮下方出现示意表格。用鼠标在示意表格中拖动，以选择表格的行数和列数，然后释放鼠标，如图 3-58 所示。

2. 插入表格

当需要插入多行多列的表格时，可以选择图 3-58 中示意表格下方的"插入表格"命令，打开"插入表格"对话框，如图 3-59 所示，输入行数和列数，单击"确定"按钮。

3. 将文本转换为表格

如果已有的文本想转换成表格，可以先选中文本，再选择图 3-58 中示意表格下方的"文本转换成表格"命令，出现"将文字转换成表格"对话框，如图 3-60 所示，在对话框中进行相关设置，然后单击"确定"按钮。

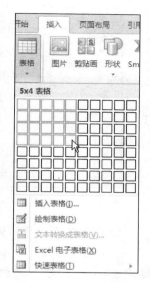

图 3-58　示意表格

图 3-59　"插入表格"对话框

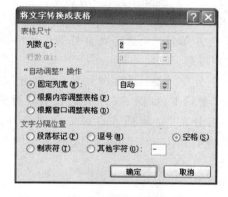

图 3-60　"将文字转换成表格"对话框

（二）编辑表格

当创建完表格后，如果表格不合适，可以对表格进行编辑操作，比如，调整列宽、行高，增加或删除行或列等。选定表格或单元格后，在"表格工具"中单击"布局"选项卡，如图 3-61 所示，从各表格编辑功能组中选择相应的命令。

1. 选定表格对象

对表格进行编辑时，首先要选定表格对象：单元格、行、列或整个表格。

（1）选定单元格：鼠标指向单元格的左侧，指针变成 时单击。

（2）选定行：鼠标指向行左侧，指针变成 时单击。

（3）选定列：鼠标指向列上边界，指针变成 时单击。

（4）选定整个表格：选中整行或整列后鼠标拖曳选中整个表格，或将鼠标定位在单元格中，表格左上角出现移动控制点 时，单击控制点。

115

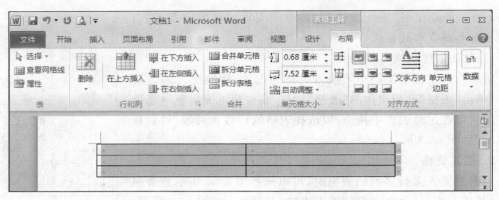

图 3-61　"表格工具"的"布局"选项卡

2. 插入与删除行和列

选定表格中的一个单元格,在"布局"选项卡中的"行和列"选项组中,单击"在上方插入"按钮或"在下方插入"按钮,可在选定对象上方或下方插入一行;插入列则要单击"在左侧插入"或"在右侧插入"按钮。

单击"行和列"选项组中的"删除"按钮,可删除所选择的表格、行、列、单元格,在删除"单元格"时,会弹出"删除单元格"对话框。

3. 单元格的合并和拆分

(1)合并单元格:选定要合并的单元格,在"布局"选项卡中的"合并"选项组中选择"合并单元格"按钮。

(2)拆分单元格:选定单元格后,单击"合并"选项组中的"拆分单元格"按钮,弹出"拆分单元格"对话框,如图 3-62 所示,设置要拆分的行列数。

(3)拆分表格:将插入点设置在要分开的行分界处,单击"合并"选项组中的"拆分表格"按钮,或者按 Ctrl+Shift+Enter 组合键。

(三)设置表格格式

1. 设置表格大小

(1)对表格的整体缩放:可以用鼠标直接对表格缩小或放大。选定整个表格后,鼠标移到右下角的调整手柄上,如图 3-63 所示,光标变成一个对角线双向箭头,拖动鼠标,大小调整合适为止。

图 3-62　"拆分单元格"对话框

调整手柄

图 3-63　调整整个表格

(2)调整行高和列宽。

➢ 利用表格框线调整行高和列宽:将鼠标移到表格行列线上,指针变成一个双向箭头

＝或 ╬ 时，拖动鼠标可调整行高和列宽。

➤ 自动调整功能：在"布局"选项卡中的"单元格大小"选项组中单击"自动调整"按钮，从弹出的菜单中选择所需的命令。

➤ 指定行高和列宽：在"单元格大小"选项组中直接设置"宽度"和"高度"的值。

➤ 利用表格属性设置：选定整个表格，在"布局"选项卡中的"表"选项组中单击"属性"按钮，或者单击"单元格大小"选项组右下角对话框启动器，弹出"表格属性"对话框，如图 3-64 所示，指定行高和列宽的值。

图 3-64　"表格属性"对话框

2. 单元格中文本对齐方式

选定要设置文本对齐的表格，在"布局"选项卡中，单击"对齐方式"选项组中的相应对齐按钮。在右键快捷菜单中选择"单元格对齐方式"命令也可以进行设置。

3. 表格边框和底纹

选定要添加"边框和底纹"的单元格，选择"表格工具"中的"设计"选项卡，如图 3-65 所示，单击"表格样式"选项组中的"边框"或"底纹"按钮，从弹出的选项中进一步设置。

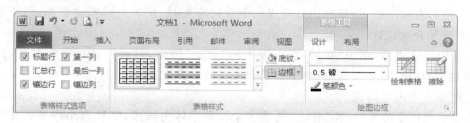

图 3-65　"表格工具"的"设计"选项卡

4. 快速应用表格样式

Word 2010 提供了丰富的表格样式库，可以利用它设置表格的样式，如将阴影、边框、底纹等格式元素应用于表格。将插入点置于表格中，在表格"设计"选项卡的"表格样式"选项组中选择一种样式即可。

【任务操作 3-5】 制作如图 3-66 所示的表格。

文档排版知识点	掌握情况			自我评价
	通过自学完成	通过帮助完成	未能完成	
字符格式设置				
段落格式设置				
项目符号和编号				
添加边框和底纹				
首字下沉				
课堂小结				

图 3-66 表格效果图

(1) 要求

① 插入一个 8 行 5 列的表格,表格行高 1 厘米,第一列 3.5 厘米,其余列宽 2.7 厘米。

② 适当调整表格单元格大小,整个表格居中。

③ 表格内容字体为宋体、小四号,中部居中对齐,底纹为"水绿色,强调文字颜色 5,淡色 40％"。

④ 表格外部框线为外粗内细的双线型,3 磅,深蓝色,最后一行上框线为深蓝色 0.75 磅双实线,其他内部框线为默认线型。

(2) 操作方法和步骤

① 插入表格

a. 切换至"插入"选项卡,单击"表格"选项组中的"表格"按钮,选择"插入表格"命令,可以打开"插入表格"对话框,输入行数 8 行和列数 5 列,单击"确定"按钮。

b. 选中整个表格,在"布局"选项卡中的"表"选项组中单击"属性"按钮,或者单击"单元格大小"选项组右下角对话框启动器,弹出"表格属性"对话框,设置行高 1 厘米和第一列列宽 3.5 厘米,其余各列 2.8 厘米。

② 调整表格

a. 依次选定单元格进行合并单元格的操作。选定最后一行的第一个单元格,将鼠标放在此单元格的右边框处,当鼠标指针变成一个双向箭头时,按下左键拖动鼠标,调整这个单元格的宽度到合适位置。

b. 选定整个表格,单击"开始"选项卡中的"居中"按钮,对表格进行居中对齐,或者在"表格属性"对话框中的"表格"选项卡中设置表格的对齐方式。

③ 设置文字内容格式

a. 选中表格中的文字,在"开始"选项卡中设置字体为宋体,字号为小四号。在右键快捷菜单中选择"单元格对齐方式"命令,设置文字中部居中对齐。

b. 选择需要设置底纹的单元格,单击"表格样式"选项组中的"底纹"按钮,从弹出的颜色菜单中选择"水绿色,强调文字颜色 5,淡色 40％"。

c. 选定整个表格,切换到"设计"选项卡,在"绘图边框"选项组中的"笔样式"下拉列表中选择外粗内细的双线型,在"笔画粗细"下拉列表中选择 3 磅磅值,在"笔颜色"下拉菜单中选择标准色—深蓝色,然后单击"表格样式"选项组中的"边框"按钮,从下拉菜单中选择"外侧框线",即可完成设置。同样选择默认的 0.5 磅黑色单实线,单击"内部框线",设置内框线。

d. 选定表格的最后一行,在"笔样式"下拉列表中选择双线型,颜色深蓝色,粗细为 1.5 磅,单击"表格样式"选项组中的"边框"按钮,从下拉菜单中选择"上框线"即可。

二、表格的数据操作

Word 表格也能够完成普通的数据管理操作,主要包括对表格中的数据进行排序以及计算统计等功能。

1. 表格计算

(1) 单元格引用的方法:表格中的单元格用列号(A,B,C,…)加行号(1,2,3,…)来表示,比如,第一行第一列的单元格为 A1。表格中连续区域用"左上角单元格:右下角单元格"表示,比如,"A1:B3"为 A1、A2、A3、B1、B2、B3 这六个单元格组成的连续区域。

(2) 利用公式计算:在"布局"选项卡中,单击"数据"选项组中的"公式"按钮,打开"公式"对话框,如图 3-67 所示,单击"粘贴函数"下拉列表,选择或输入需要的函数。在 Word 2010 表格中,可以进行 18 种函数运算。引用范围可以是 ABOVE(引用光标上方的数据单元格)、LEFT、RIGHT 或 BELOW,还可以是单元格的引用。在"编号格式"下拉列表中选择计算结果的数字格式。

图 3-67　"公式"对话框

2. 排序

表格中的内容可以按一列(主关键字)或者多列(多个关键字)进行排序,最多可选择 3 个关键字。

【任务操作 3-6】　根据如图 3-68 所示的表格数据生成表格,并进行表格的数据操作。

(1) 要求

① 制作表格:先输入表格数据,再转换成一个 6 行 5 列的表格。

② 增加列:在表格右侧添加 2 列,输入标题文字。

③ 设置表格边框与底纹:外边框为双实线,1.5 磅;第一行单元格添加底纹浅绿色。

④ 表格数据计算与排序:分别在"应发工资"列和"实发工资"列进行计算;对"实发工资"进行降序排序,最终结果如图 3-69 所示。

```
姓名  基本工资 岗位津贴 生活补贴 应扣费用
李萍  3800 1100 800 150
徐凯  3500 900 650 120
张一帆 4200 1300 800 170
刘华  2900 800 550 80
周旭  3200 900 650 110
```

图 3-68　转换成表格的数据

姓名	基本工资	岗位津贴	生活补贴	应扣费用	应发工资	实发工资
张一帆	4200	1300	800	170	6300	6130
李萍	3800	1100	800	150	5700	5550
徐凯	3500	900	650	120	5050	4930
周旭	3200	900	650	110	4750	4640
刘华	2900	800	550	80	4250	4170

图 3-69　表格示例效果图

(2) 操作方法和步骤

① 在文档中输入如图 3-68 中所示的文字。每行各列数据之间用空格分隔。

② 选定全部文本,切换至"插入"选项卡,单击"表格"选项组中的"表格"按钮,选择"文本转换成表格"选项,在"文字分隔位置"区域选择"空格"选项,单击"确定"按钮,将文本转换为表格。

③ 选择表格最右侧一列,在"布局"选项卡中的"行和列"选项组中,单击"在右侧插入"按钮,插入两列,输入标题文字"应发工资"和"实发工资"。

④ 选择整个表格,切换到"设计"选项卡,在"绘图边框"选项组中的"笔样式"下拉列表中选择"双实线",在"笔画粗细"下拉列表中选择 1.5 磅,然后单击"表格样式"选项组中的"边框"按钮,从下拉菜单中选择"外侧框线"命令。

⑤ 选择表格第一行,单击"表格样式"选项组中的"底纹"按钮,从弹出的颜色菜单中选择"浅绿色"。

⑥ 将插入点放置于"李萍"所在行的"应发工资"处的单元格,即 F2 单元格,在"布局"选项卡中的,单击"数据"选项组中的"公式"按钮,打开"公式"对话框,在公式列表框中输入"＝SUM(B2:D2)"或"＝SUM(B3,C2,D2)",单击"确定"按钮即可。用同样的方法计算其他人的应发工资(注意:单元格地址的变化)。

⑦ 将插入点放置 G2 单元格,打开"公式"对话框后,在公式列表框中输入"＝F2－E2",单击"确定"按钮即可计算出实发工资。用同样的方法计算其他人的实发工资。

⑧ 选择需要参加排序的单元格,单击"数据"选项组中的"排序"按钮,打开"排序"对话框,设置主要关键字"实发工资"、类型为"数字"、"降序"排列(若有需要还可设置次要关键字,如"基本工资"、"降序"排列),单击"确定"按钮完成排序任务。

实训 5　制作表格

实训要求:

(1) 制作如图 3-70 所示的"读者"目录表格。

① 插入一个 9 行 2 列的表格,适当调整单元格大小。

② "读者"设置为华文彩云、初号、加粗、文字效果为"渐变填充—紫色",靠上居中对齐;"读者"下方文字为宋体三号加粗;"目录"方正姚体一号加 20%图案样式,水平居中;小标题为华文行楷二号加粗;其余文字宋体三号,并首行缩进 2 字符。

③ 单元格加 20%图案样式的底纹,设置为无框线。

④ 插入剪贴画,设置颜色效果为"冲蚀",环绕方式"衬于文字下方"。

(2) 制作如图 3-71 所示的成绩表。

① 插入一个 9 行 7 列的表格,列宽 2 厘米,行高 0.8 厘米,按照图 3-45 中的效果调整

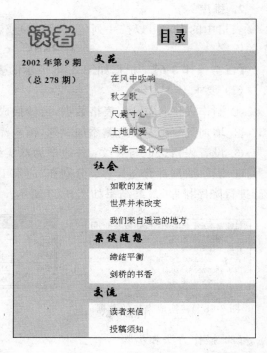

图 3-70　"读者"目录表格

单元格大小。

② 表格文字宋体、小四号并加粗,中部居中对齐。

③ 表格外边框为黑色、1.5 磅双线型,内部框线为默认线型,单元格填充颜色“橙色,强调文字颜色 6,淡色 40%”。

④ 计算总分和平均分。

(3) 制作如图 3-72 所示的个人简历表。

系别		电子系		班级		
姓名	课 程 名 称					总分
	高数	物理	英语	政治	计算机	
李华	80	67	86	90	88	
王明	75	89	90	94	85	
张燕	90	85	94	80	92	
赵丽萍	86	73	91	84	76	
周志鹏	70	82	78	81	90	
平 均 分						

图 3-71 成绩表

个人简历一览表						
姓名		性别		年龄		
地址	通信地址					照片
	邮政编码		电子邮件			
	电话		传真			
应聘岗位						
个人经历	时间		单位			
个人特长						

图 3-72 个人简历表

项 目 总 结

本项目首先从最基本的新建、编辑、保存文档开始,到实现对文档的排版,包括文字格式、段落格式、边框底纹、项目符号和编号等的设置,通过页面设置、分栏和页眉页脚的设置实现了对文本外观的处理。为使文档更形象、更美观,在此基础上进一步图文混排,最后利用 Word 的表格功能完成表格的制作。本项目是后续学习 Word 高级应用的基础,应重点掌握文档编辑排版、图文混排以及表格制作等操作。

项 目 实 训

实训要求如下。

(1) 新建 Word 文档,输入“4G 手机”的文字内容,如图 3-73 所示,并将其保存在“C:\项目 3”文件夹中,文件命名为 W3_1.docx”。

(2) 标题为艺术字“渐变填充—橙色”,隶书小初号字,居中,正文宋体五号字,首行缩进 2 字符,小标题隶书二号加粗,效果为“渐变填充—蓝色,强调文字颜色 1”。

(3) 表格标题隶书四号较粗,效果为“渐变填充—橙色,强调文字颜色 6,内部阴影”,表格内文字宋体五号,中部居中对齐,表格外框线为外粗内细双线型,3 磅“橄榄色,强调文字颜色 3,深色 25%”,其他框线为默认,第一行填充“橄榄色,强调文字颜色 3,深色 40%”,整个表格居中。

（4）插入图片，调整图片大小为原来的 25％，版式为紧密环绕型，图片裁剪成椭圆形，放置于合适位置。

（5）"适用文字"标题下文字添加项目符号 ◈ 。

（6）正文最后二段加方框，双线型，1.5 磅，颜色"紫色，强调文字颜色 4，深色 50％"，底纹颜色"紫色，强调文字颜色 4，淡色 40％"。

（7）添加页眉："手机展望"；添加页脚："★ ★ ★ ★ ★"。

图 3-73 "4G 手机"图文混排效果图

【样文】

4G 手机

1. 概念

4G（全称：the 4th generation communication system），第四代通信系统。4G 通信理论上达到 100Mbps 的传输，4G 网络在通信带宽上比 3G 网络的蜂窝系统的带宽高出许多。每个 4G 信道将占有 100MHz 的频谱，相当于 W-CDMA 3G 网路的 20 倍，就是网络传输速度比目前的有线宽带还要快 N 多倍。4G 手机就是支持 4G 网络传输的手机，移动 4G 手机最高下载速度超过 80Mbps,达到主流 3G 网络网速的 10 多倍,是联通 3G 的 2 倍。

4 代移动通信技术的比较见表 3-1。

表 3-1　4 代移动通信技术比较

网　　络	特　　点	技　术　标　准		
1G	只能语音通话	AMPS		
2G	数据传输最高 32Kbps	GSM		CDMA
3G	数据传输最高 2Mbps	WCDMA	TD-SCDMA	CDMA2000
4G	数据传输最高可达 100Mbps	TD-LET		FDD-LET

2. 发展前景

美国、日本、韩国等国家因 4G 商用网络已开通并部分覆盖,手机制造商在以上国家推出高端或者旗舰机型时一般都有 4G 支持。

2013 年中国移动将加速 4G 网络建设。中国移动已在全国 15 个城市进行了 4G 扩大规模试验。中国移动计划在今年年内将建设超过 20 万个基站,实现 100 个重要城市主城区的连续覆盖,其他城市主城区数据热点区域覆盖。预计,四年内将新建逾万个 4G 基站。

3. 适用范围

个人应用:高速上网、视频通话、电视/视频、音乐、在线游戏、手机阅读、手机导航/路况/定位等。

家庭应用:家庭视频监控、家庭多媒体电话、智能家居等。

车载应用:车辆导航、车载电视/视频/音乐、车辆监控/安防、车辆远程维护等。

医疗应用:远程医疗监控、移动医疗护理、远程医疗车等。

行业其他类:视频会议、智能交通、新闻业即拍即传、视频客服等。

4. 功能特点

从外观上看,4G 手机外观与常见的智能手机并无差异,它们的主要特点在于屏幕大、分辨率高、内存大、处理器运转快,并使用了高清摄像头。

4G 手机都内嵌了 TD-LTE 模块,这也是我国自主研发 4G 技术的硬件核心。选择网络时,屏幕信号显示 4G 即代表已连接 4G 网络。

项目四 Word 2010 的高级应用

项目导读：

经过 Word 2010 的基础应用学习，我们学会了文档的创建、编辑、保存、打印和保护；表格的建立和编辑；文档中图形的编辑；符号与数学公式的输入与编辑；多窗口和多文档的编辑；新增的粘贴预览、SmartArt 等功能，已经掌握了基本的 Word 文档的编辑操作。

本项目 Word 2010 高级应用，将完成对 Word 文档编辑的更高一级应用的学习，从长文档的排版，样式及目录的生成，域的编辑，到文档审阅和修订，以及邮件合并等操作。学习这个项目使我们更高效和快捷处理 Word 文档。

学习目标：

- 掌握 Word 长文档的排版、分节、奇偶页的页眉页脚设置方法。
- 掌握 Word 文档的样式、目录和索引的设置方法。
- 掌握 Word 文档审阅和修订的方法。
- 利用邮件合并功能批量制作和处理文档。

任务一 毕业论文的排版

本任务以毕业论文为例进行长文档排版，对文档中页面设置、页眉/页脚的排版和打印输出的设置，实现了 Word 分节、样式与目录的自动生成。

撰写毕业论文（设计）是每个大学生毕业前面临的一项重要的工作。在完成论文主要的内容的同时，很多学校对毕业论文的格式都有很详细具体的要求。面对烦琐的格式，很多同学感到很头痛，花费了大量的精力，可是效果也不尽理想。

毕业论文的内容较多，一般要分多章，每章要分多节。通常由封面一、封面二、摘要、目录、正文、参考文献、附录和致谢等几部分构成，同时对论文的排版格式也有严格的统一要求。因此，毕业论文属于分层次比较复杂的长文档。本任务实现的就是利用 Word 制作毕业论文的实际步骤，"毕业论文排版"示例如图 4-1 所示。

一、页面设置与分节设置

在对一篇文档进行排版之前，最好先进行页面设置，即设置好纸张大小和页边距。在对排好版的文档进行打印输出之前，应先使用打印预览功能查看模拟的打印效果，避免打印失误造成不必要的浪费。

1. 长文档页面设置

针对毕业论文这样的长文档排版，首先应当从页面设置开始，即要设置页面纸张的大

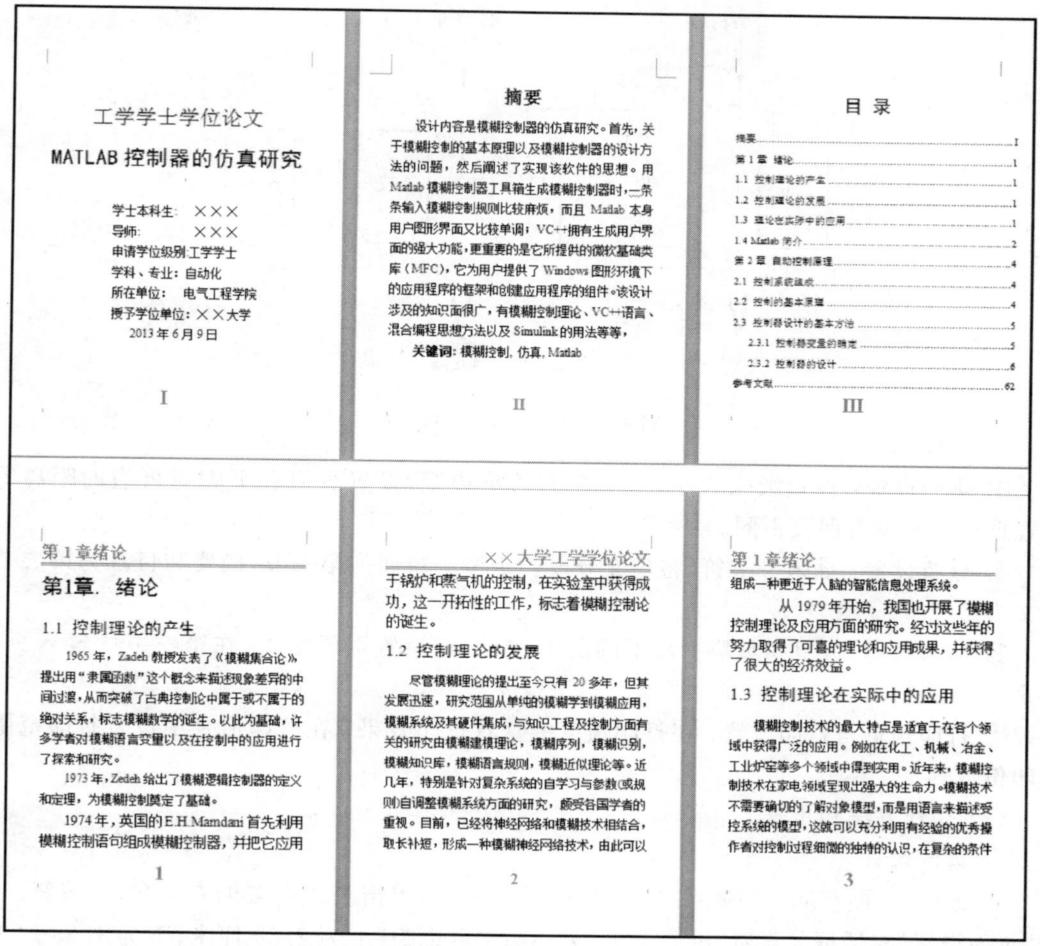

工学学士学位论文

MATLAB 控制器的仿真研究

学士本科生：×××
导师：×××
申请学位级别工学学士
学科、专业：自动化
所在单位：电气工程学院
授予学位单位：××大学
2013 年 6 月 9 日

Ⅰ

摘要

　　设计内容是模糊控制器的仿真研究。首先，关于模糊控制的基本原理以及模糊控制器的设计方法的问题，然后阐述了实现该软件的思想。用 Matlab 模糊控制器工具箱生成模糊控制器时，一条条输入模糊控制规则比较麻烦，而且 Matlab 本身用户图形界面也比较单调；VC++拥有生成用户界面的强大功能，更重要的是它所提供的微软基础类库（MFC），它为用户提供了 Windows 图形环境下的应用程序的框架和创建应用程序的组件。该设计涉及的知识面很广，有模糊控制理论、VC++语言、混合编程思想方法以及 Simulink 的用法等等。

　　关键词：模糊控制，仿真，Matlab

Ⅱ

目录

Ⅲ

第 1 章绪论

第1章.　绪论

1.1 控制理论的产生

　　1965 年，Zadeh 教授发表了《模糊集合论》提出用"隶属函数"这个概念来描述现象差异的中间过渡，从而突破了古典控制论中属于或不属于的绝对关系，标志模糊数学的诞生。以此为基础，许多学者对模糊语言变量以及在控制中的应用进行了探索和研究。

　　1973 年，Zadeh 给出了模糊逻辑控制器的定义和定理，为模糊控制奠定了基础。

　　1974 年，英国的 E.H.Mamdani 首先利用模糊控制语句组成模糊控制器，并把它应用

1

××大学工学学位论文

于锅炉和蒸汽机的控制，在实验室中获得成功，这一开拓性的工作，标志着模糊控制论的诞生。

1.2 控制理论的发展

　　尽管模糊理论的提出至今只有 20 多年，但其发展迅速，研究范围从单纯的模糊学到模糊应用，模糊系统及其硬件集成，与知识工程及控制方面有关的研究由模糊建模理论，模糊阵列，模糊识别，模糊知识库，模糊语言规则，模糊近似理论等。近几年，特别是针对复杂系统的自学习与参数(或规则)自调整模糊系统方面的研究，颇受各国学者的重视。目前，已经将模糊网络和模糊技术相结合，取长补短，形成一种模糊神经网络技术，由此可以

2

第 1 章绪论

组成一种更接近于人脑的智能信息处理系统。

　　从 1979 年开始，我国也开展了模糊控制理论及应用方面的研究。经过这些年的努力取得了可喜的理论和应用成果，并获得了很大的经济效益。

1.3 控制理论在实际中的应用

　　模糊控制技术的最大特点是适宜于在各个领域中获得广泛的应用。例如在化工、机械、冶金、工业炉窑等多个领域中得到实用。近年来，模糊控制技术在家电领域呈现出强大的生命力。模糊技术不需要确切的了解对象模型，而是用语言来描述受控系统的模型，这就可以充分利用有经验的优秀操作者对控制过程细微的独特的认识。在复杂的条件

3

图 4-1　"毕业论文排版"示例图

小、上下左右的页边距，设置页眉页脚与页边的距离，页面中行列数等。其次是要根据实际情况分节，按节分别设置不同的页面格式。页眉和页脚是页面的特殊的两个区域，位于文档的每个页面页边距的顶部和底部区域，通常放置学院名称、论文标题、公司标志、页码等信息。如果直接设置页眉页脚，则全文每一页上的页眉页脚都是一致的，但如果设置了不同的节，就可以针对不同的部分设置不同的页眉和页脚。

2. 长文档分节设置

　　"节"是 Word 用来划分文档的一种方式，是为了实现同一文档中设置不同的页面格式，改变文档的布局。要将文档分成不同的节只需在相应的位置插入分节符即可。然后根据需要设置每节不同的格式，比如，不同的页眉和页脚、不同的分栏、不同的页面边框等。结合毕业论文版面的格式要求，须将论文分成三个节，如图 4-2 所示。

【任务操作 4-1】 设计毕业论文版面格式

（1）要求

　　封面页面上没有页眉和页码；在摘要和目录页面上没有页眉文字，页码为Ⅰ、Ⅱ数字格式；正文页面上有页眉，并且奇偶页页眉不同，页码为 1,2,…数字格式。

125

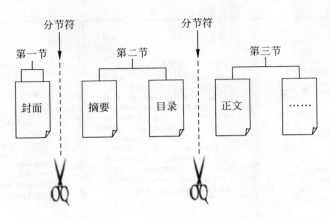

图 4-2　插入分节符位置图

① 页面设置：设置纸张大小，上下左右的页边距，设置页眉和页脚与页边的距离等。设置页眉和页脚奇偶页不同。

② 分节设置：插入分节符，将论文分成若干节。封面为第一节，摘要和目录为第二节，正文为第三节。

③ 插入页码、页眉和页脚：在不同的节中，分别设置页码格式，在第三节中输入页眉文字。

④ 打印预览与打印设置：在打印预览中查看打印效果；在打印命令中设置打印范围、打印份数等。

(2) 操作方法和步骤

① 页面设置

a. 选择"页面布局"选项卡中"页面设置"组命令，单击页面设置的右下角 按钮。打开"页面设置"对话框。设置"纸张大小"为 A4；"页边距"上为 2.54 厘米，下为 1.58 厘米，左为 3.2 厘米，右为 3.2 厘米。

b. 设置版式。选择"版式"选项卡，将页眉页脚距边界都设为 1.5 厘米。论文正文部分的页眉奇数页与偶数页不同，所以选中"奇偶页不同"选项，如图 4-3 所示，然后单击"确定"按钮。

c. 设置文档网格。选择"文档网格"选项卡，设置页面行数及每行字数，每页 38 行，跨度为 19.05 磅，应用于"整篇文档"，如图 4-4 所示。

② 分节设置

a. 将光标定位在全文第一页"封面"的最后，选择在"页面布局"选项卡上的"页面设置"组中，单击"分隔符"选项，如图 4-5 所示。

b. 打开"分隔符"下拉框，选择"分节符"中的"下一页"，如图 4-6 所示。

这时就在第一页的最后插入了一个分节符。要想在文档中显示分节符标记，可在"开始"选项卡上的"段落"组中，单击"显示/隐藏"按钮 ，显示分节符，如图 4-7 所示。

c. 用同样方法，在第三页"目录"的末尾也插入一个"分节符(下一页)"。这样，全文就被分节符分成了三部分：封面、摘要、正文。为下一步做好设置不同的页码、页眉页脚做准备。

126

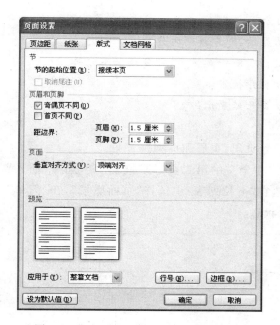

图 4-3 "页面设置"对话框的"版式"选项

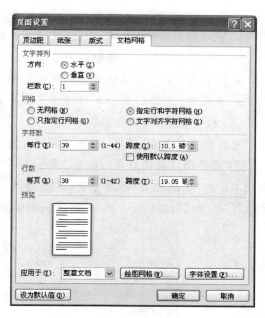

图 4-4 "页面设置"对话框的"文档网格"选项

图 4-5 页面布局中的"分隔符"

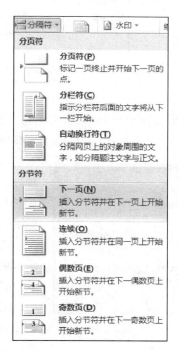

图 4-6 分节符的类型

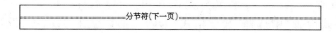

图 4-7 分节符

提示:在"分节符"区域单击选择所需要的分节方式。

➢ 下一页:分节符后的文档从下一页开始显示,即分节同时分页。

➢ 连续:分节符后的文档与分节符前的文档在同一页显示,即分节但不分页。

➢ 偶数页:分节符后的文档从下一个偶数页开始显示。

➢ 奇数页:分节符后的文档从下一个奇数页开始显示。

(3) 设置页码、页眉和页脚

要在论文的封面、摘要、正文三部分分别设置页码、页眉和页脚。

① 摘要和目录部分页码设置:将光标定位在全文的第二页,即"摘要"页,选择"插入"选项卡中的"页眉和页脚"命令组,单击"页码",在"下拉列表"中选择"页面底端",在"简单"中选择"数字 2",如图 4-8 所示,进入页码编辑状态。

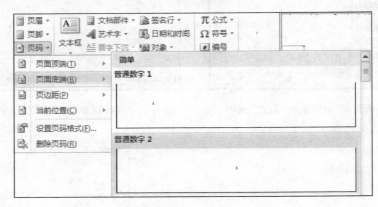

图 4-8 插入页码

如果要设置页码格式,可单击"设置页码格式"按钮,打开"页码格式"对话框,如图 4-9 所示。在"数字格式"下拉框中选择罗马数字Ⅰ,Ⅱ,Ⅲ,…,在"页码编排"选项中,选择"起始页码"为Ⅰ,最后单击"确定"按钮。设置完成后,在页面的页脚处居中显示罗马数字的页码。若要在文档分成不同的节后,但页码还需要连续编排,这时可选择"页码编排"中的"续前节"选项。

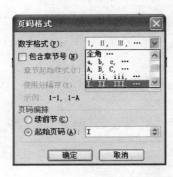

图 4-9 "页码格式"对话框

② 将封面的页码删除:经过了第一步,在全文的第一页,即封面页页脚处也会出现页码"Ⅰ",要想将这个页码删除,可双击页码位置,进入"页眉和页脚工具"的"设计"选项卡,如图 4-10 所示,单击"链接到前一条页眉"按钮 ,让该按钮处于弹起状,将两节的链接断开,这样就删除了第一页页码。双击正文,返回到正文编辑状态,即关闭了页眉页脚的编辑状态。

③ 正文页码设置:方法同上,将光标定位在正文页,选择"插入"选项卡中的"页码"菜单命令,在"页码格式设置"中选择"数字格式"为阿拉伯数字 1,2,3,…,设置完成后单击"确定"按钮。

图 4-10 "页眉和页脚工具"的"设计"选项卡

④ 正文页眉设置：由于设置了奇数页与偶数页不同，因此，论文的正文部分的奇数页页眉和偶数页页眉可以分别录入。回到正文，双击正文的页码处，进入到页眉和页脚的编辑状态，然后单击"页眉和页脚工具"中的"转至页眉"按钮，光标将定位在这一页的页眉处，输入页眉的文字，可选择对齐方式为"居中"、"文本左对齐"或者"文本右对齐"，设置字体格式、段落格式的方法同正文设置方法一样。输入奇数页的页眉后，再定位到偶数页页眉，输入文字即可。

要设置奇偶页不同效果，也可以双击页眉或者页脚位置，进入页眉和页脚编辑状态，在"页眉和页脚工具"中选中"奇偶页不同"选项。

提示：删除页眉横线的方法如下。

页眉一旦启用，Word 会默认产生一条页眉横线，但有时候我们不需要这条横线，要想删除页眉中的这条横线的方法有多种，下面用设置无边框线的方法来实现。

双击页眉，进入页眉编辑状态，当光标定位于页眉区域时，按 Ctrl＋A 组合键执行全选操作，单击"页面布局"选项卡，选择"页面背景"选项组中的"页面边框"，如图 4-11 所示。打开页面边框对话框，在"边框"选项卡中选择"无边框"按钮，应用于选择"段落"即可将页眉的横线取消。

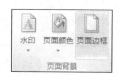

图 4-11 "页面背景"选项组

（4）打印预览与打印输出设置

文稿排版完成后，最后要进行打印输出。在打印之前，先进行打印预览，查看文档排版的打印效果。

① 打印预览。文档页面设置完成后，打印效果是否与预想的一样，可以通过打印预览，在屏幕上观看打印效果，若不满意还可以对文档进行修改。打印预览可选择"文件"选项卡中的"打印"选项，如图 4-12 所示。

在"设置"中选择将要打印输出的打印机的名称，设置打印的页数、份数；单面或者双面打印、纵向打印或者横向打印等。在右侧可预览效果，拖选右下角的显示比例，可以实现同时预览多页，可以观察文档排版后的整体效果，预览完毕后可单击"开始"选项卡退出打印预览状态，返回正常编辑窗口。

② 打印输出设置。单击"设置"中的可以选择"打印所有页"、"打印当前页"或者"打印自定义范围"，如图 4-13 所示。在"页码范围"后面的文本框中输入具体页号，例如，1,5—7,10—表示指定打印第 1 页、第 5 到 7 页、第 10 页到最后一页，如图 4-14 所示。

③ 单击"单面打印"选项，则可以选择"单面打印"或者"手动双面打印"，如图 4-15 所示。在"调整"中可以选择是逐份打印即"调整"的第一个方式，也可以选择"取消排序"，即是逐页打印，如果文件打印 N 份，则先把第一页全打印 N 张完毕后，再打印第二页，以此类推，如图 4-16 所示。

图 4-12 "打印"设置

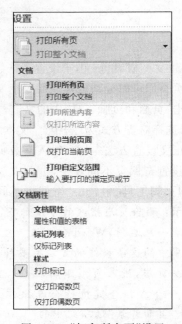

图 4-13 "打印所有页"设置

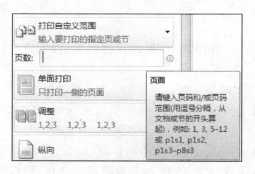

图 4-14 "打印自定义页面"设置

图 4-15 "单面打印"设置

④ 单击"纵向"选项,则可以选择"纵向"和"横向"两种纸张打印方向,如图 4-17 所示。

图 4-16 打印方式选择

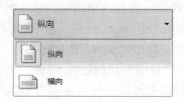

图 4-17 "纸张打印方向"设置

提示：插入分页符的方法。

一般情况下 Word 会根据一页中能容纳的行数对文档进行自动分页。但是有时在一页未写满时，希望重新开始新的一页，这就需要人工插入分页符，强制分页。插入分页符的方法有以下几种。

> 将插入点定位在文档中需要分页的位置，单击"页面布局"选项卡，在"页面设置"选项组中选择"分隔符"按钮，再选择"分页符"选项。

> 如果在段落之间分页会影响到文档的阅读。为了严格限制在段落中分页，可利用"段落"对话框中的"换行和分页"选项卡上的"孤行控制"、"段中不分页"、"与下段同页"和"段前分页"四个选项实现自动分页控制，如图 4-18 所示。

在普通视图中自动分页符显示为一条横穿页面的单虚线，人工分页符显示为标有"分页符"的单虚线，如图 4-19 所示。若要删除人工分页符，单击分页符，然后按下 Delete 键即可。分页符不能实现对不同的页面、页眉、页脚、页码的设置。

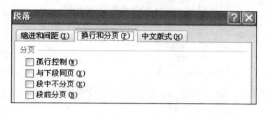

图 4-18 "段落"对话框换行和分页选项卡

图 4-19 分页符

二、应用样式与生成目录

长文档的内容较多，而且格式要求也多，如果按照一般的格式设置的方法，按部就班地进行排版，相同的操作要进行很多次，既费时又费力。要解决这样的问题就要应用到 Word 中的大纲视图、样式和目录。

1. 大纲视图

对于一篇比较长的文档，从开始建立到最后详细地阅读它的结构内容是一件不容易的事情。使用大纲视图可以迅速地建立和了解文档的结构，因为大纲视图可以清晰地显示文档的各级结构，根据需要，一些标题和正文可以暂时隐藏，只突出显示总体结构。

2. 样式和目录

在 Word 中，样式是指一组已经命名的字符格式或段落格式。样式的方便之处在于可以把样式应用于文字符或段落，批量地完成字符或段落格式的设置。目录的功能是列出文档中的各级标题及其所在页码，用户可以通过目录了解文档的结构内容。

目录是像毕业论文这样的长文档中不可缺少的部分。通常放在论文正文的前面、摘要的后面。用手工添加目录既麻烦又不便于修改。

Word 具有自动创建目录的功能，但在创建目录之前，需要先为要提取为目录的标题设置标题级别（不能设置为正文级别），并且为文档添加了页码。在 Word 中主要有三种设置标题级别的方法：利用大纲视图设置；应用系统内置的标题样式；在"段落"对话框的"大纲级别"下拉列表中选择。

【任务操作 4-2】 制作论文中的目录。

（1）要求

① 利用大纲视图创建论文结构，完成的效果如图 4-20 所示。

② 利用样式设置论文的标题应用样式：标题 1、标题 2 和标题 3。

③ 自动生成目录：论文目录生成后的效果如图 4-21 所示。

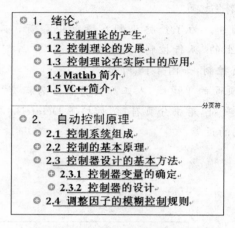

图 4-20　大纲视图建立文档结构　　　　　　图 4-21　论文目录的效果图

（2）操作方法和步骤

① 利用大纲视图创建论文结构

a. 在论文窗口中打开"视图"选项卡，单击"文档视图"选项组中的"大纲视图"，如图 4-22 所示。

b. 可以在图 4-23 大纲工具中选择标题级别，1 级为最高级。如果想设置文本作为 2 级，可以选择 ➡，由 1 级变为 2 级标题。

图 4-22　视图选项卡中的文档视图　　　　　图 4-23　大纲工具

c. 单击符号 ➕，可以展开所选项目；单击符号 ➖，可以折叠所选项目。

d. 要显示到某级标题，可在"标题级别"列表中选择要显示的标题级别，如图 4-24 所示。

② 标题应用样式

a. 选择"开始"选项卡，在"样式"选项组中，有"标题 1"、"标题 2"……，如图 4-25 所示。这是系统已经预设好的标题样式。

b. 选择一级标题"第 1 章 绪论"，单击"标题 1"，该标题

图 4-24　大纲视图中的显示级别

图 4-25　"样式"选项组

就应用了"标题 1"的样式。同理,应用其他的一级标题、二级标题和三级标题。

c. 清除样式的方法:若要清除已经应用的样式,可以选择"样式"选项组中最右边的列表按钮,打开如图 4-26 所示的样式列表,其中选择"清除格式"选项。

③ 自动生成目录

a. 生成目录:在要插入目录的位置定位光标,单击"引用"选项卡,再单击"目录"选项,如图 4-27 所示,选择第二项"自动目录 2",即可自动生成目录。

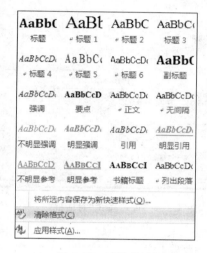

图 4-26　清除格式

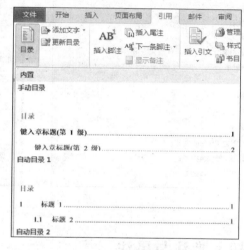

图 4-27　"目录"选项列表

b. 关联目录和正文:在默认情况下,目录生成后,可以利用目录和正文的关联进行跟踪和跳转,当鼠标旋转在目录上时,出现如图 4-28 所示的提示,此时要按住 Ctrl 键单击目录中的某个标题,就能跳转到正文相应的位置。

c. 更新目录:如果文档的内容进行了调整,有可能部分标题页码改变了,此时就要更新目录,使目录中的相关内容也随着变化。在目录区域中右击,在弹出的快捷菜单中选择"更新域"选项,如图 4-29 所示,或按功能键 F9 打开"更新目录"对话框,如图 4-30 所示。如果只是文章中的正文变化了,则选择"只更新页码";如果标题也有所变化,则选择"更新整个目录",最后单击"确定"按钮,即可自动更新目录。

图 4-28　目录中利用 Ctrl 键跟踪链接

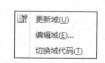

图 4-29　"更新域"命令

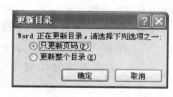

图 4-30　"更新目录"对话框

提示：新建或修改样式的方法如下。

➤ 选择"开始"选项卡,选择"更改样式"选项的下列列表,在下拉列表中选择样式集,如图 4-31 所示,然后选择一种样式即可。

➤ 在下拉列表中选择"段落间距",打开如图 4-32 所示的管理样式对话框,在此对话框中可以修改样式。

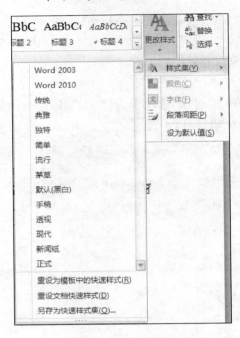

图 4-31 更改样式   图 4-32 "管理样式"对话框

三、插入脚注与尾注

1. 脚注和尾注

脚注和尾注一般是对文本的补充说明。脚注一般位于页面的底部,可以作为文档某处内容的注释。尾注一般位于文档的末尾,列出引文的出处等。论文引用的参考文献一般用尾注来说明。脚注用于对文档内容进行解释说明,脚注和尾注的位置,如图 4-33 所示。脚注的设置方法参见尾注的方法,基本一致。

【任务操作 4-3】 在论文的最后增加参考文献。

（1）要求

① 插入尾注。

② 删除参考文献前后的横线。

③ 给参考文献加方括号。

（2）操作方法和步骤

① 插入参考文献

a. 光标移到要插入参考文献的地方,选择"引用"选项卡中

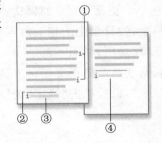

① 脚注和尾注引用标记
② 分隔符线
③ 脚注文本
④ 尾注文本

图 4-33 脚注和尾注

的"脚注"选项组,如图 4-34 所示。

图 4-34　"引用"选项卡

b. 单击"插入尾注"按钮,或者选择"脚注"选项组的启动按钮 ▣ ,打开"脚注和尾注"对话框,如图 4-35 所示。在对话框中选择"尾注",所在位置建议选"文档结尾",编号方式选"连续"。

c. 如果"编号格式"不是阿拉伯数字,可选右边的下拉列表,在编号格式中选择阿拉伯数字。单击"插入"按钮,自动在插入点插入了一个上标 1,将光标自动跳到文章最后,前面就是一个上标 1,在这里输入参考文献。

d. 双击参考文献前面的 1,光标就回到了文章内容中插入参考文献的地方,可以继续编写文章。

e. 在下一个要插入参考文献的地方再次按以上方法插入尾注,就会出现一个 2,Word 已经自动排序,继续输入所要插入的参考文献。

图 4-35　"脚注和尾注"对话框

② 删除第一篇参考文献前后的横线

所有文献都引用完后,你会发现在第一篇参考文献前面一条短横线(在"页面视图"方式里),如果参考文献跨页了,在跨页的地方还有一条长横线,这些线无法选中,也无法删除。这是尾注的标志,但一般科技论文格式中都不能有这样的线,所以一定要把它们删除。

a. 选择左上角的 Office 按钮 ▣ ,选择"其他命令",或单击"文件"选项卡,选择"选项",将打开"Word 选项"对话框,如图 4-36 所示。

b. 在"快速访问工具栏"中选择"不在功能区中的命令",在列表中选择"查看尾注分隔符"、"查看尾注连续标记"、"查看尾注接续分隔符",添加到右边的"自定义快速访问工具栏"中,单击"确定"按钮。在左上角的快速访问工具栏中就出现了三个命令的按钮,如图 4-37 所示。

c. 回到正文编辑状态,单击"查看尾注分隔符"按钮,这时短横线出现,选中它进行删除。

d. 单击"查看尾注接续分隔符",这是那条长横线出现了,选中它进行删除。

e. 切换回到页面视图,参考文献插入已经完成了。这时无论文章如何改动,参考文献都会自动地排序。如果删除了尾注标记,后面的参考文献则会自动消失。

③ 将尾注编号改为带方括号[]的方法

很多期刊要求参考文献为带方括号的格式,比如[1]、[2]等。如果编号只有数字,可以用查找替换的方法来给编号加上方括号,具体做法为:查找^♯,替换为[^&]。建议:文章修订好后再做这一步,否则新插入的引用还是没有方括号。

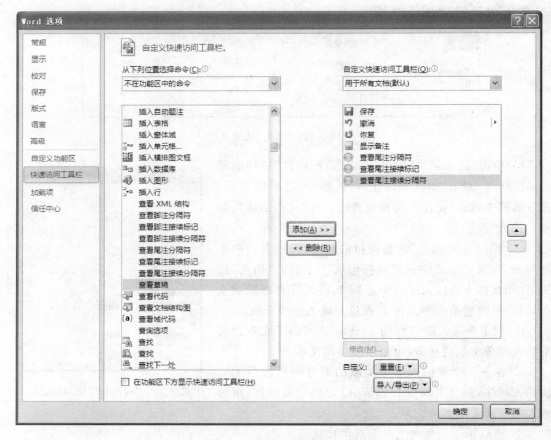

图 4-36 "Word 选项"对话框

2. 题注和交叉引用

在长文档的排版中,为了说明对图和表的引用,需要给图表进行编号,这个编号就是"题注"。在引用图表编号时,如果文档修改过程中内容进行了移动增减,图表编号就要随之改变,在文档中的引用也要随之改变。如果每次修改都需要作者手动编号,这个工作既烦琐又易出错。这时可以利用 Word 提供的"交叉引用"功能。

图 4-37 快速访问工具栏

下面以一个图的题注和引用为例来说明用法。

(1) 插入题注。光标放置图的下方,选择"引用"选项卡,在"题注"选项组中单击"插入题注",将打开"题注"对话框,如图 4-38 所示。选择一个标签,Word 中内置的标签有三种:图表、表格、公式。标签(label)就是出现在编号前的文字。现在单击"新建标签"按钮,输入"图",单击"确定"按钮,再单击"编号"按钮,选择图的编号为"1,2,3"形式。

(2) 更新题注。这样图的编号是 Word 自动生成的,当图编号有变化时,Word 可以重新排列,不过须在编号上右击,选择 更新域(U)。

(3) 交叉引用。在文档编辑时,可能会需要写入"请参看图 1……",而当图的编号改变时,还需要把这些引用处全都一一找到并修改,这个工作人员靠手工完成是相当的麻烦。在 Word 中可以利用"交叉引用"功能来写成。

在文档需要的引用点写上"请参见图|",|表示光标插入点，选择"引用"选项卡，单击"题注"选项组中的"交叉引用"菜单命令，打开"交叉引用"对话框，如图 4-39 所示，在"引用类型"中选择"图"，在"引用内容"中选择"只有标签和编号"，在"引用哪一个题注"中选择题注编号，单击"插入"按钮即可。

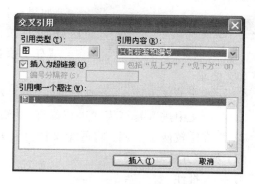

图 4-38　题注对话框　　　　　　　　　图 4-39　交叉引用题注

（4）更新交叉引用。与更新题注的方式一致，当图表编号有改变时，在引用点处右击，选择  更新域 (U)。

四、论文审阅

当你的毕业论文已经写作完毕，下面就要进入到论文的审阅、修订阶段。下面对论文采取插入批注的方法来提出审阅的意见，并进行修订论文。在审阅工作中还可以同时查看和比较两篇文档，并可多人同时修改。

（一）插入批注

插入批注包括插入批注、删除批注、隐藏或者显示批注。

（二）修订模式

修订是对审阅人在当前文档中的插入、删除及格式变更等修改操作过的痕迹记录，只有在修订模式下，Word 才会记录这些修订。修订包括进入修订模式、设置和筛选修订。

（三）比较两个文档

文档在审阅时，可能会出现多个版本。可以利用 Word 的并排查看两个文档的办法来进行比对两个文档。并能多人同时修改一个文档。

（四）统计文章字数

统计 Word 文档的字数，一般用两种方法。

1. 在输入时统计字数

在文档中输入内容时，Word 将自动统计文档中的页数和字数，并将其显示在工作区底部的状态栏左下角上。如图 4-40 所示，如果在状态栏中看不到字数统计，可右击状态栏，然后单击"字数统计"。

页面：11/37 | 字数：16,806

图 4-40　文档字数显示

2. 统计一个或多个选择区域中的字数

当统计一个或多个选择区域中的字数时,进行字数统计的各选择区域无须彼此相邻。方法是:选择要统计字数的文本,状态栏将显示选择区域中的字数,例如,210/16,646 表示选择区域中的字数为 210,文档中的总字数为 16,646,如图 4-41 所示。

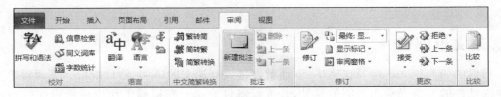

页面: 11/37 | 字数: 210/16,646

图 4-41　选择区域中的字数

如果选择不相邻的各个文本块,请先选择第一个选择区域,然后按住 Ctrl 键并选择其他选择区域。

【任务操作 4-4】　对论文进行审阅。

(1) 要求

① 在论文中插入批注,并删除批注。

② 在论文中进入修订模式进行修订,并筛选修订。

③ 并排比较两个文档:将两个文档打开并排比较。

(2) 操作方法和步骤

① 插入批注

a. 将光标定位于目标位置,或者选择某个对象,单击"审阅"选项卡,选择"批注"选项组中的"新建批注"按钮,如图 4-42 所示。

图 4-42　"审阅"选项卡

b. Word 将在文档的右侧插入一个新批注框。框中包含有文字"批注[审阅者(用户名缩写)数字序号]",如图 4-43 所示。

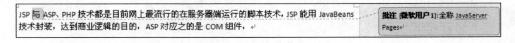

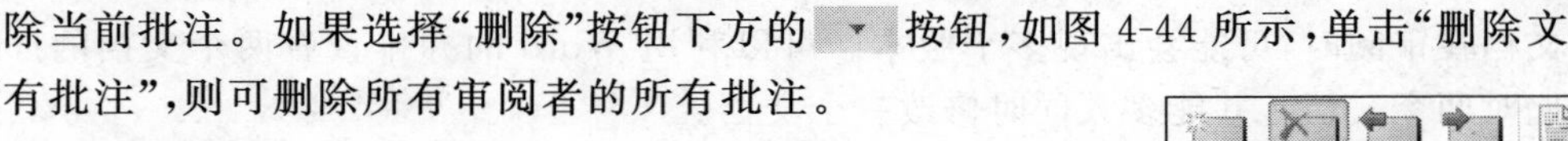

图 4-43　插入新建批注

② 删除批注

将光标定位于某个批注框中,单击"审阅"选项卡,选择"批注"选项组的"删除"按钮,可以删除当前批注。如果选择"删除"按钮下方的 ▼ 按钮,如图 4-44 所示,单击"删除文档中的所有批注",则可删除所有审阅者的所有批注。

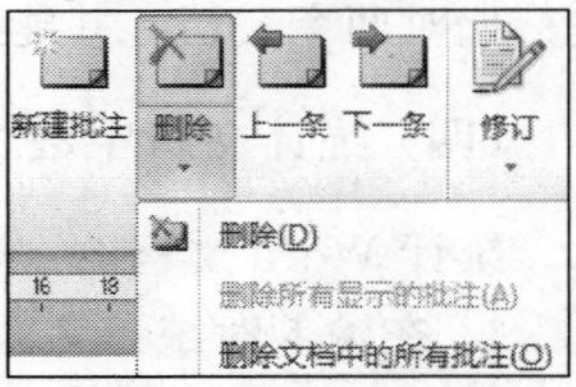

③ 论文修订

a. 进入与退出修订模式:单击"审阅"选项卡,选择"批注"选项组的"修订"按钮,单击后按钮成高亮状态,说明当前文档已进入修订模式,在此模式下,Word 将记录审阅人对文档的修改。再次单击"修订"按钮,即退出修订模式。

b. 修订的状态包括以下几种。

· "最终:显示标记"用于在批注框中显示删除的文字,并在文档中显示插入的文本和格式更改。

图 4-44　删除所有批注

- "最终状态"：接受所有修订后的文档。
- "原始：显示标记"：在批注框中显示插入的文本和格式更改，并在文档中显示删除的文字。
- "原始状态"：显示原始的，未更改的文档。

c. 筛选修订：可以根据不同的修订类型或者不同的审阅人来控制显示当前文档中的修订，如图 4-45 所示。

④ 打开两个待比较的文档，单击"视图"选项卡，选择"窗口"选项组的"并排查看"按钮 ![并排查看] 。如果 Word 打开的文档不止两个时，将弹出"并排比较"对话框，在"并排比较"列表框中选择待比较的文档，单击"确定"按钮，如图 4-46 所示。并排查看两个文档的效果如图 4-47 所示，在这个模式下，拖动其中一个文档的滚动条时，另一个文档同步滚动，以便用户进行对比。

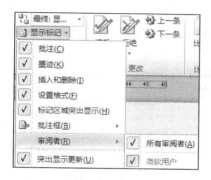

图 4-45　筛选修订

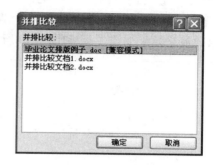

图 4-46　"并排比较"对话框

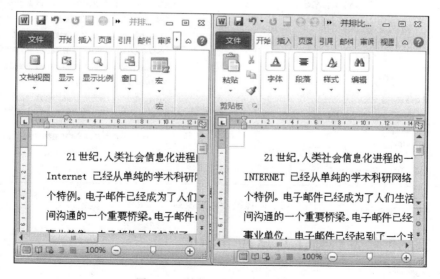

图 4-47　并排比较两个文档窗口

提示：一个文档也可以新建一个或者多个窗口，实现并排比较和浏览这些窗口，方法是：单击"视图"选项卡，选择"窗口"选项组的"新建窗口"按钮。Word 将创建一个与当前文档相同的窗口，窗口的名称分别自动以"文档 1.docx:1"和"文档 2.docx:2"来命名。

　　再单击"视图"选项卡,选择"窗口"选项组的"并排查看"按钮,可以并排查看两个窗口,两个窗口将同步滚动。

实训 1　课程设计文档排版

实训要求:

(1)页面设置,纸张大小为 A4;页面边距为:"上"为 3 厘米,"下"为 2.5 厘米,"左"为 2.5 厘米,"右"为 2.5 厘米。

(2)封面:无页码、无页眉。

(3)封二:内容提要和关键词。无页码,有页眉。

(4)设置样式:将课程设计中的标题设置为系统默认的"标题 1"。

(5)生成目录:生成的目录页放在封二的后一页,有页眉,页码为 I。使用页码格式为"堆叠纸张 2"。正文的页码为数字形式,格式为"堆叠纸张 2"。

(6)页眉:奇偶页不同页眉,偶数页为"课程设计",奇数页为"××网络课程"。打印预览。

排版的最终效果如图 4-48 和图 4-49 所示。

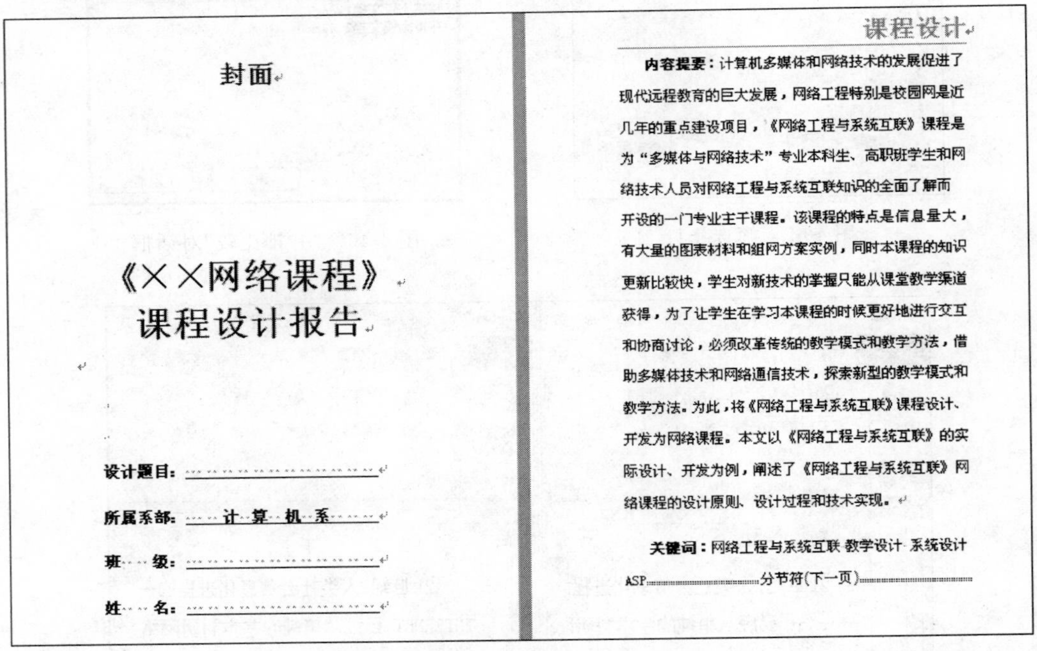

图 4-48　课程设计封面及封二效果图

实训 2　给论文添加脚注与尾注并审阅

实训要求:

(1)原文中已经设置好三处参考文献,请将这三个参考文献做为尾注插入到文档最后。

(2)设置尾注的格式,格式参见正文最后的参考文献例子。

(3)统计文章字数。

参见图 4-50。

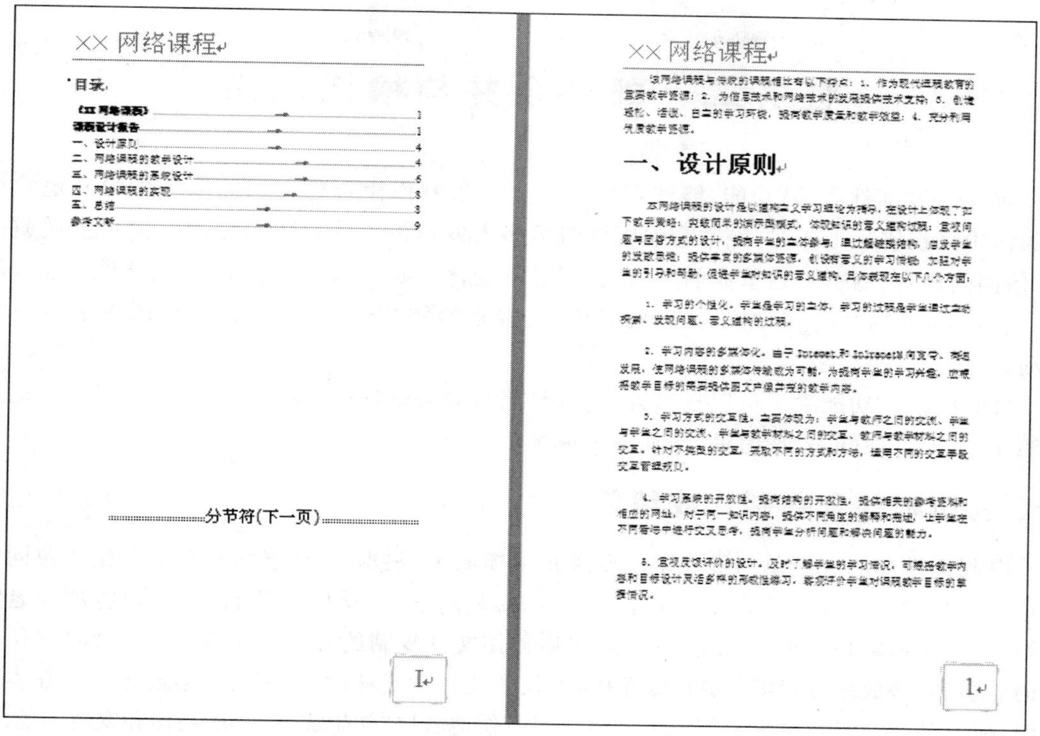

图 4-49　课程设计目录页及正文效果图

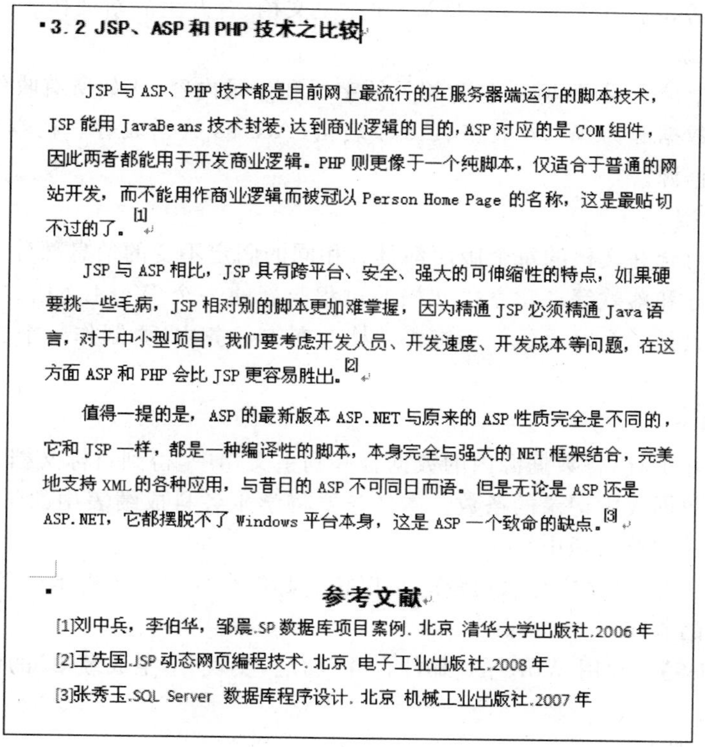

3.2 JSP、ASP 和 PHP 技术之比较

JSP 与 ASP、PHP 技术都是目前网上最流行的在服务器端运行的脚本技术，JSP 能用 JavaBeans 技术封装，达到商业逻辑的目的，ASP 对应的是 COM 组件，因此两者都能用于开发商业逻辑。PHP 则更像于一个纯脚本，仅适合于普通的网站开发，而不能用作商业逻辑而被冠以 Person Home Page 的名称，这是最贴切不过的了。[1]

JSP 与 ASP 相比，JSP 具有跨平台、安全、强大的可伸缩性的特点，如果硬要挑一些毛病，JSP 相对别的脚本更加难掌握，因为精通 JSP 必须精通 Java 语言，对于中小型项目，我们要考虑开发人员、开发速度、开发成本等问题，在这方面 ASP 和 PHP 会比 JSP 更容易胜出。[2]

值得一提的是，ASP 的最新版本 ASP.NET 与原来的 ASP 性质完全是不同的，它和 JSP 一样，都是一种编译性的脚本，本身完全与强大的 NET 框架结合，完美地支持 XML 的各种应用，与昔日的 ASP 不可同日而语。但是无论是 ASP 还是 ASP.NET，它都摆脱不了 Windows 平台本身，这是 ASP 一个致命的缺点。[3]

参考文献

[1]刘中兵，李伯华，邹晨.SP 数据库项目案例. 北京 清华大学出版社.2006 年

[2]王先国.JSP 动态网页编程技术. 北京 电子工业出版社.2008 年

[3]张秀玉.SQL Server 数据库程序设计. 北京 机械工业出版社.2007 年

图 4-50　给文章添加尾注

任务二　邮件合并与模板应用

Word 的"邮件合并"功能,能够在任何需要大量制作模板化文档的场合中很好地发挥它的作用。在实际工作时,经常会遇到同时给多人发信的工作,比如,公司给商户发送邀请函,信函的内容一致,只是里面的姓名、数据等有变化。如果用人工来完成,既烦琐又容易出错,利用 Word 的"邮件合并"功能,就能快速、轻松地解决这项工作,而且能减少很多重复劳动。

"邮件合并"功能除了可以批量处理信函、信封等与邮件相关的文档外,还可以轻松地批量制作工资条、通知书、准考证、毕业证和成绩单等。

一、利用邮件合并制作成绩单

以制作学生的成绩单为例。学院要求每学期期末,根据"学生各科成绩表",给每位同学发送一个"成绩单"。如果假设一个班级中有 50 名同学,这学期一共有六门课程,那么老师要制作 50 份成绩单。要完成这项工作,可以使用文件复制的方法来实现。但是要将每位同学的姓名、各科成绩分别填写进成绩单中,不仅要花费大量的时间,而且很容易出错。在本任务中,利用 Word 的"邮件合并"功能,就可以很方便地解决"学生成绩单"的制作和发送问题。

"邮件合并"是指在邮件文档中合并一组信息数据,从而批量生成需要的邮件文档。邮件合并的过程包括 3 个步骤:创建数据源、建立主文档、合并生成新文档。

1. 创建数据源

数据源是一个信息目录,其中包含相关的字段和记录内容,比如所有收件人的姓名和各科成绩等。一般数据源为 Word 表格、Excel 表格,Access 数据表等。在本任务中,学生各科成绩表作为数据源。

2. 建立主文档

主文档是指对合并文档的每个版面都具有相同的固定不变的信息部分,类似于模板,如信函中的通用部分和落款等。建立主文档的过程与新建一个 Word 文档方法相同,在进行邮件合并之前它只是一个普通的信函格式文档。在本任务中,要制作一个成绩单信函为主文档。

3. 合并文档

利用邮件合并工具,将数据源内的数据合并到主文档中,得到目标文档。合并完成的文档的份数取决于数据表中记录的条数。本任务要将学生各科成绩表中的学生姓名、各科成绩等数据合并到成绩单信函中。

将"数据源"合并到"主文档"的操作,可以按照邮件合并向导的提示步骤,一步一步地完成"学生成绩单"的制作。

【**任务操作 4-5**】　利用 Word 的"邮件合并"功能,实现"学生成绩单"的创建。

（1）要求

① 制作源数据文件。

② 建立主文档。

③ 邮件合并生成学生成绩单。

（2）操作方法和步骤

① 创建"数据源"文件

新建 Word 文档，创建如图 4-51 所示的 Word 表格，比如，存放在"我的文档"中，文件名为"邮件合并数据源. xlsx"。注意，数据源文件，如果是 Excel 工作簿时，文件必须是数据库格式，即第一行是字段名，数据行中间不能有空行。

学号	姓名	高等数学	英语	计算机基础	——域名
10901	张一名	87	90	93	
10902	李四春	74	78	83	——数据信息
10903	赵思阳	69	84	86	

图 4-51　邮件合并源数据表

② 创建主文档

打开 Word 主程序，按 Ctrl＋N 组合键，新建 Word 文档，制作成绩单主文档，效果如图 4-52 所示。

③ 合并文档

a. 选择"邮件"选项卡→"开始邮件合并"按钮→"普通 Word 文档"命令，如图 4-53 所示。

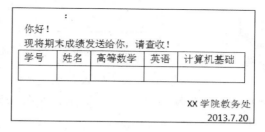

图 4-52　创建主文档

如果"主文档类型"选择使用"普通 Word 文档"，那么数据源每条记录合并生成的内容后面都有"下一页"的分节符，每条记录所生成的合并内容都会从新页面开始；如果用户想节省版面，可选择"目录"，这样合并后每条记录之前的分节符就是"连续"，也就是说，记录以连续的方式显示，不会一个记录占一个页面。

b. 依次选择"邮件"选项卡→"开始邮件合并"→"选择收件人"按钮→"使用现有列表"，如图 4-54 所示。然后选择在步骤（1）中创建的"数据源"文件"邮件合并数据源. xlsx"。打开后出现"选择表格"对话框，如图 4-55 所示，选择数据所在的工作表。这个表是在 Sheet1 工作表中。单击"确定"按钮，此时，"邮件"选项卡的按钮被激活，如图 4-56 所示。

图 4-53　邮件合并中选择文档类型

图 4-54　选择使用现有列表

143

图 4-55　链接数据源

图 4-56　"邮件"选项卡被激活的按钮

　　c. 将姓名域、成绩域等插入到主文档中。在文档中将光标定位在"："前面,选择"插入合并域"→"姓名",如图 4-57 所示。如图 4-58 所示为邮件合并中的匹配域,单击"确定"按钮。

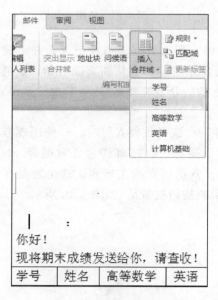

图 4-57　插入"姓名"域

图 4-58　"匹配域"对话框

　　d. 使用同样的方法,可在成绩表中分别插入"学号"域、"高等数学"域、"计算机基础"域。插入合并域之后的效果如图 4-59 所示。

　　e. 预览邮件合并的效果。"邮件"选项卡中选择"预览结果"按钮,显示邮件如图 4-60 所示。最后选择"完成并合并"按钮,生成合并后的新文档,可将其保存以便于使用。

图 4-59　插入合并域后的文档效果

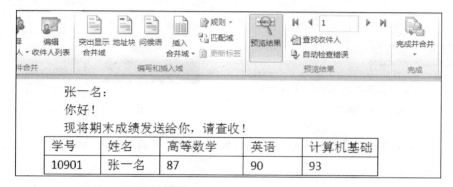

图 4-60　邮件合并的预览效果

二、利用模板制作名片

名片的制作,可以去文印店完成,但是店里印制名片有数量的要求,如果你只想做少量的名片,Word 2010 是首选工具,利用它的模板"名片"就可以实现。Word 中名片模板需在线下载,所以计算机首先要上网。

【任务操作 4-6】　利用 Word 模板制作名片。制作效果如图 4-61 所示。

(1) 要求

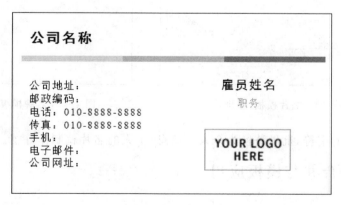

图 4-61　名片制作效果

(2) 操作方法和步骤

① 单击"文件"选项卡,选择"新建"命令,选择"Office.com 模板",然后双击"名片",如图 4-62 所示。

② 单击"用于打印"文件夹,如图 4-63 所示。

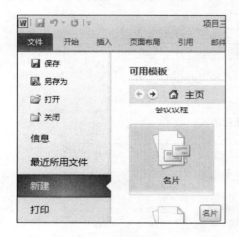

图 4-62　新建名片

图 4-63　用于打印

③ 双击"名片(横排)",如图 4-64 所示,然后选择"下载"按钮,如图 4-65 所示,生成名片。

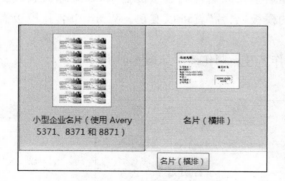

图 4-64　名片模板(横排)

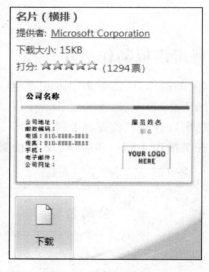

图 4-65　名牌模板下载

④ 将名片中的字符,批量替换为个人的信息,个人的名片就制作好了。

实训 3　邮件合并与模板应用

实训要求:

(1) 利用邮件合并制作录取通知书。录取学生名单见表 4-1,取通知书的样式如图 4-66 所示。

(2) 使用邮件合并向导完成"学生奖状"的制作。某学院的书画协会举办了一届绘画作品比赛,最后的获奖名单如表 4-2 所示,获奖学生的奖状制作效果如图 4-67 所示。

表 4-1　录取学生名单表

姓　　名	考 生 号	系　　别	专　　业
王肖芳	1322001	管理	土木工程
张平慧	1323002	艺术	装潢艺术设计
李瑞红	1314056	外语	英语外经贸翻译
赵晓明	1333079	计算机	软件工程
王雪凝	1353243	机电	通信工程
维范会	1320041	中文	汉语言文学

XX 学院

新生录取通知书

_____同学：（考生号：_____）

　　经 XX 省高等院校招生委员会批准，同意你入

我院_____系（部）_____专业学习，

请持本通知书于九月九日至十一日到学院报到。

二〇一三年八月十日

图 4-66　录取通知书样式

表 4-2　获奖名单

姓　　名	系　　别	作 品 名 称	获 奖 级 别
韩浮鸿	中文	飞雪	一等奖
商嘉慨	艺术	虎	二等奖
道合红	外语	牡丹图	二等奖
工肖明	计算机	过年	三等奖
世雪濮	机电	荷	三等奖
常鸣藤	艺术	郊游	三等奖

奖　状

 　同学的作品：《飞雪》获得 XX 学
院书画协会第二届绘画比赛　一等奖，特发奖状，以资
鼓励。

XX 学院书画协会

XXXX 年 XX 月

图 4-67　奖状效果图

操作提示：

① 在邮件合并选择文档类型中(图 4-53)，可选择"邮件合并分步向导"。打开"邮件合并"任务窗格，进入邮件合并向导的六步骤之一的"选择文档类型"，如图 4-68 所示，选择"信函"，单击"下一步"按钮。

② 选择使用当前文档，如图 4-69 所示，单击"下一步"按钮。

③ 选择使用现有列表，如图 4-70 所示，打开数据源文件，单击"下一步"按钮。

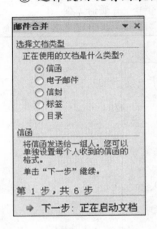
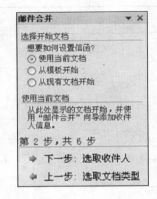
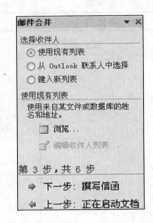

图 4-68　邮件合并向导第一步　　　图 4-69　邮件合并向导第二步　　　图 4-70　邮件合并向导第三步

④ 选择其他项目，如图 4-71 所示，则出现"插入合并域"对话框，如图 4-72 所示，如果选择"学号"域后单击"插入"，则学号就插入到光标当前的位置上。其他的域可以用同样的方式插入。单击"下一步"按钮。

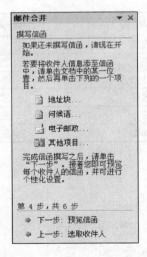

图 4-71　邮件合并向导第四步　　　　　　图 4-72　插入合并域

⑤ 预览效果，如图 4-73 所示。

⑥ 完成合并，如图 4-74 所示，可另存文档。

(3) 利用信封模板制作一个信封。利用 Word 2010 的模板功能中的"信封"模板，制作一个信封。例如，选择"红包(老鼠奶酪图案)"，如图 4-75 所示效果。

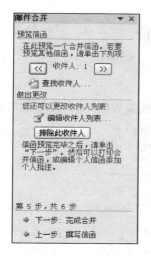

图 4-73　邮件合并第五步

图 4-74　邮件合并第六步

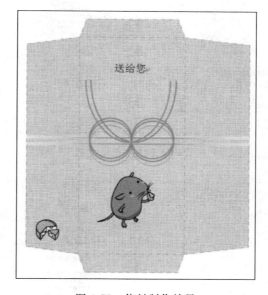

图 4-75　信封制作效果

项 目 总 结

　　本项目首先从 Word 毕业论文排版开始，到审阅论文，包括页面设置、分节设置、样式与目录生成、脚注与尾注，在此基础上，通过实例讲解如果插入批注，如何进入修订模式和比较两个文档等各种操作，并讲解了邮件合并的例子，最后利用 Word 模板生成名片进行了介绍与使用。本项目是 Word 基础内容的后续，应重点掌握长文档的排版等设置操作，从而达到会使用 Word 排版、审阅复杂文档的目的。

项 目 实 训

实训要求如下。

对"某软件系统使用说明书"进行文档排版,排版效果如图 4-76 和图 4-77 所示。

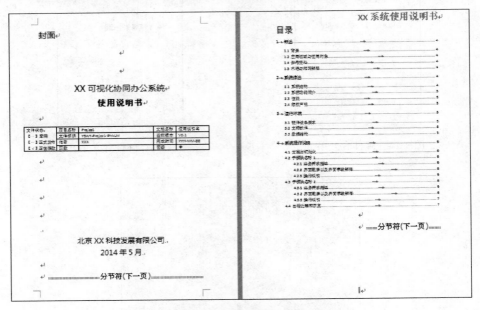

图 4-76 "某软件系统使用说明书"效果图一

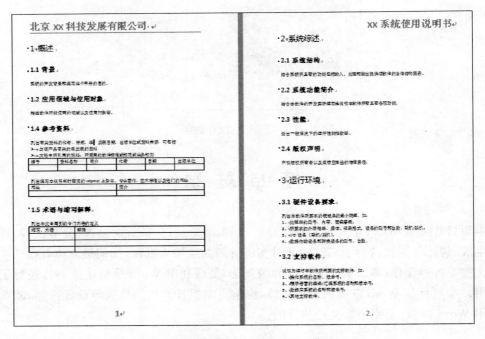

图 4-77 "某软件系统使用说明书"效果图二

（1）页面设置：纸张大小为 A4，上下页边距为 2.5 厘米，左右页边距为 2 厘米。

（2）封面：无页码、无页眉。封面与后一页间分节。

（3）设置样式：将一级标题，二级标题设置为系统默认的标题 1 和标题 2。

（4）目录：生成的目录页放在封面的后一页，有页眉，页码为字母形式 I。目录页与正文间分节。

（5）页眉：奇偶页不同页眉，偶数页为"××系统使用说明书"，奇数页为"北京××科技发展有限公司"。

（6）正文的页码：数字形式为 1，2，3。

项目五　用 Excel 2010 进行数据计算与图表处理

项目导读：

Excel 2010 是 Office 2010 办公软件中的重要成员，也是目前来说应用最广泛、功能最强大的专业表格制作工具。可以用它来制作电子表格，完成许多复杂的数据运算，进行数据的预测与分析，具有非常强大的函数与图表制作功能。本项目从具体实例入手，介绍数据表格的制作，公式和函数在数据运算和分析中的使用以及图表在数据分析中的应用。为今后 Excel 的学习奠定基础。

学习目标：

- 了解 Excel 窗口的组成及各选项卡的基本功能。
- 掌握数据表格制作的相关技巧及美化表格的各种方法。
- 熟练掌握公式和函数的使用，会灵活应用各种函数。
- 熟练掌握图表的制作和美化，会用图表解决实际问题。

任务一　创建数据表

工作表是进行组织和管理数据的地方，用户可以在工作表中输入数据、编辑数据、设置数据格式，以及美化表格。Excel 提供了创建工作表的各种快捷方便的操作方法。如图 5-1 所示的是某公司“员工基本信息表”。

	A	B	C	D	E	F	G
1	员工基本信息表						
2	员工编号	分店	姓名	性别	身份证号	入职时间	基本工资
3	RS01	A	李红霞	女	410825198804124024	2011年9月	1520
4	RS02	A	赵宇	男	411726198012256137	2005年5月	2730
5	RS03	A	谢晓红	女	411814198507085349	2008年5月	2160
6	RS04	A	周转运	男	431813197812297475	2005年7月	2750
7	RS05	A	刘晓伟	男	412954198206243295	2007年12月	2310
8	RS06	B	张萌萌	女	410105198508164024	2008年4月	2040
9	RS07	B	叶宇文	男	410215198706126391	2009年9月	1980
10	RS08	B	黄海军	男	410304198909274058	2010年8月	1800
11	RS09	B	欧小丽	女	410502198410044146	2007年6月	2290
12							

图 5-1　员工基本信息表

一、工作簿和工作表的基本操作

（一）Excel 文件的类型

Excel 2010 文件最基本的类型是以 .xlsx 为后缀的文件，Excel 2010 默认的打开及保存的文件都是这种类型。除此之外 Excel 常用的文件类型如表 5-1 所示。

表 5-1　Excel 常用文件类型

格　式	扩展名	说　明
Excel 工作簿	.xlsx	Excel 2010 和 Excel 2007 默认的基于 XML 的文件类型，不能存储 VBA 宏代码或 Excel 4.0 宏工作表
Excel 工作簿（代码）	.xlsm	Excel 2010 和 Excel 2007 基于 XML 和启用宏的文件格式，存储 VBA 宏代码或 Excel 4.0 宏工作表。
模板	.xltx	Excel 2010 和 Excel 2007 模板默认的文件格式，不能存储 VBA 宏代码和 Excel 4.0 宏工作表
模板（代码）	.xltm	模板 Excel 2010 和 Excel 2007 启用宏的文件格式，存储 VBA 宏代码和 Excel 4.0 宏工作表
Excel 97-2003 工作簿	.xls	Excel 97、Excel 2003 默认的文件格式
XML 电子表格 2003	.xml	XML 电子表格 2003 文件格式

（二）创建工作簿

1. 创建空白工作簿

要在工作簿中建立表格数据可以创建空白工作簿来完成数据的输入和编辑。

2. 基于现有工作簿创建工作簿

工作中经常遇到要创建的工作簿和已有的工作簿类型相似，可以利用 Excel 提供的"基于现有工作簿创建工作簿"的功能完成任务。

3. 使用模板快速创建工作簿

Excel 2010 中提供了大量的现有模板，其中已经设置了格式和内容，只要在新建工作簿中输入数据内容即可。

（三）保存与保护工作簿

对于新建的或修改的工作簿，如果以后还需要继续使用，则应将其保存在计算机中。对于一些重要数据，可能不希望他人修改，这时可以为工作簿设置密码保护。

（四）工作表的选择

启动 Excel 2010 后，默认情况下，新建的空白工作簿中包含 3 张工作表，分别为 Sheet1、Sheet2 和 Sheet3。所有的数据和图表都要在工作表中处理。选择工作表的方法如下。

（1）选择一个工作表，在打开的工作簿中单击某个工作表标签，如 Sheet1，即可选择该工作表，然后可以在该工作表中编辑数据。

（2）选择多个连续的工作表，单击第一个工作表标签，按住 Shift 键的同时，单击最后一个工作表标签。

（3）选择多个不连续的工作表，单击第一个工作表标签，按住 Ctrl 键的同时依次单击要选择的工作表标签。

（4）选择工作簿中的所有工作表，在任一个工作表标签处右击，在弹出的快捷菜单中选择"选择全部工作表"命令。

提示：选择多个工作表后，在标题栏上的工作簿名称后会显示"工作组"，表示选了多个工作表。要撤销多个工作表的选择状态，只需单击任何一个工作表标签即可。

（五）工作表的基本操作

1. 工作表的重命名

工作表默认名称为 Sheet1、Sheet2 和 Sheet3 等，不利于查找，也不直观。因此，经常需要为工作表定义一个有意义的名称。

2. 工作表的增加、删除、移动和复制

在工作过程中，用户可以根据需要添加工作表，但每一个工作簿中的工作表个数受可用内存的限制，当前的主流配置已经能轻松建立超过 255 个工作表了；对于工作簿中不再需要的工作表可以删除；如果需要建立的工作表其格式和内容与已有的工作表类似，可以通过复制工作表的方法，创建一个与原工作表完全相同的工作表，然后根据需要对该工作表进行编辑和修改；如果需要调整工作表之间的位置关系，这时要移动工作表。

3. 工作表的保护、隐藏和显示

为了防止他人对工作表行列的增加和删除，以及对工作表进行格式修改等操作，可以根据需要对工作表设置保护措施。工作表中的一些重要数据，用户不想他人查看时可以将含有重要数据的工作表隐藏起来，如果想查看再将其显示出来。

【任务操作 5-1】 创建一个工作簿文件，在其中建立三张工作表，分别名为"员工基本信息表"、"员工销售情况表"和"员工销售分析表"，并完成对工作簿和工作表的基本操作。

（1）要求

① 创建一个工作簿文件。

② 将工作簿文件保存在 D 盘并命名为"员工工资管理"。

③ 将工作簿设置密码保护，将该文件的结构和窗口设置保护密码为"123456"。

④ 在"员工工资管理"工作簿文件中增加两个工作表，分别为"公司基本信息表"和"职工提成表"，并将"职工销售分析表"删除。

⑤ 将"公司基本信息表"移动到"职工基本信息表"的前面，并将"职工销售情况表"复制一份到"职工提成表"的后面。

⑥ 将"职工基本信息表"设置保护，密码设置为 abcdef。

（2）操作方法和步骤

① 创建工作簿文件

a. 启动 Excel 2010，会自动创建一个名为"工作簿 1"的空白工作簿，或者在 Excel 2010 应用程序窗口中选择"文件"选项卡，在左侧列表中选择"新建"，在随后出现的中间区域中单击"空白工作簿"，然后单击右侧的"新建"命令，这样就会建立一个空白工作簿。

提示：空白工作簿还可以通过"快速访问工具栏"创建。单击工具栏右侧的三角符号，

在随后出现的下拉列表中选择"新建"命令,如图 5-2 所示,将"新建"按钮添加到"快速访问工具栏"中,这样单击工具栏中的"新建"按钮就可以创建空白工作簿。

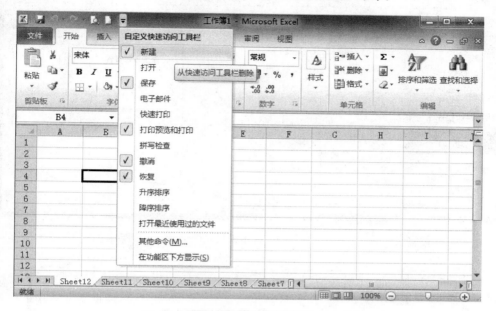

图 5-2　"快速访问工具栏"添加新建按钮

　　b. 启动 Excel 2010 后,依次选择"文件"→"新建"命令,如图 5-3 所示,可以选择"根据现有内容新建"命令,然后选择磁盘上已有的工作簿文件,并对其进行编辑修改。也可以选择"样本模板"命令,然后选择其中的一种模板,比如"血压监测"模板,如图 5-4 所示,单击右侧的"创建"按钮,自动创建并打开以"血压监测 1"命名的工作簿,如图 5-5 所示,直接进行编辑,编辑完成后保存工作簿即可。

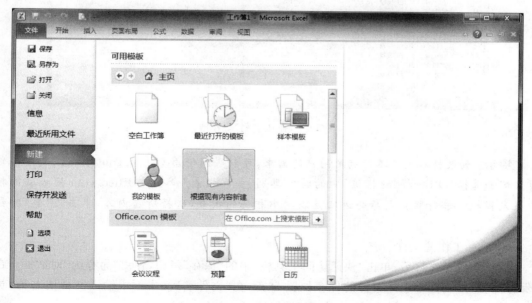

图 5-3　根据现有内容新建

155

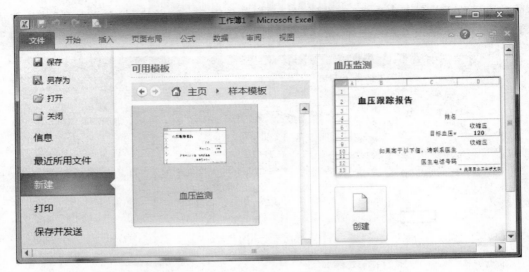

图 5-4　样本模板界面

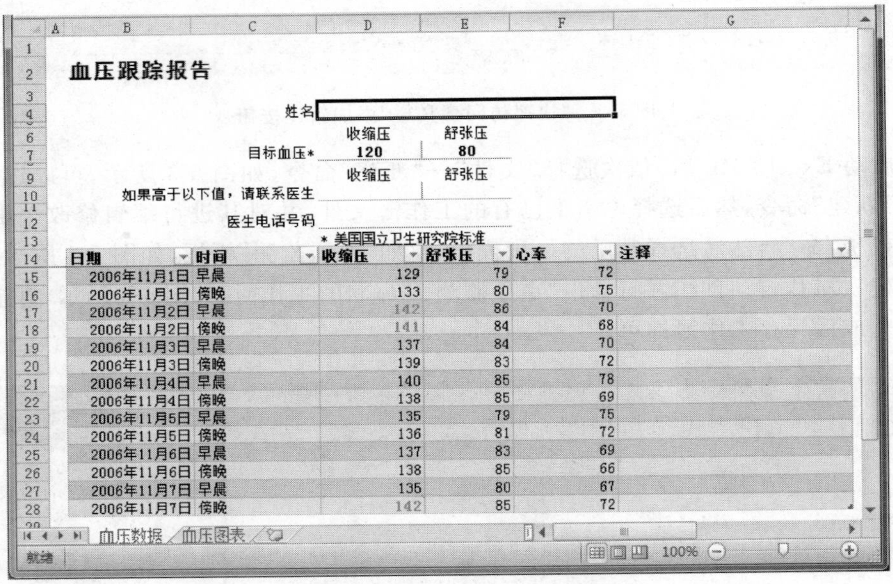

图 5-5　"血压监测"工作簿

　　提示：如果样本模板不能满足用户的需求，可以联网使用 Office.com 模板来创建工作簿。例如选择"Office.com 模板"中的特定类别"费用报表"命令。Office.com 模板联网搜索报表模板。进行联机之后会返回互联网中相关的报表，选择所需内容，单击"下载"按钮即可。

　　② 保存工作簿文件

　　新建空白工作簿后，单击"快速访问工具栏"中的"保存"按钮，弹出"另存为"对话框。在"保存位置"列表框中选择文件的保存位置 D 盘，在"文件名"文本框中输入文件的名称"员工工资管理"，如图 5-6 所示，单击"保存"按钮即可。

图 5-6　"另存为"对话框

提示：

a. "另存为"对话框中的"保存类型"下拉列表中提供了许多文件的不同格式，一般我们用默认的.xlsx 类型；如果工作簿中使用了宏，可以选择"Excel 启用宏的工作簿"文件类型；如果保存的文件希望能在 Excel 2003 中打开，应该选择"Excel 97-2003 工作簿"文件类型。

b. 默认情况下，Excel 会每隔 10 分钟自动保存工作簿的备份副本，要调整自动恢复设置，可以选择"文件"选项卡→"选项"命令，弹出"Excel 选项"对话框，如图 5-7 所示，在左侧列表中选择"保存"命令，右侧窗口中会显示保存的相关信息，其中"保存自动恢复信息时间间隔"复选框处可以修改间隔的时间。

图 5-7　Excel 选项

③ 设置密码保护

打开"员工工资管理"工作簿，单击"审阅"选项卡→"更改"组→"保护工作簿"命令，弹出"保护结构和窗口"对话框，选中"结构"和"窗口"两个复选框。在"密码（可选）"文本框中输入密码 123456,如图 5-8 所示。单击"确定"按钮,弹出"确认密码"对话框。再次输入刚才设置的密码,如图 5-9 所示,然后单击"确定"按钮即可。

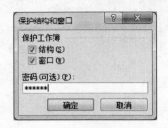
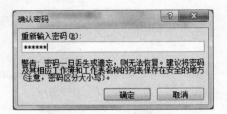

图 5-8　"保护结构和窗口"对话框　　　　图 5-9　"确认密码"对话框

提示:

a. 保护工作簿的"结构"主要是防止插入、删除、隐藏、重命名及移动或复制工作表。保护"窗口"主要是防止改变窗口的大小和位置。

b. 如果想撤销已保护的工作簿,单击"审阅"→"更改"→"保护工作簿"命令,弹出"撤销工作簿保护"对话框,输入设置的密码,单击"确定"按钮,即可取消工作簿的保护。

④ 工作表重命名

在"员工工资管理"工作簿文件中,双击 Sheet1 工作表标签,使其呈可编辑状态,输入工作表名称"员工基本信息表",按 Enter 键确认;右击 Sheet2 工作表标签,在弹出的菜单中选择"重命名"命令,使其呈可编辑状态,修改名称为"员工销售情况表",按 Enter 键确认;选择 Sheet3 工作表,单击"开始"选项卡→"单元格"组中的"格式"命令,在弹出的菜单中选择"重命名工作表"命令,修改工作表名字为"员工销售分析表",按 Enter 键确认。重命名效果图如图 5-10 所示。

图 5-10　重命名效果图

⑤ 工作表的增加、删除、移动和复制

a. 增加工作表:在打开的工作簿中,连续单击工作表标签右侧的"插入工作表"按钮 两次,在已有的工作表之后增加了两个工作表分别为 Sheet4 和 Sheet5,如图 5-11 所示,将工作表分别重命名为"公司基本信息表"和"员工提成表"。

图 5-11　添加工作表

b. 删除工作表:在"员工销售分析表"工作表标签上右击,在弹出的菜单中选择"删除"命令即可。或者单击"开始"选项卡→"单元格"→"删除"选项,从弹出的下拉列表中选择"删除工作表"命令,如图 5-12 所示。

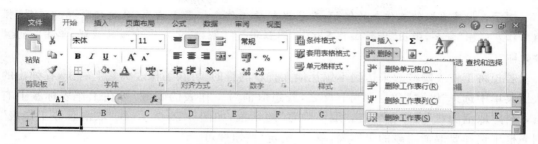

图 5-12 "删除工作表"命令

提示：如果工作表是空白的可以直接删除；如果工作表中有数据，删除时会弹出一个警告的对话框，选择"删除"按钮，数据会丢失且不可恢复。

c. 工作表的移动和复制：单击"公司基本信息表"工作表标签，按下鼠标左键，该标签的左上角会出现一个"倒三角"的符号且鼠标箭头上多了一个文档的标记，拖动鼠标，当三角符号停留到"职工基本信息表"之前，此时释放鼠标即可完成移动操作。或者在"公司基本信息表"工作表标签上右击，从快捷菜单中选择"移动或复制"命令，如图 5-13 所示，此时弹出"移动或复制工作表"对话框，如图 5-14 所示，工作簿列表中显示的是当前工作簿，在"下列选定工作表之前"列表中选择"员工基本信息表"，然后单击"确定"按钮。

图 5-13 工作表移动

图 5-14 "移动或复制工作表"对话框

单击"员工销售情况表"工作表标签，按下"Ctrl 键＋鼠标左键"并拖动鼠标，当三角符号停留到"员工提成表"之后，此时释放鼠标即可完成复制操作，在"职工销售情况表"之后增加了一个名为"职工基本信息表（2）"的工作表。或者在"移动和复制工作表"对话框中选中"建立副本"复选框，即可实现复制操作。

⑥ 工作表的保护

在"员工基本信息表"的工作表标签上右击，在弹出的菜单中选择"保护工作表"命令，随后弹出"保护工作表"对话框，如图 5-15 所示。在"取消工作表保护时使用的密码"文本框中输入密码 abcdef；在"允许此工作表的所有用户进行"列表框中设置你要保护的选项；单击"确定"按钮，弹出"确认密码"对话框，再次输入相同的密码，单击"确定"按钮即可将工作表保护起来。

提示：如果要撤销工作表的保护，在已保护的工作表标签上右击，从快捷菜单中选择"撤销工作表保护"命令，弹出"撤销工作表保护"对话框，在"密码"文本框中输入密码，单击"确定"按钮即可。

若想将工作表隐藏起来达到不想让他人查看的目的，可在工作表标签上右击，在弹出的快捷菜单中选择"隐藏"命令即可；反之，若想取消对工作表的隐藏，可在工作表标签上右击，选择"取消隐藏"命令，会弹出"取消隐藏"对话框，如图 5-16 所示，在"取消隐藏工作表"列表框中选择要取消隐藏的工作表，单击"确定"按钮即可。

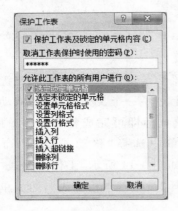

图 5-15 "保护工作簿"对话框

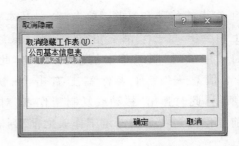

图 5-16 "取消隐藏"对话框

二、数据的输入与编辑

在 Excel 工作表中可以输入多种数据信息，数据类型包括字符型、数值型、日期型和时间型，Excel 会自动判断所输入的数据是哪种类型，并进行适当的处理。在工作表中输入和编辑数据时，对单元格的操作是最基本的。工作表中单元格的基本操作涉及以下几个方面。

1. 单元格的选择

（1）选择一个单元格，如表 5-2 所示。

表 5-2　单个单元格的选择

用鼠标选定	在指定单元格上单击
使用名称框	在名称框中输入单元格的引用名称，按 Enter 键。注意引用样式的不同
用方向键选定	用键盘上的"↑"、"↓"、"←"和"→"键调整单元格位置。用 Ctrl＋Home 和 Ctrl＋End 组合键定位所在表格的表首和表尾的单元格

（2）选择多个连续的单元格（A1:F6），如表 5-3 所示。

表 5-3　多个连续单元格选择

鼠标拖曳法	鼠标定位在区域左上角的单元格（A1）中，按住鼠标左键不放拖曳到区域右下角的单元格（F6）位置松开鼠标
快捷方式选择	单击第一个单元格（A1），按下 Shift 键的同时单击最后一个单元格（F6）
使用名称框	在名称框中输入单元格区域 A1:F6，按 Enter 键确认

（3）选择多个非连续的单元格：先选择第一个单元格或单元格区域，在按住 Ctrl 键的同时，再依次选择其他单元格或单元格区域。

（4）选择行或列，如表 5-4 所示。

表 5-4　行或列的选择

选择一行	鼠标指针移动到左侧指定的行号上，指针变为"→"时单击鼠标选中该行
选择一列	鼠标指针移动到上方指定的列号上，指针变为"↓"时单击鼠标选中该列
选择连续的行或列	在第一行的行号上单击鼠标，然后按住鼠标拖曳至最后一行行号处释放鼠标即可。或者用鼠标选中第一行或列，在按下 Shift 键的同时选择最后一行或列
选择非连续的行或列	鼠标选择第一行或列，按下 Ctrl 键的同时依次单击要选择的行或列

（5）选择所有单元格：单击工作表左上角行号和列号相交处的"选定全部"按钮或者按 Ctrl＋A 组合键，都可以选定整个工作表。

2. 行高和列宽的调整

如果单元格内容比较多，行高或列宽不够时无法显示完整的内容，需要及时调整行高和列宽的数值。

3. 行或列的插入和删除

有些数据表需要增加数据时，要对数据表相应的位置增加行或者列。有些数据不需要时可能要删除相应的行或者列。

4. 设置数据有效性

在 Excel 中输入数据时，为了约束数据的输入范围，可以为输入的数据设置有效性。设置数据有效性不但可以增加数据的准确性，而且还能增加输入的速度。数据有效性是指从单元格的下拉列表中选择相关的内容进行输入的方法。

5. 数据的查找和替换

如果有大量且重复的数据需要修改，我们要借助查找和替换的功能来改错。

6. 单元格数据的删除

在删除单元格数据时，会根据不同的情况选择删除的选项。具体用法如表 5-5 所示。

表 5-5　单元格数据的删除

全部清除	包括格式、内容、批注和超链接所有内容的全部清除
清除格式	只清除单元格的格式设置
清除内容	只清除单元格中的内容
清除批注	只清除单元格的批注

【任务操作 5-2】　创建"员工基本信息表"工作表，如图 5-17 所示，并对它进行编辑。

1）要求

（1）调整 D 列的列宽，使身份证号完全显示出来。

（2）在"姓名"列的右侧增加一列，在 C2 中输入"性别"。

（3）将 C3:C12 单元格设置有效性规则，要求输入的内容为男或女。当选择单元格时会弹出提示信息"此处输入的是性别"，当输入错误时，会弹出警告"此处应为性别男或女"。

（4）将"分店"列各单元格中的"店"字去掉。

	A	B	C	D	E	F	G
1	员工基本信息表						
2	员工编号	姓名	分店	身份证号	入职时间	基本工资	
3	RS01	李红霞	A店	410825198804	Sep-11	1520	
4	RS02	赵宇	A店	411726198012	May-05	2730	
5	RS03	谢晓红	A店	411814198507	May-08	2160	
6	RS04	周转运	A店	431813197812	Jul-05	2750	
7	RS05	刘晓伟	A店	412954198206	Dec-07	2310	
8	RS06	张萌萌	B店	410105198508	Apr-08	2040	
9	RS07	叶宇文	B店	410215198706	Sep-09	1980	
10	RS08	黄海军	B店	410304198909	Aug-10	1800	
11	RS09	欧小丽	B店	410502198410	Jun-07	2290	
12	RS10	邓家常	B店	410604198910	May-10	1770	
13							

图 5-17 “员工基本信息表”原表

(5) 将编号为 RS10 的记录删除。

(6) 将“分店”列的内容移动到“姓名”列的前面。

编辑操作完成后的表格如图 5-18 所示。

	A	B	C	D	E	F	G	H
1	员工基本信息表							
2	员工编号	分店	姓名	性别	身份证号	入职时间	基本工资	
3	RS01	A	李红霞	女	410825198804	Sep-11	1520	
4	RS02	A	赵宇	男	411726198012	May-05	2730	
5	RS03	A	谢晓红	女	411814198507	May-08	2160	
6	RS04	A	周转运	男	431813197812	Jul-05	2750	
7	RS05	A	刘晓伟	男	412954198206	Dec-07	2310	
8	RS06	B	张萌萌	女	410105198508	Apr-08	2040	
9	RS07	B	叶宇文	男	410215198706	Sep-09	1980	
10	RS08	B	黄海军	男	410304198909	Aug-10	1800	
11	RS09	B	欧小丽	女	410502198410	Jun-07	2290	
12								

图 5-18 编辑后的“员工基本信息表”

2) 操作方法和步骤

(1) 创建表格

① 输入文本

文本型数据也称为字符型数据，是指由英文字母、汉字、数字以及其他字符组成。单元格中默认的对齐方式为左对齐。

选择“职工基本信息”工作表，单击“A1”单元格，选择中文输入法，输入文字“员工基本信息表”，按 Enter 键确认。按相同的方法输入如图 5-19 所示的数据。

	A	B	C	D	E
2	员工基本信息表				
3	员工编号	姓名	分店	身份证号	入职时间
4		李红霞			
5		赵宇			
6		谢晓红			
7		周转运			
8		刘晓伟			
9		张萌萌			
10		叶宇文			
11		黄海军			
12		欧小丽			
13		邓家常			
14					
15					

职工基本信息表 / 职工销售情况表 / 职工销售分析表

就绪

图 5-19 文本输入

提示：输入文本其他方法如下。

➢ 双击单元格输入：双击要输入文本的单元格，在单元格中出现插入光标，输入内容后按 Enter 键确认。

➢ 在编辑栏中输入：选择要输入文本的单元格，然后单击编辑栏，在光标处输入内容后按 Enter 键确认。

② 输入数值

a. 普通数字：单击 G3 单元格，输入数字 1520，按 Enter 键确认。数值型数据在单元格中默认的对齐方式为右对齐。

b. 文本型数字：在"员工基本信息表"中，选择 D3 单元格，直接输入身份证号，结果如图 5-20 所示。数字的表示方式为科学计数法。身份证号码正确的输入方法是单引号（英文标点）＋身份证号（比如，'410825198804124024），完成的输入如图 5-21 所示。

图 5-20 身份证号码错误的表示　　　　图 5-21 身份证号码正确的表示

提示：

➢ 当遇到如邮政编码、电话号码、身份证号以及前面带有 0 的数字时，这些数字并没有大小之分，在输入过程中要将其设置为文本类型。即在输入数字的前面加上英文标点的单引号（'）。输入完成后单元格左上角会出现绿色的三角标志。

➢ 如果输入分数如"3/4"，输入方法为"0 空格 3/4"，否则显示的是日期 3 月 4 日。

③ 输入日期和时间

选择 E3 单元格，输入 2011-9，按 Enter 键确认，单元格中的数据自动转换为 Sep-11。同理，按相同方法输入其他时间。

输入日期时可以使用多种格式，一般使用斜杠"/"或"－"来分隔年、月、日。年份通常以两位数表示，如果在输入时省略年份，Excel 会以当前的年份作为默认值。输入时间时，可以使用冒号"："（英文半角状态）将时、分、秒分隔。如果输入的日期和时间是错误的，如 2013-14-25 或"23：15：84"，Excel 会将其以文本型数据显示。

④ 快速填充数据

a. 填充相同的数据。单击 C3 单元格，输入内容"A 店"，将鼠标指针移动到此单元格边框右下角的填充柄处，鼠标光标变为╋形状，然后按住鼠标左键不放并拖动填充柄到需要的位置释放，则在连续的单元格中填充相同的数据"A 店"，如图 5-22 所示。"B 店"操作类似。

b. 填充有规律的数据。单击 A3 单元格,输入 RS01,将 A3 内容填充至 A12 处。单击 A12 单元格旁边的 ▦· 图标,打开"自动填充选项"菜单,选择要填充的类型即可,如图 5-23 所示。如果需要填充的内容相同但是单元格并不相邻,方法是按住 Ctrl 键并选择所有需要填充的单元格,在最后一个单元格中输入内容后按 Ctrl+Enter 组合键即可。

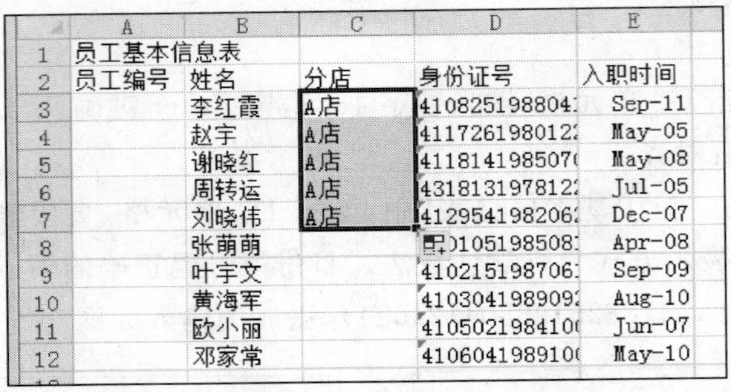

图 5-22　填充相同数据

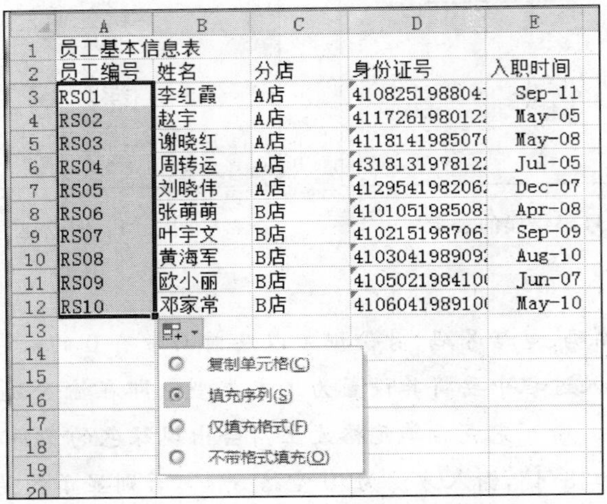

图 5-23　填充有规律的数据

（2）编辑表格

① 将鼠标指针指向列号 D 和 E 的分界线上,鼠标变成双向箭头的形状时按下左键拖动鼠标到合适的位置,即可调整 D 列的列宽,将身份证号完整显示出来。

② 单击列号 C 并选择第三列,然后单击"开始"选项卡→"单元格"组→"插入"命令右侧三角符号,从弹出的菜单中选择"插入工作表列",如图 5-24 所示,即在选择列的前面插入一新列。单击 C2 单元格,输入"性别"。

③ 设置数据有效性。

a. 选择"性别"的单元格区域"C3:C12",单击"数据"选项卡→"数据工具"组→"数据有效性"命令右侧三角符号,从打开的菜单中选择"数据有效性"命令,如图 5-25 所示。

b. 在弹出的"数据有效性"对话框中单击"设置"选项卡,在"允许"下拉列表框中选择"序列"选项,在"来源"文本框中输入"男,女",如图 5-26 所示。在"来源"对话框中输入并列

图 5-24　增加列的操作

图 5-25　设置数据的有效性

数据时,之间的分隔符逗号为英文半角状态。如果工作表中有现成的数据序列,也可以直接选择数据区域。

　　c. 单击"输入信息"选项卡,在"标题"文本框中输入"提示"。在"输入信息"文本框中输入"此处输入的是性别",如图 5-27 所示。这样在选择此类单元格时会弹出提示信息。

　　d. 单击"出错警告"选项卡,在"样式"下拉列表框中选择"停止"选项。在"标题"文本框中输入"出错",在"错误信息"文本框中输入"此处应为性别男或女",如图 5-28 所示。

　　e. 设置好后单击"确定"按钮,返回工作表。单击设置有效性区域中任一个单元格,在其右侧显示一个下拉按钮,并显示输入信息。单击此下拉按钮,可以从弹出的菜单中选择设定好的数据,也可以自己输入数据,如果输入的数据不符合要求,就会弹出出错对话框。

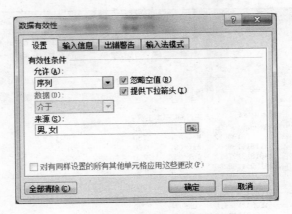

图 5-26　数据有效性条件设置

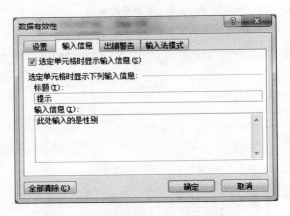

图 5-27　数据有效性输入信息设置

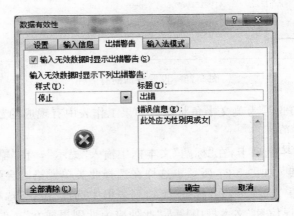

图 5-28　数据有效性出错警告设置

④ 数据的查找和替换。

a. 选择"D3:D12"区域,单击"开始"选项卡→"编辑"组→"查找和选择"命令,在打开的下拉菜单中选择"查找"命令,如图 5-29 所示。

图 5-29　查找替换命令

b. 在弹出的"查找和替换"对话框中单击"替换"选项卡，如图 5-30 所示，在"查找内容"文本框中输入"店"，在"替换为"文本框中不输入文字，单击"全部替换"按钮，即可将选择的区域中的"店"字去掉。

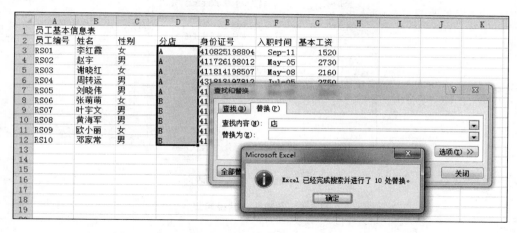

图 5-30　"查找和替换"对话框

⑤ 单元格数据的删除。

选择"A12:G12"单元格区域，如图 5-31 所示，在"开始"选项卡→"编辑"组→"清除"的下拉列表中选择"全部清除"。

⑥ 数据的移动和复制。

a. 选择 B 列，右击，在弹出的快捷菜单中选择"插入"命令，在"姓名"列的前面增加一空白列。

b. 选择"E2:E11"单元格区域，单击"剪贴板"中的"复制"命令，选择 B2 单元格，如图 5-32 所示，单击"剪贴板"中"粘贴"列表中的 123。

c. 选择 E 列，右击，在弹出的菜单中选择"删除"命令。

提示：当单击"选择性粘贴"命令时，弹出如图 5-33 所示的"选择性粘贴"对话框。表 5-6 是对选择性粘贴选项的说明。

图 5-31　数据删除

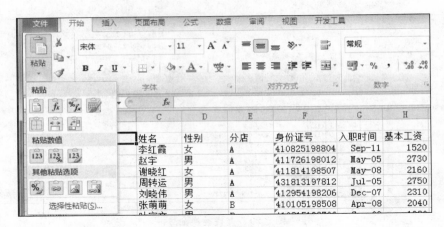

图 5-32　数据粘贴列表

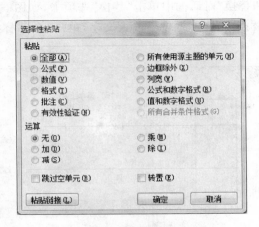

图 5-33　"选择性粘贴"对话框

表 5-6　选择性粘贴说明表

类型	名　称	功　能
粘贴	全部	粘贴所复制数据的所有单元格的内容和格式
	公式	仅粘贴在编辑栏中显示的所复制数据的公式
	数值	仅粘贴所复制数据的单元格中显示的值
	格式	仅粘贴所复制数据的单元格的格式
	批注	仅粘贴所复制数据中的批注
	有效性验证	将所复制数据的有效性验证规则粘贴到目标单元格中
	所有使用源主题的单元	粘贴使用复制数据应用的文档主题格式的所有单元格内容
	边框除外	粘贴所有单元格内容和格式,边框除外
	列宽	将复制数据的某一列的宽度粘贴到另一列
	公式和数字格式	仅粘贴所复制的单元格中的公式和所有数字格式选项
	所有合并条件格式	仅粘贴单元格中的合并条件格式

续表

类型	名称	功能
运算	无	所复制的数据没有数学运算
	加	指定所复制的数据与目标单元格区域中的数据相加
	减	指定目标单元格区域中的数据减去所复制的数据
	乘	指定所复制的数据乘以目标单元格区域中的数据
	除	指定所复制的数据除以目标单元格区域中的数据
	跳过空单元	启动此复选框,当复制的区域中有空单元格,不会替换粘贴区域中相应的值
	转置	可将所复制的数据区域中行列颠倒
	粘贴链接	仅粘贴单元格中的超链接

三、工作表格式化

为了使创建的工作表更加美观和易于查阅,通常要对工作表进行格式化,它包括设置数字格式、对齐方式、字体格式、边框和底纹、设置条件格式、设置单元格样式以及套用表格格式等。

【任务操作 5-3】　对如图 5-18 所示的"员工基本信息表"进行格式化操作。

(1) 要求

① 设置标题格式:标题设置为合并单元格并居中。

② 设置数字格式:将"入职时间"的日期格式设置为"yyyy 年 mm 月"。

③ 设置字体:表格标题字体为方正姚体,加粗,字号 28 磅,颜色为绿色,深色 50%;表格中的行标题设置为楷体,16 磅;其余部分设置为楷体,14 磅。

④ 设置对齐方式:表格中的文字居中。

⑤ 设置边框和底纹:设置表格外框线为绿色深色 50% 的粗实线,内框线为橙色深色 25% 的细实线。表格行标题底纹设置为橙色。

⑥ 设置条件格式:将工资小于 2000 元的单元格格式设置为"绿填充色深绿文本"。

格式化后的效果图如图 5-34 所示。

员工编号	分店	姓名	性别	身份证号	入职时间	基本工资
RS01	A	李红霞	女	410825198804124024	2011年9月	1520
RS02	A	赵宇	男	411726198012256137	2005年5月	2730
RS03	A	谢晓红	女	411814198507085349	2008年5月	2160
RS04	A	周转运	男	431813197812297475	2005年7月	2750
RS05	A	刘晓伟	男	412954198206243295	2007年12月	2310
RS06	B	张萌萌	女	410105198508164024	2008年4月	2040
RS07	B	叶宇文	男	410215198706126391	2009年9月	1980
RS08	B	黄海军	男	410304198909274058	2010年8月	1800
RS09	B	欧小丽	女	410502198410044146	2007年6月	2290

图 5-34　格式化的数据表

（2）操作方法和步骤

① 单元格的合并

选择"A1：G1"单元格区域，然后单击"开始"选项卡→"对齐方式"组→"合并并居中 "右侧三角符号，如图 5-35 所示，在打开的下拉菜单中选择"合并后居中"选项。

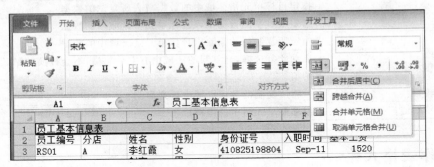

图 5-35　合并单元格

提示：Excel 2010 关于单元格的合并提供了 4 种快速的方法，如表 5-7 所示。如果合并的多个单元格中都存在数据，则只有左上角单元格中的数据将保留在合并的单元格中。所选区域中所有其他单元格中的数据都将被删除。

表 5-7　合并单元格的方法

操　作	效　果　说　明
合并后居中	将两个或多个单元格合并成一个并将单元格中的内容居中对齐
跨越居中	所选单元格的行合并，列不合并
合并单元格	两个或多个单元格合并成一个单元格
取消单元格合并	将合并的单元格恢复到合并前的状态

② 设置数字格式

选择"F3：F11"单元格区域，单击"开始"选项卡→"数字"组→"数字格式"右侧三角符，在弹出的下拉列表中选择"其他数字格式"，如图 5-36 所示。在弹出的"设置单元格格式"对话框中，在"数字"选项卡分类列表中选择"日期"，类型中选择"2001 年 3 月"，如图 5-37 所示，单击"确定"按钮即可。

③ 设置字体

a. 选择 A1 单元格，然后单击"开始"选项卡→"字体"组→"字体"命令右侧三角符，弹出列表中选择"方正姚体"。在"字号"列表中选 28，单击"字体"组中的"加粗 **B**"按钮，颜色为绿色，深色 50％。

b. 选择"A2：G2"单元格区域，此时会出现如图 5-38 所示的活动面板，在面板中设置字体为"楷体"，字号为 16。同样的方法设置"A3：G11"单元格内容为"楷体"，字号为 14。

④ 设置对齐方式

选择"A2：G11"单元格区域，单击"开始"选项卡→"字体"组→"居中 "按钮。

⑤ 设置单元格的边框和底纹

a. 选择"A2：G11"单元格区域，然后单击"字体"组的对话框启动器。在弹出的"设置单

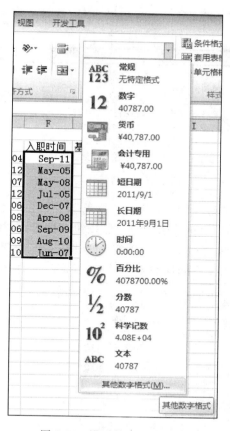

图 5-36 设置数字格式命令

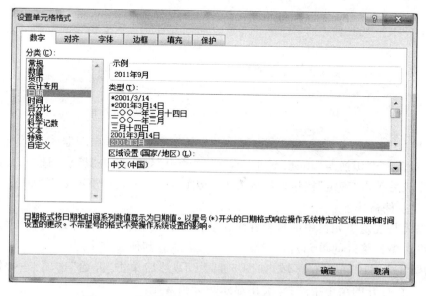

图 5-37 "设置单元格格式"对话框设置数字格式

	A	B	C	D	E			
1			员工基本信息					
2	员工编号	分店	姓名	性别	身份证号		时间	基本工资
3	RS01	A	李红霞	女	410825198804124024	10	1年9月	1520
4	RS02	A	赵宇	男	411726198012256137	11	5年5月	2730
5	RS03	A	谢晓红	女	411814198507085349	12	8年5月	2160
6	RS04	A	周转运	男	431813197812297475	14	5年7月	2750
7	RS05	A	刘晓伟	男	412954198206243295	16	年12月	2310
8	RS06	B	张萌萌	女	410105198508164024	18	8年4月	2040
9	RS07	B	叶宇文	男	410215198706126391	22	9年9月	1980

图 5-38　设置字体与字号

元格格式"对话框中切换至"边框"选项卡,在"线条"选项组中设置边框线条为绿色、深色、50%的粗实线,在"预置"选项组中单击"外边框"按钮。接着,在"线条"选项组中设置边框线条为橙色深色25%的细实线,在"预置"选项组中单击"内部"按钮,如图 5-39 所示,最后单击"确定"按钮返回工作表界面。用同样的方法设置"职工销售情况表"的边框。

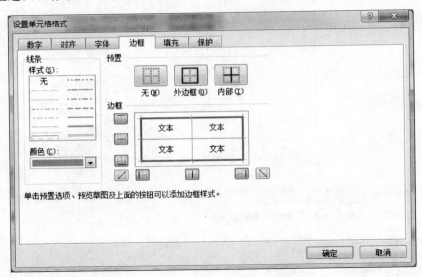

图 5-39　在"设置单元格格式"对话框中设置边框

b. 选择"A2:G2"单元格区域,然后单击"字体"组的对话框启动器。在弹出的"设置单元格格式"对话框中切换至"填充"选项卡,在"背景色"组中单击"橙色"选项,如图 5-40 所示。设置完成后单击"确定"按钮。用同样的方法设置"职工销售情况表"的底纹。

⑥ 设置条件格式

条件格式是规定单元格中的数据在满足自定条件时,将单元格显示成相应格式的单元格样式。设置条件格式的单元格只能输入数字,不能有其他文字。

a. 选择"G3:G11"单元格区域,如图 5-41 所示,然后单击"开始"选项卡→"样式"组→"条件格式",在打开的菜单中选择"突出显示单元格规则"→"小于"命令。

b. 接着弹出"小于"对话框,在"为小于以下值的单元格设置格式"文本框中输入 2000,设置格式为"绿填充色深绿文本",如图 5-42 所示,单击"确定"按钮。

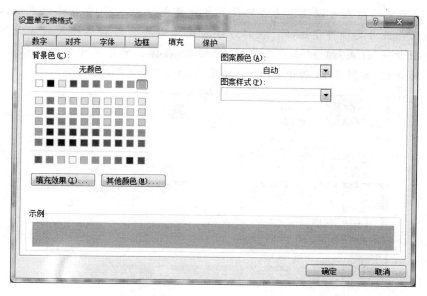

图 5-40 "设置单元格格式"对话框设置底纹的填充效果

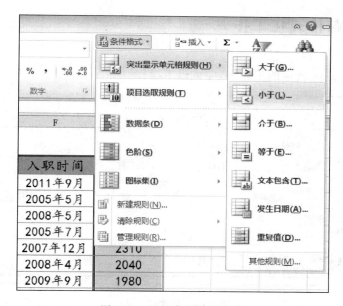

图 5-41 设置条件格式命令

图 5-42 "小于"对话框

提示：套用表格格式可以快速为表格设置多种格式，Excel 2010 表格格式默认有浅色、中等深浅和深色三大类型可供选择。操作方法为选择需要套用表格格式的单元格区域，单击"开始"选项卡→"样式"组→"套用表格格式"按钮，在弹出的菜单中选择表格样式。打开"套用格式"对话框，如图 5-43 所示，在其中设置后，单击"确定"按钮即可。

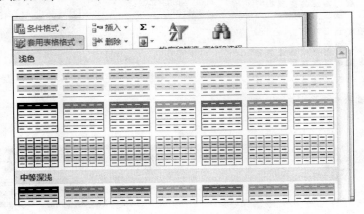

图 5-43 套用表格格式

实训1 创建与格式化工作表

实训要求：

(1) 创建如图 5-44 所示的工作表，完成以下操作。

	A	B	C	D	E	F	G	H	I
1				应聘登记表					
2		姓名		性别	男	出生日期			
3		毕业院校		学历		学位			
4	个人情况	毕业时间		专业		婚否		近期照片	
5		籍贯		民族		政治面貌			
6		家庭住址				电话			
7		E-mail				QQ			
8		起止年月		工作单位及所在部门				职位	
9	社会实践经历								
10									
11									
12									
13									
14	外语水平			计算机水平			应聘职务		
15	你期望的年收入是多少								
16									

图 5-44 应聘登记表

① 标题格式：字体为华文彩云，字号为 24，合并单元格居中，颜色为深蓝。

② 表格格式：字体为宋体，字号为 11；E2 单元格设置有效性规则。要求序列男、女两种选择。

③ 设置表格边框：外框线为深蓝色的粗实线，内框线为红色的细实线。

④ 重命名工作表：将 Sheet1 工作表重命名为"应聘登记表"。

(2) 创建如图 5-45 所示的工作表，完成以下操作。

① 标题格式：合并单元格并居中，字体设置为黑体、16 磅、加粗，颜色为红色。

② 表格格式：表格中的文字水平垂直居中。表格行标题字号 15 磅、加粗，单元格样式设置为"标题中的标题 1"。表格的第 3、5、7、9 行单元格样式设置为"主题单元格样式 40％着色 1"；第 4、6、8 行单元格样式设置为"主题单元格样式 40％着色 2"。

③ 表格边框：表格所有边框加框线，线型和颜色用默认值。

④ 单元格命名：将"C3：C9"单元格区域命名为"值班人员"。

⑤ 重命名工作表：将 Sheet1 工作表重命名为"值班表"。

	A	B	C
1	2013年五一值班表		
2	日期	星期	值班人员
3	5月1日	星期三	张三
4	5月2日	星期四	李四
5	5月3日	星期五	张三
6	5月4日	星期六	李四
7	5月5日	星期日	张三
8	5月6日	星期一	李四
9	5月7日	星期二	张三
10			

图 5-45　值班表格式化

（3）创建如图 5-46 所示的工作表，完成以下操作。

	A	B	C	D	E	F
1	仓库存货统计表					
2	日期	商品名称	仓库	库存数量	成本单价	库存金额
3	13.6.30	显示器（含保护膜）	仓库1	5	￥750.00	￥3,750.00
4	13.6.30	鼠标	仓库1	20	￥20.50	￥410.00
5	13.6.30	键盘	仓库1	15	￥180.00	￥2,700.00
6	13.6.30	音箱	仓库1	10	￥120.00	￥1,200.00
7						

图 5-46　统计表格式化

① 表格标题：合并单元格并居中，文字设置为华文行楷、加粗、16 磅；行高设置为 30。合并后的单元格底纹设置为金色、着色 1、深色 80％。

② 表格数据：表格中的内容都为宋体、11 磅，对齐方式为水平垂直居中，行标题文字加粗。日期的格式设置为 yy.m.d。"E3：F6"区域数字设置为默认的会计专用符号。表格的行高设为 20，列宽为最适合的列宽。

③ 边框和底纹：表格的外框线为绿色的双实线，内框线为橙色的虚线。"D3：D6"区域底纹为橙色、着色 2、淡色 60％；"E3：E6"区域底纹为金色、着色 4、淡色 60％；"F3：F6"区域底纹为绿色、着色 6、淡色 60％。

④ 重命名工作表：将 Sheet1 工作表重命名为"统计表"。

任务二　公式和函数的应用

Excel 2010 除了能创建表格之外，其最具特色的功能是它的数据计算和统计能力，这些功能是通过建立、使用公式和函数来实现的，并且当工作表中的数据发生变化时，使用公式和函数计算的结果会随之改变，从而可以帮助我们分析和处理数据。

一、创建公式

公式是 Excel 工作表中进行数值计算的等式。在单元格或编辑栏中输入公式时，以

"="开始,然后输入由运算数和运算符组成的公式表达式。运算数是参与运算的数据,可以是常量、单元格引用、单元格名称和工作表函数等,运算符是对数据进行的运算操作。

(一) 运算符

Excel 中运算符分四类:算术运算符、比较运算符、文本运算符和引用运算符。

(1) 算术运算符:用来完成基本的数学运算。运算符有"+"(加)、"-"(减)、"*"(乘)、"/"(除)、"%"(百分比)、"^"(乘幂)。

(2) 比较运算符:用来对两个数值进行比较,产生的结果为逻辑值 True(真)或 False(假)。比较运算符有=(等于)、>(大于)、>=(大于等于)、<=(小于等于)、<>(不等于)。

(3) 文本运算符:文本运算符"&"用来将一个或多个文本链接成为一个组合文本。

(4) 引用运算符:用来将单元格区域合并运算。其中引用运算符中有三种运算符,分别说明如下。

① 区域(冒号)运算符:表示对两个引用之间,包括两个引用在内的所有区域的单元格进行引用,例如:SUM(A1:B4)是将 A1:B4 连续的区域中所有单元格求和。

② 联合(逗号)运算符:表示将多个引用合并成一个引用,例如:SUM(A3,B5,C4,D7:E9)是将非连续的 4 个单元格或单元格区域合并求和。

③ 交叉(空格)运算符:表示产生同时隶属于两个引用的单元格区域的引用。即求两个单元格区域中公共部分的区域。例如,SUM(B2:B6 A3:C5)是求两个区域交叉部分即"B3:B5"区域的和。

(二) 运算符的优先级

如果公式中同时用到了多个运算符,Excel 将按如表 5-8 所示的运算符优先级顺序进行运算,方法为:先算优先级高的运算符,再算低的。如果公式中包含了相同优先级的运算符,Excel 将从左到右进行计算。如果要修改计算的顺序,应把公式需要先计算的部分括在圆括号内。运算符的优先级如表 5-8 所示。

表 5-8　运算符优先级

运　算　符	优先级别(数字越小级别越高)	说　　明
:	1	区域
,	2	联合
空格	3	交叉
-	4	负号
%	5	百分号
^	6	乘方
*、/	7	乘、除
+、-	8	加、减
&	9	文本链接
=、<、>、<=、>=、<>	10	比较运算符

(三) 数组公式

数组是由数据元素组成的集合,数据元素以行和列的形式组织起来,构成一个数据矩阵。数组公式是可以在数组的一项或多项上执行多个计算的公式。数组公式可以返回一个结果，也可返回多个结果。在 Excel 中，根据构成元素的不同，可以把数组分为常量数组和单元格区域数组。

1. 常量数组

常量数组可同时包含数字、文本、逻辑值（如 TRUE、False 或错误值 #N/A）等多种数据类型的数值，例如：{1,3,4; True,False,True}。数组常量中的数值可以使用整数、小数或科学记数格式，但不能包含百分号、货币符号、逗号或圆括号。文本必须包含在英文半角的双引号内，例如"学号"。数组常量不能包含其他数组、公式或函数。

常量数组用一对"{}"将构成数组的常量括起来。同行不同列的数值用逗号","分开，例如，若要表示数值 10、20、30 和 40，必须输入{10,20,30,40}。这个数组常量是一个 1 行 4 列数组，相当于一个 1 行 4 列的引用。不同行的值用分号";"隔开，例如，如果要表示一行中的 10、20 和下一行中的 30、40，应该输入一个 2 行 2 列的数组常量：{10,20;30,40}。

2. 单元格区域数组

单元格区域数组则是通过对一组连续的单元格区域进行引用而得到的数组。在数组公式中{A1:C4}是一个 4 行 3 列的单元格区域数组。

3. 数组的维数

数组作为数据的组织形式本身可以是多维的，但是 Excel 的公式最高只支持二维数组。Excel VBA 支持多维数组。

【任务操作 5-4】 学生成绩表如图 5-47 所示，计算每个学生的总分。

（1）要求

① 用公式在"E2:E6"单元格区域中求出每个学生的总分。

② 用数组公式在"E2:E6"单元格区域求出每个学生的总分。

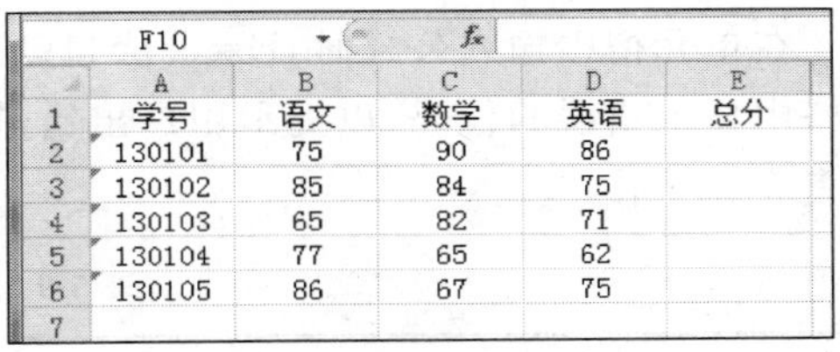

F10

	A	B	C	D	E
1	学号	语文	数学	英语	总分
2	130101	75	90	86	
3	130102	85	84	75	
4	130103	65	82	71	
5	130104	77	65	62	
6	130105	86	67	75	
7					

图 5-47　学生成绩表

（2）操作方法和步骤

① 创建公式求总分

a. 单击要输入公式的单元格 E2，输入公式的标志等号"="，然后输入公式表达式"B2+C2+D2"。如图 5-48 所示，公式中的单元格引用将以不同的颜色进行区分，在编辑栏中也可以看到输入后的公式。

b. 输入完毕后，按 Enter 键或单击编辑栏中的"输入"按钮 ✔，即可在单元格中显示计算的结果，如图 5-49 所示，而在编辑栏中显示的是当前单元格的公式。

c. 通过填充柄求出其余单元格的总分。

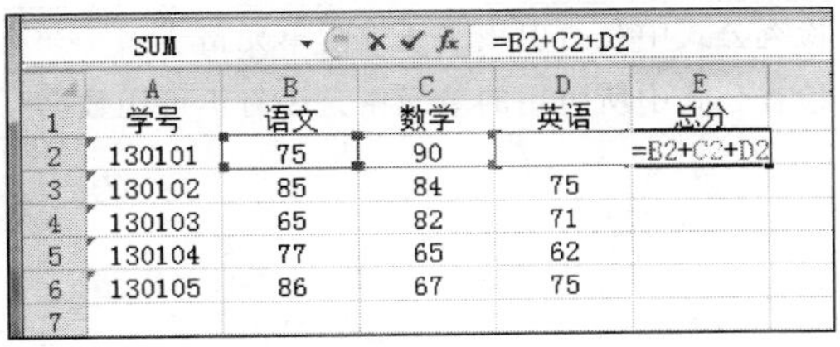

SUM　=B2+C2+D2

	A	B	C	D	E
1	学号	语文	数学	英语	总分
2	130101	75	90		=B2+C2+D2
3	130102	85	84	75	
4	130103	65	82	71	
5	130104	77	65	62	
6	130105	86	67	75	
7					

图 5-48　公式输入

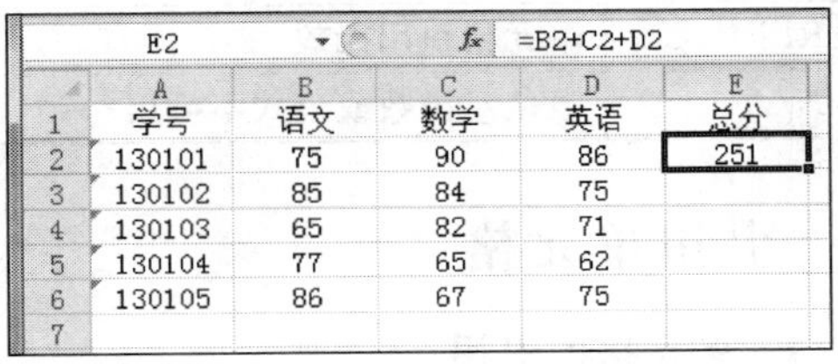

E2　=B2+C2+D2

	A	B	C	D	E
1	学号	语文	数学	英语	总分
2	130101	75	90	86	251
3	130102	85	84	75	
4	130103	65	82	71	
5	130104	77	65	62	
6	130105	86	67	75	
7					

图 5-49　公式计算结果

提示：输入公式时，可以使用鼠标直接选中参与计算的单元格，从而提高输入公式的效率。如果输入中有错误想取消公式的输入，可以单击编辑栏中的"取消"按钮 ✕ 。

② 创建数组公式求总分

a. 选择用于保存结果的单元格区域"E2：E6"，输入公式"＝B2：B6＋C2：C6＋D2：D6"，如图 5-50 所示。

b. 按下 Ctrl＋Shift＋Enter 组合键以完成输入，在"E2：E6"单元格区域中显示计算的结果，如图 5-51 所示。数组公式外面的大括号"{ }"是输入数组公式后按下 Ctrl＋Shift＋Enter 组合键自动加上的，如果手工输入，Excel 会认为输入的是文本格式。

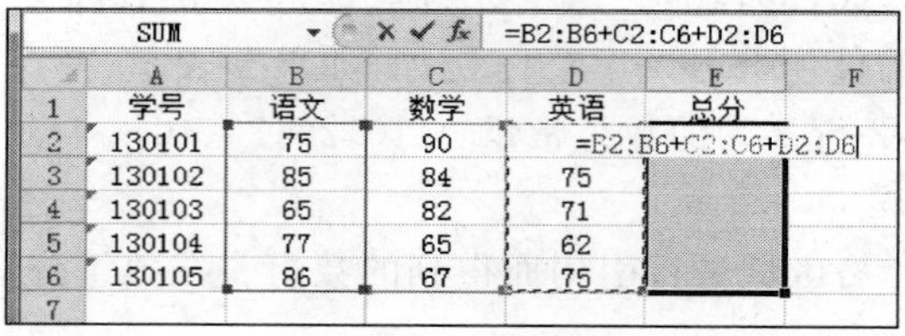

图 5-50 输入数组公式 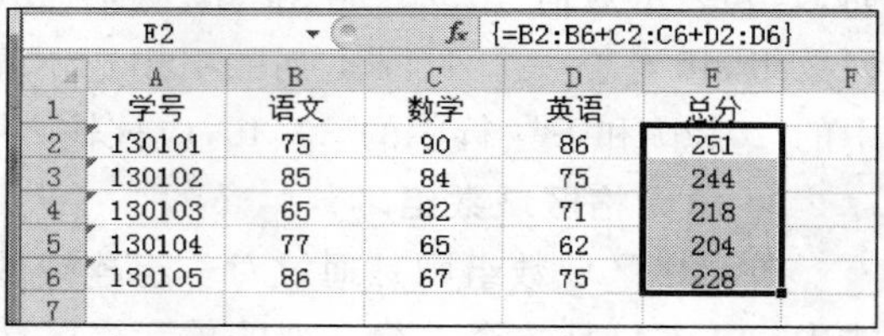　　　图 5-51 数组公式结果

提示：在输入公式之前选择的单元格区域最好和返回的数组尺寸相同，否则超出范围的单元格内容为"♯N/A"。

4. 公式和函数使用时产生的错误及解决方法

在单元格中输入公式时，Excel 会自动对输入的公式进行检测。如果发现错误，将在单元格中显示错误的代码，以提示用户出错进行修改。Excel 2010 中常见的错误及解决方法如表 5-9 所示。

表 5-9 错误代码分析

错 误 代 码	产 生 原 因	解 决 方 法
♯♯♯♯♯	列宽不够无法完全显示其中数据	调整单元格列宽
♯NAME?	Excel 无法识别公式中的文本	检查公式中是否包含不正确的字符
♯NULL!	指定两个并不相交的区域的交点	检查公式中是否使用了不正确的区域操作符，或不正确的单元格引用
♯VALUE!	在公式或函数中使用的参数或操作数类型错误	检查公式中的数据类型是否一致
♯DIV/0!	数字除以 0	检查公式中是否存在分母为 0 的情况
♯NUM!	公式或函数中使用了无效的数值	检查公式中函数的参数数量、类型等是否正确
♯REF!	单元格引用无效	检查公式中是否引用了无效的单元格
♯N/A	数值对函数或公式不可用	检查公式中所引用的单元格是否有不可用数据

二、引用单元格

1. 单元格的引用

(1) A1 和 R1C1 的引用

Excel 2010 支持两种引用样式，默认情况下工作表使用"A1 引用样式"，即表示单元格时列号在前用字母表示,行号在后用数字表示。

另一种样式"R1C1"则不同,其行号与列号都用数字来表示,其中 R 表示行,后面跟行数,C 表示列,后面跟列数。若表示相对引用,行号和列号都用中括号"[ ]"括起来,如果不加中括号则表示绝对引用。例如:如果单元格 C3 为绝对引用,可表示为"R3C3";如果当前活动的单元格是 A1,则 R[2]C[2]表示的是 A1 单元格下移两行右移两列的单元格,即 C3 单元格。

工作表"A1 引用样式"和"R1C1 引用样式"切换的操作方法如下。

启动 Excel 2010,选择"文件"选项卡→"选项"菜单命令,弹出"Excel 选项"对话框,如图 5-52 所示,在左侧列表中选择"公式",在右侧窗口中的"使用公式"组中选择"R1C1 引用样式"复选项,转换为 R1C1 引用样式。如果要恢复到 A1 引用类型,取消选中"R1C1 引用样式"复选框即可。

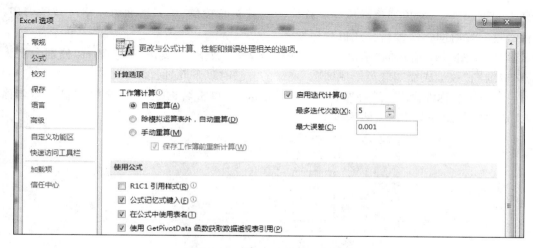

图 5-52 "Excel 选项"对话框

(2)相对引用单元格

相对引用也称为相对地址,它用列标与行号直接表示单元格。如果公式中使用单元格的相对引用,则公式在复制或移动时会根据移动的位置自动调整公式中引用单元格的地址。例如,E2 单元格的公式为"=B2+C2+D2"。将 E2 的内容复制到 E4 中,由于是相对引用,因此,得到的公式是"=B4+C4+D4"。

(3)绝对引用单元格

如果希望在移动或复制公式后,仍然引用原来单元格中的数据,这时就需要使用单元格的绝对引用。在单元格的列标与行标前加"$"符号,即为单元格的绝对引用。例如 E2 单元格的公式为"=$B$2+$C$2+$D$2"。将 E2 的内容复制到 E4 中,由于是绝对引用,因此,得到的公式还是"=$B$2+$C$2+$D$2"。

(4)混合引用单元格

如果将相对引用与绝对引用混合使用,即为混合引用。在混合引用中,将一个单元格中带有混合引用的公式复制到其他单元格时,绝对引用的部分保持不变,而相对引用的部分将发生相应的变化。例如 E2 单元格的公式为"=B$2+C2+$D$2"。将 E2 的内容复制到

E4 中。由于是混合引用,因此得到的公式是"=B$2+C4+$D$2"。

(5) 三维引用

对跨工作表或工作簿中的两个工作表或多个工作表汇总的单元格或单元格区域的引用。三维引用的形式:跨工作表表示为"工作表名!单元格地址";跨工作簿表示为"[工作簿名]工作表名!单元格地址"。例如,"[员工工资管理.xlsx]职工销售情况表!B2"表示为工作簿"员工工资管理"中"职工销售情况表"工作表中的 B2 单元格。

2. 单元格名称的定义

在 Excel 的数据计算与分析处理过程中,需要引用大量的单元格或单元格区域作为计算中的数据。直接引用操作简单但不利于以后的修改和维护。如果为这些单元格或单元格区域定义一个有意义的名称,使用会非常方便。

例如,公式"=Average(B2:B8)"和公式"=Average(一季度销售额)"相比,后者比前者更易于阅读和理解,它以通俗易懂的名称代替无意义的数值、单元格和单元格区域的引用,即使经过一段时间再次编辑公式也容易看懂。

例如,将图 5-47 所示的"学生成绩表"中"语文"、"数学"、"英语"成绩区域,分别命名为"语文成绩"、"数学成绩"和"英语成绩"。定义的方法有以下几种。

(1) 使用名称框命名:选择"B2:B6"单元格区域,单击名称框,在名称框中输入新名称"语文成绩",如图 5-53 所示,然后按 Enter 键即可。

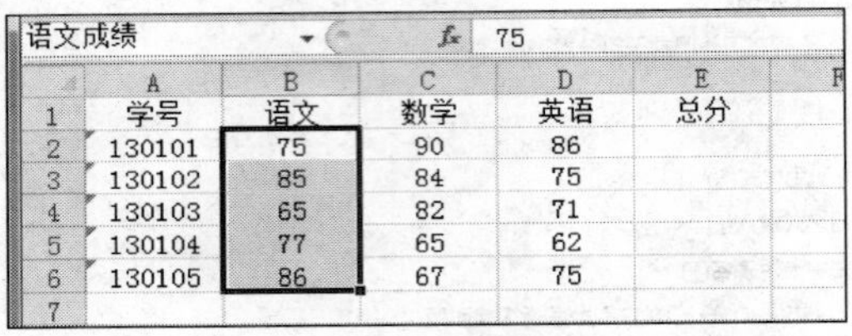

图 5-53　名称框命名单元格区域

(2) 通过"新建"名称对话框命名:选择"C2:C6"单元格区域,单击"公式"选项卡→"定义的名称"组→"定义名称"按钮,如图 5-54 所示。弹出"新建名称"对话框,在"名称"文本框中输入"数学成绩","范围"选择"工作簿",如图 5-55 所示,单击"确定"按钮即可。

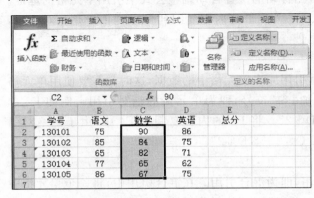

图 5-54　定义名称命名

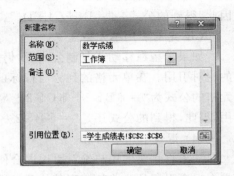

图 5-55　"新建名称"对话框

（3）通过"名称管理器"对话框命名：选择"D2：D6"单元格区域，单击"公式"选项卡→"定义的名称"组→"名称管理器"按钮，弹出"名称管理器"对话框，如图 5-56 所示。单击"名称管理"对话框中的"新建"按钮，弹出"新建名称"对话框，在"名称"文本框中输入"英语成绩"，在"范围"中选择"工作簿"，单击"确定"按钮即可。通过"名称管理器"可以对名称进行添加、更改和删除等操作。

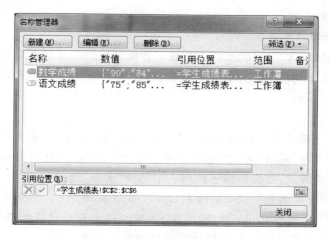

图 5-56　"名称管理器"对话框

三、使用函数

函数是根据数据统计、处理和分析实际需要，事先在软件内定制的一段程序，然后以简单的形式面向用户，简化用户的操作过程，采取后台运算的方法，解决用户的一些复杂统计工作。

（一）函数的使用

每个函数描述都包括一个语法行，它是一种特殊的公式，所有的函数必须以等号"＝"开始，它是预定义的内置公式，必须按语法的特定顺序进行计算。

函数是由标识符、函数名称和函数参数组成。例如"＝SUM（A1：E1）"中，"＝"是标识符，SUM 是函数名称，"A1：E1"是函数参数。

【任务操作 5-5】　将图 5-57 所示的学生成绩表，用函数的方法计算每个学生的总分。

	A	B	C	D	E	F
1	学号	语文	数学	英语	总分	
2	130101	75	90	86		
3	130102	85	84	75		
4	130103	65	82	71		
5	130104	77	65	62		
6	130105	86	67	75		
7						
8						

图 5-57　成绩表窗口

181

（1）要求

① 使用自动显示计算结果的方法实现。

② 使用自动求和的方法实现。

③ 使用函数向导输入的方法实现。

④ 使用手动输入函数的方法实现。

（2）操作方法和步骤

① 自动显示计算结果

选择数据区域"B2:D2"后，状态栏上会显示数据区域的一些计算结果，比如，最大值、最小值、计数、求和、求平均值等。在状态栏上右击，在弹出的"自定义状态栏"菜单中可以选择要显示的相关计算类别。

② 自动求和

自动求和列表中提供了常用的五种计算：求和、平均值、计数、最大值和最小值。

a. 单击 E2 单元格，选择"公式"选项卡→"函数库"选项组中的"自动求和"按钮右侧的三角符号，如图 5-58 所示，在弹出的下拉列表中选择"求和"选项。

b. 在单元格中显示函数"＝SUM(B2:D2)"，如图 5-59 所示，如果参数正确，单击编辑栏中的"输入"按钮 ✓ 或按 Enter 键，即可在 E2 单元格中显示计算结果。拖动该单元格右下角的填充柄，可以求出其他学生的总分。如果函数参数不正确，可以选中当前参数，通过鼠标选择正确数据区域替换此参数。

图 5-58　自动求和命令的使用

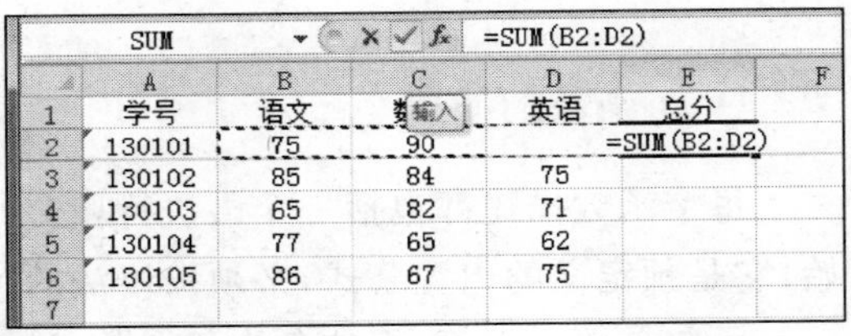

图 5-59　自动求和结果

③ 使用函数向导输入

Excel 2010 提供了几百个函数，要想熟练掌握所有函数难度很大，可以通过函数向导来输入。

a. 单击 E2 单元格，选择"公式"选项卡→"函数库"选项组中的"插入函数"按钮 *fx*，打开"插入函数"对话框，如图 5-60 所示。

b. 在"选择类别"下拉列表框中选择"数学与三角函数"，然后从"选择函数"列表框中选择 SUM 函数，打开"函数参数"对话框，如图 5-61 所示。

c. 在 Number1 文本框中预先给了函数参数"B2:D2"。如果参数不正确，可直接修改，然后单击"确定"按钮，在 E2 中显示计算结果，通过填充柄计算其他同学的总分。

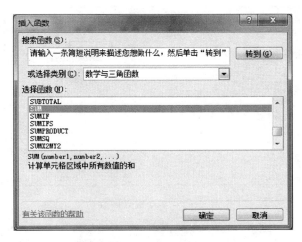

图 5-60　"插入函数"对话框

图 5-61　"函数参数"对话框

提示：查找函数也可以在"函数库"组中单击"数学和三角函数"，在打开的列表中找到 SUM 函数。也可以在单元格中输入等号"＝"，单击名称框右侧的三角符号，在下拉列表中查找函数。

④ 手动输入函数

对于一些单变量函数或者比较简单的函数，已经熟悉其语法和参数，可以直接在单元格中输入。手动输入函数的方法与输入公式的方法相同，即在单元格或编辑栏中输入等号"＝"，其后输入函数本身。具体操作方法如下。

a. 单击 E2 单元格，输入等号"＝"，输入函数名的第一字母 s 时，Excel 会自动列出以该字母开头的所有函数名，如图 5-62 所示。

b. 在列表中找到 SUM 函数，双击此函数，E2 单元格中显示"＝SUM("，Excel 会自动显示此函数的表达式，如图 5-63 所示，输入参数"B2：D2"和边界符"）"。单击编辑栏中的"输入"按钮 ✔ 或按 Enter 键，即可在 E2 单元格中显示计算结果。

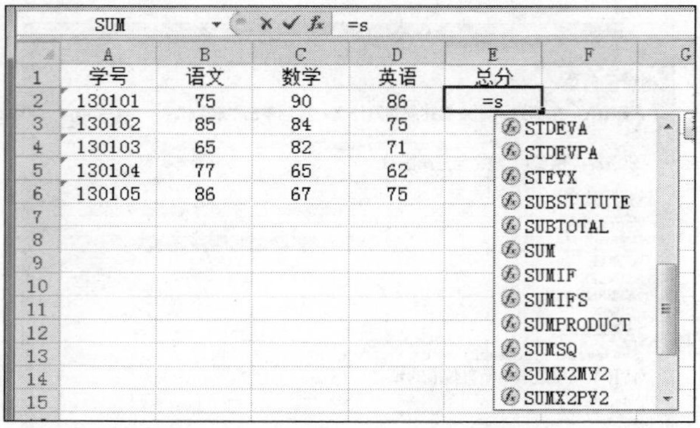

图 5-62　手动输入函数名

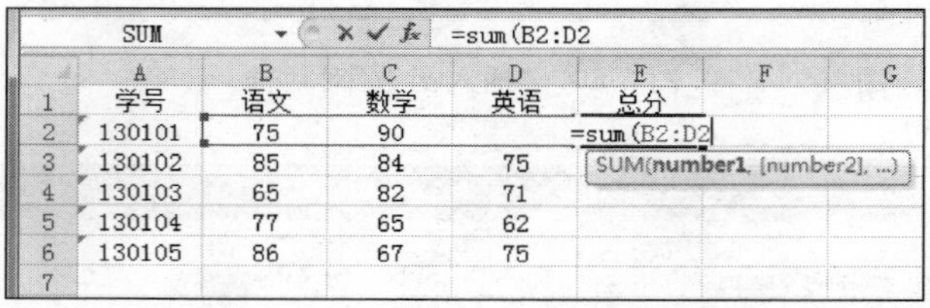

图 5-63　设置函数参数

(二) 常用函数介绍

Excel 函数一共有 11 类,分别是数据库函数、日期与时间函数、工程函数、财务函数、信息函数、逻辑函数、查询和引用函数、数学和三角函数、统计函数、文本函数以及用户自定义函数。将常用的函数做如下介绍。

1. 统计函数

统计函数是用于对数据区域进行统计分析的函数,其功能主要包括统计给定某个区域的数据的平均值、最大值或最小值,对数据进行相关的概率分布的统计,进行回归分析等。

1) 计算平均值——AVERAGE 和 AVERAGEA 函数

AVERAGE 函数的功能是计算选中区域所有包含数值单元格的平均值,而 AVERAGEA 则是计算选中区域中所以非空单元格的平均值,两者的主要区别在于对待非数值类的单元格。

AVERAGE 函数的表达式为:AVERAGE(number1,number2,…)。

AVERAGEA 函数的表达式为:AVERAGEA(value1,value2,…)。

2) 统计单元格个数——COUNT 函数

COUNT 函数的功能是统计参数列表中数值数据的单元格个数。

COUNT 函数的表达式为:COUNT(value1,value2,…)。

3) 按条件统计——COUNTIF 函数

COUNTIF 函数的功能是统计指定单元格区域中满足条件的单元格的个数。

COUNTIF 函数的表达式为 COUNTIF(range,criteria)。range 要计算其中非空单元格数目的区域。criteria 以数字、表达式或文本形式定义的条件。

4）返回最大值或最小值——MAX 和 MIN 函数

MAX 函数的功能是统计所有数值数据的最大值，而 MIN 函数的功能是统计所有数据的最小值。如果在统计的数组中含有非数值的单元格，函数则根据相应的逻辑值来赋值，即包括 True 的参数是 1，False 的参数是 0。

MAX 函数的表达式为：MAX(number1，number2，…)。

MIN 函数的表达式为：MIN(number1，number2，…)。

5）返回排位——RANK. EQ 函数

RANK. EQ 函数的功能是返回某个数字在数字列表中的排位。数字排位是其大小与列表中其他值的比值。如果多个数值相同，则返回该组数值的最佳排名。

RANK. EQ 函数的表达式为：RANK. EQ(number，ref，order)，其中 number 表示需要排位的数据；ref 表示数据列表数组或对列表的引用；order 表示排位的方式，如果为 0 或省略则表示降序排列，不为 0 则为升序排列。

【任务操作 5-6】 用统计函数计算如图 5-64 所示表格中的统计结果。

(1) 要求

① 统计出学生总人数。

② 统计出成绩优秀(成绩在 85 分以上)的人数。

③ 计算成绩的最高分和最低分。

④ 学生成绩按从高到低的顺序排名。

H7

	A	B	C	D
1	学号	成绩	从高到低排名	
2	0001	78		
3	0002	86		
4	0003	65		
5	0004	88		
6	0005	90		
7	0006	79		
8	0007	74		
9	0008	66		
10				
11			统计	
12		学生总数		
13		成绩优秀个数		
14		最高分		
15		最低分		
16				

图 5-64　成绩统计表

(2) 操作方法和步骤

① 选择 C12 单元格，单击“公式”选项卡→“函数库”组中的“其他函数”按钮，在弹出的菜单中选择“统计”→“COUNT”命令，如图 5-65 所示，弹出“函数参数”对话框，在 Range 文本框中输入单元格区域“B2:B9”，单击“确定”按钮。

② 单击 C13，选择“统计”函数中的 COUNTIF 函数，打开“函数参数”对话框，如图 5-66 所示，在 Range 文本框中输入“B2:B9”；在 Criteria 文本框中输入公式“＞＝85”，单击“确定”按钮。

③ 单击 C14 单元格，选择“统计”函数中的 MAX 函数，打开“函数参数”对话框，在 Range 文本框中输入“B2:B9”，单击“确定”按钮。单击 C15 单元格，选择“统计”函数中的 MIN

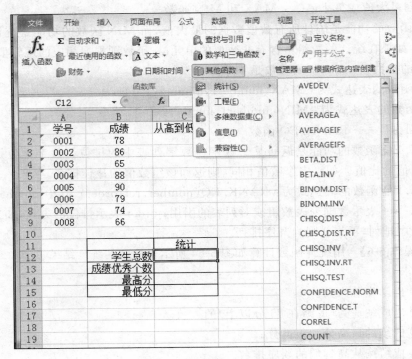

图 5-65　COUNT 函数命令

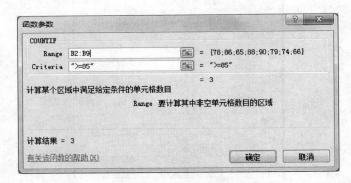

图 5-66　COUNTIF 函数参数对话框

函数,打开"函数参数"对话框,在 Range 文本框中输入"B2:B9",单击"确定"按钮。

④ 单击 C2 单元格,选择"统计"函数中的 RANK 函数,打开"函数参数"对话框,如图 5-67 所示,在 Number 文本框中输入 B2,在 Ref 文本框中输入"＄B＄2:＄B＄9",在 Order 文本框中输入 0,单击"确定"按钮即可。然后利用填充柄的方法计算其他学生的排名。最终结果如图 5-68 所示。

2. 日期和时间函数

1) 返回当前日期——TODAY 函数

返回计算机系统内部时钟的当前日期。

TODAY 函数的表达式为 TODAY(),此函数没有参数。

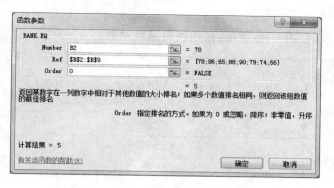

图 5-67　RANK 函数参数对话框

	A	B	C
1	学号	成绩	从高到低排名
2	0001	78	5
3	0002	86	3
4	0003	65	8
5	0004	88	2
6	0005	90	1
7	0006	79	4
8	0007	74	6
9	0008	66	7
11			统计
12		学生总数	8
13		成绩优秀个数	3
14		最高分	90
15		最低分	65

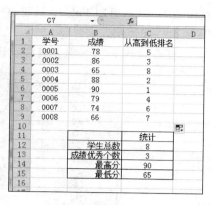

图 5-68　数据统计结果

2）返回当前时间——NOW 函数

返回计算机系统内部时钟的当前日期和时间。

NOW 函数的表达式为 NOW()，此函数没有参数。

3）返回年份——YEAR 函数

YEAR 函数的功能是计算日期所代表的相应的年份。

YEAR 函数的表达式为 YEAR(serial_number)，其中参数 serial_number 表示将要计算年份的日期。

日期和时间函数举例如图 5-69 所示。

4）返回日期编号——DATE 函数

DATE 函数的功能是返回特定日期的系列编号。

DATE 函数的表达式为 DATE(year, month, day)。该函数共有 3 个函数，依次分别代表年、月、日。例如：DATE(2013,3,5)表示日期 2013 年 3 月 5 日。

	A	B	C
1		公式	结果
2	系统当前日期	=TODAY()	2013/9/23
3	系统当前时间	=NOW()	2013/9/23 10:20
4	系统当前年份	=YEAR(C2)	2013

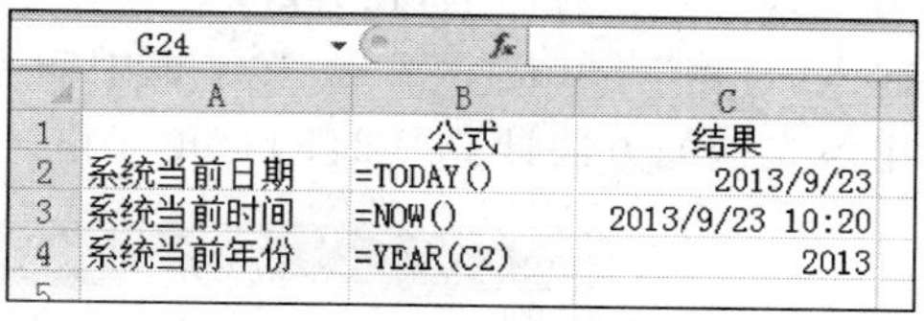

图 5-69　日期和时间函数的使用

3. 逻辑函数

1）判断真假——IF 函数

IF 函数的功能是执行真假值判断，根据逻辑计算的真假值，返回不同结果。

IF 函数的表达式为 IF(logical_test, value_if_true, value_if_false)。参数表示计算结果为 True 或 False 的任意值或表达式；value_if_true 表示 logical_test 为 True 时返回的值；value_if_false 表示 logical_test 为 False 时返回的值。

2）交集运算——AND 函数

AND 函数的功能是对多个逻辑值进行交集运算，函数的返回值是逻辑值，当所有参数的逻辑值为真时，返回 True；只要有一个参数的逻辑值为假，就返回 False。AND 函数经常和 IF 函数一起使用。

AND 函数的表达式为：AND(logical1, logical2, …)。

3）并集运算——OR 函数

OR 函数的功能是对多个逻辑值进行并集运算，函数的返回值是逻辑值，当所有参数的逻辑值为假时,返回 False;只要有一个参数的逻辑值为真,就返回 True。OR 函数经常和 IF 函数一起使用。

【任务操作 5-7】 学生成绩统计表,如图 5-70 所示,使用逻辑函数求解。

	A 学号	B 语文	C 数学	D 外语	E 总分	F 是否合格	G 优秀	H 是否有不及格
1	学号	语文	数学	外语	总分	是否合格	优秀	是否有不及格
2	1001	87	84	81	252			
3	1002	84	62	79	225			
4	1003	68	58	50	176			
5	1004	95	83	85	263			
6	1005	60	68	65	193			
7	1006	85	65	66	216			
8	1007	54	50	78	182			
9	1008	65	60	72	197			
10	1009	70	75	72	217			
11	1010	72	68	60	200			
12								

图 5-70 学生成绩统计表

(1) 要求

① 是否合格:总分在 200 分以上(含 200 分)的显示结果为"合格",否则为"不合格"。

② 优秀:三门科目都在 80 分以上(含 80 分)的显示结果为"优秀"。其他情况为空。

③ 是否有不及格:三门科目中是否有小于 60 分的成绩,如果有,显示结果为"不及格"。其他情况为空。

(2) 操作方法和步骤

① 单击 F2 单元格,选择"公式"选项卡→"函数库"组→"逻辑"函数列表中的 IF 函数,弹出"函数参数"对话框,在 logical_test 文本框中输入"E2>=200",在 value_if_true 文本框中输入"合格",value_if_false 文本框中输入"不合格",如图 5-71 所示,单击"确定"按钮。然后用填充柄的方法计算"F3:F11"单元格区域的值。

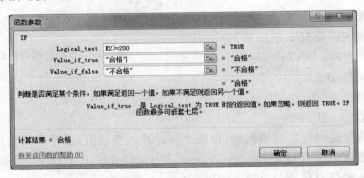

图 5-71 函数 IF 参数对话框

② 单击 G2 单元格,输入公式为"=IF(AND(B2>=80,C2>=80,D2>=80),"优秀","")",按 Enter 键,然后用填充柄的方法计算"G3:G11"单元格区域的值。

③ 单击 H2 单元格,输入公式为"=IF(OR(B2<60,C2<60,D2<60),"不及格","")",按 Enter 键,然后用填充柄的方法计算"H3:H11"单元格区域的值,结果如图 5-72 所示。

4) 文本函数

(1) 查找文本字符串——FIND 函数

FIND 函数用于返回一个字符串在另一个字符串中出现的起始位置(区分大小写)。

图 5-72　逻辑函数使用结果

FIND 函数的表达式为 FIND(find_text,within_text,start_num)，其中 find_text 要查找的字符串；within_text 要在其中搜索的字符串；start_num 起始搜索位置，如果忽略则为 1。图 5-73 所示为 FIND 函数的应用。

图 5-73　函数 FIND 的使用

（2）返回字符串长度——LEN 函数

LEN 函数的功能是返回字符串中的字符数。

LEN 函数的表达式为 LEN(text)。例如计算身份证号的位数，如图 5-74 所示。

（3）返回右边字符——RIGHT 函数

RIGHT 函数的功能是从字符串的最后一个字符开始返回指定个数的字符。

RIGHT 函数的表达式为 RIGHT(text,num_chars)，其中 text 要提取字符的字符串；num_chars 要提取的字符数，如果忽略，则为 1。如图 5-75 所示为 RIGHT 函数的应用。

图 5-74　函数 LEN 的使用

图 5-75　函数 RIGHT 和函数 LEFT 的使用

（4）返回左边字符——LEFT 函数

LEFT 函数的功能是从字符串的第一个字符开始返回指定个数的字符。

LEFT 函数的表达式为 LEFT(text,num_chars)，其中 text 表示要提取字符的字符串；

num_chars 表示要提取的字符数,如果忽略,则为 1。如图 5-75 所示为 LEFT 函数的应用。

(5) 返回指定长度的字符——MID 函数

MID 函数用于从字符串中指定的起始位置起返回指定个数的字符。

MID 函数的表达式为 MID(text,start_num,num_chars),其中 text 表示要提取字符的字符串;start_num 表示准备提取的第一个字符的位置;num_chars 表示要提取的字符数,如果忽略,则为 1。如图 5-76 所示为 MID 函数的使用。

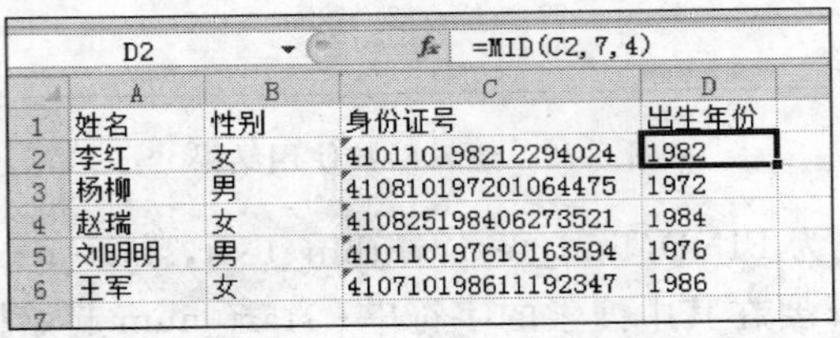

图 5-76　函数 MID 的使用

5) 查找和引用函数

(1) 从列值中选择数值——CHOOSE 函数

CHOOSE 函数是根据指定的索引值从参数串中选出相应的值或操作。

CHOOSE 函数的表达式为 CHOOSE(index_num,value1,value2,…)。index_num 指出所选参数值在参数表中的位置;value1,value2,…是 1～254 个数值参数、单元格引用、公式或函数等。

(2) 查找数据——LOOKUP 函数

LOOKUP 函数有向量形式和数组形式两种。向量形式是在单行区域或单列区域中查找数值,然后返回第二个单行或单列区域中相同位置的数值。数组形式是在数组的第一行或第一列中查找指定数值,然后返回最后一行或最后一列中相同位置处的数据。

向量形式的表达式为 LOOKUP(lookup_value,lookup_vector,result_vector)。其中 lookup_value 表示在 lookup_vector 中查找的值;lookup_vector 为只包含单行或单列的单元格区域;result_vector 为只包含单行或单列的单元格区域,其大小与 lookup_vector 相同。

数组形式的表达式为 LOOKUP(lookup_value,array)。其中 lookup_value 是要在 array 中查找的值;array 为包含文本、数值或逻辑值的单元格区域。

(3) 返回指定内容——INDEX 函数

INDEX 函数有两种语法形式,数组和引用。数组形式通常返回数值或数值数组;引用形式通常返回某个引用地址。

数组形式的表达式为 INDEX(array,row_num,column_num)。返回数组中指定单元格或单元格数组的数值。其中 Array 为单元格区域或数组常数;Row_num 为数组中某行的行序号,函数从该行返回数值。Column_num 为数组中某列的列序号,函数从该列返回数值。需注意的是 Row_num 和 column_num 必须指向 array 中的某一单元格,否则,函数 INDEX 返回错误值 ♯REF!。

引用形式的表达式为 INDEX(reference,row_num,column_num,area_num)。返回引用中指定单元格或单元格区域的引用。其中 Reference 为对一个或多个单元格区域的引用;Row_num 为引用中某行的行序号,函数从该行返回一个引用;Column_num 为引用中某列的列序号，函数从该列返回一个引用；area_num 为指定的单元格区域。

(4) 在数组中查找——MATCH 函数

MATCH 函数是返回在指定方式下与指定数值匹配的数组中元素的相应位置。

MATCH 函数的表达式为 MATCH(lookup_value,lookup_array,match_type)。其中 lookup_value 为在数组中所要查找匹配的值；lookup_array 可能包含所要查找的数值的连续单元格区域；match_type 是数字－1、0 或 1。

(5) 调整新的引用——OFFSET 函数

OFFSET 函数是以指定的引用为参照系，通过给定偏移量得到新的引用。返回的引用可以是一个单元格或单元格区域，并可以指定返回的行数或列数。

OFFSET 函数的表达式为 OFFSET(reference,rows,cols,height,width)。其中 reference 作为参照系的引用区域；rows 表示相对于参照系的左上角单元格，上(下)偏移的行数；cols 表示相对于参照系的左上角单元格，左(右)偏移的列数；heigh 表示 t 新引用区域的行数；width 表示新引用区域的列数。

6) 数学和三角函数

(1) 计算绝对值——ABS 函数

ABS 函数是计算一个数值的绝对值。

ABS 函数的表达式为 ABS(number)，只有一个参数，表示需要计算绝对值的实数。例如函数“＝ABS(－23)”结果为 23。

(2) 向下取整——INT 函数

INT 函数是将数字向下舍入到最接近的整数。

INT 函数的表达式为 INT(number)。如图 5-77 所示为 INT 函数的应用。

(3) 返回相除的余数——MOD 函数

MOD 函数是计算两个数相除后的余数，结果的正负号与除数相同。

MOD 函数的表达式为 MOD(number,divisor)，其中 number 是被除数；divisor 是除数。如图 5-78 所示为 MOD 函数的应用。

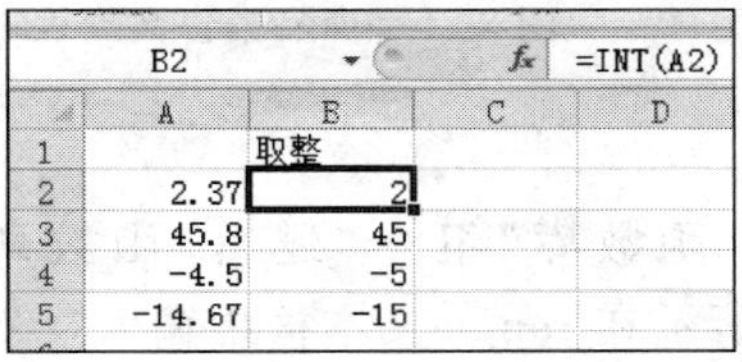
B2　=INT(A2)

	A	B	C	D
1		取整		
2	2.37	2		
3	45.8	45		
4	-4.5	-5		
5	-14.67	-15		

图 5-77　函数 INT 的使用

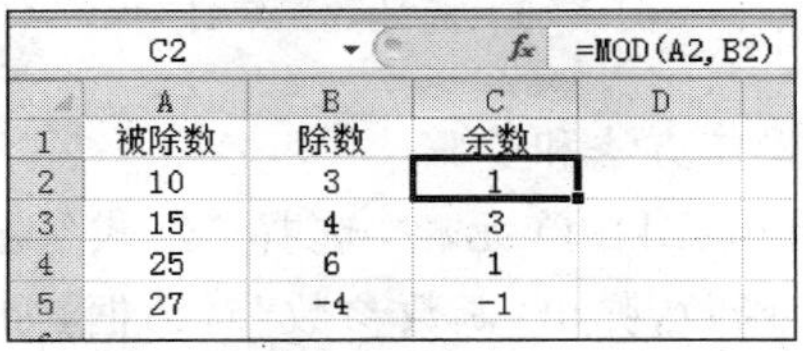
C2　=MOD(A2,B2)

	A	B	C	D
1	被除数	除数	余数	
2	10	3	1	
3	15	4	3	
4	25	6	1	
5	27	-4	-1	

图 5-78　函数 MOD 的使用

(4) 返回和——SUM 和 SUMIF 函数

SUM 函数是计算指定单元格区域中所有数值的和，而 SUMIF 函数的功能是根据指定条件对单元格求和。

SUM 函数的表达式为 SUM(number1,number2,…)。其中 number1、number2,…表示 1～255 个待求和的值，可以是具体的数值、引用的单元格区域、逻辑值等。

SUMIF 函数的表达式为 SUMIF(range,criteria,sum_range)。其中 range 表示要进行计算的单元格区域；criteria 表示以数字、文本或表达式定义的条件；sum_range 表示用于求和计算的实际单元格。

（5）计算数组求和——SUMPRODUCT 函数

SUMPRODUCT 函数是在给定的几组数组中，将数组间对应的元素相乘，并返回乘积之和。

SUMPRODUCT 函数的表达式为 SUMPRODUCT(array1,array2,array3,…)。参数是 2～255 的数组，所有数组的维数必须一样。

7）用户自定义函数

如果要在公式或计算中使用特别复杂的计算，而工作表函数又无法满足需要，则需要自定义函数。这些函数，称为用户自定义函数，可以通过使用 Visual Basic for Applications 来创建。

【任务操作 5-8】　某商场的商品表如图 5-79 和图 5-80 所示，进行数据统计计算。

（1）要求

① 用 SUMIF 函数分别求出功能一体机、激光打印机和传真机的销售总额。

② 分别用 SUM 函数、SUMPRODUCT 函数和数组公式三种方法，求所有商品的销售总额。

③ 打开乘积函数文件，在商品销售数据表中，用定义函数求出商品销售金额。

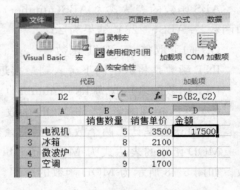

图 5-79　商品数据统计　　　　　　　图 5-80　商品销售数据表

（2）操作方法和步骤

① 单击 B11 单元格，选择"公式"选项卡→"函数库"组→"逻辑"函数列表中的"SUMIF"函数，弹出"函数参数"对话框，如图 5-81 所示在 range 文本框中输入"B2:B7"，在 criteria 文本框中输入"功能一体机"，sum_range 文本框中输入"E2:E7"，单击"确定"按钮即可。同理，分别求出 B12 和 B13 单元格中的值。

② 单击 E11 单元格，输入公式"=SUM(E2:E7)"，单击"确定"按钮。单击 E12 单元格，输入公式"=SUMPRODUCT(C2:C7,D2:D7)"，单击"确定"按钮。单击 E13 单元格，输入公式"=SUM(C2:C7*D2:D7)"，然后按组合键 Ctrl+Shift+Enter，在公式两边添加数组符号"{}"。

③ 在"商品销售数据表"中，执行"文件"选项卡→"选项"命令，在"Excel 选项"对话框中，单击左侧列表中"自定义功能区"，在随后右侧的"自定义功能区"选项中将"开发工具"复选框选中，此时在 Excel 中多了一个"开发工具"选项卡，如图 5-82 所示。

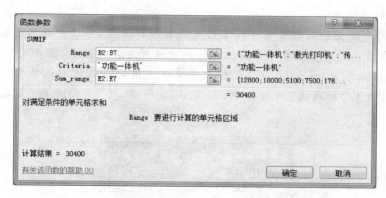

图 5-81　函数 SUMIF 的使用

图 5-82　"开发工具"选项卡

④ 单击"代码"组中的 Visual Basic 按钮,打开 Visual Basic 窗口,然后选择"插入"选项卡→"模块"命令,插入一个名为"模块 1"的模块,将模块名称改为"乘积函数",如图 5-83 所示,在新窗口中复制以下代码:

```
Function p(a, b)
p = a * b
End Function
```

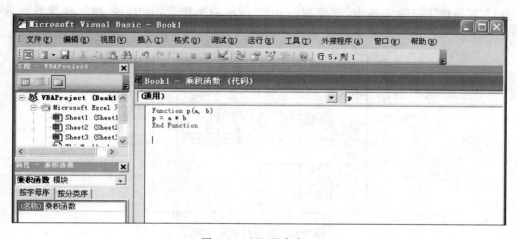

图 5-83　VB 程序窗口

保存文件,将文件类型更改为"Excel 启用宏的工作簿(* . xlsm)"。

⑤ 回到 Excel 工作表界面,如图 5-80 所示,输入公式 ＝p(B2,C2),按 Enter 键,在 D2

单元格中显示计算结果。

提示：这样自定义的函数虽然可以像内置函数一样使用,不过却并不是真正的内置函数,只能用于当前工作簿;如果想在其他工作簿中使用自定义函数,保存文件时,将文件类型更改为"Excel 加载宏(＊.xlam)",在新工作簿中调用此函数可以选择"加载项"组中的"加载项",在打开的"加载宏"对话框中,如图 5-84 所示,将"乘积函数"复选框选中即可使用。

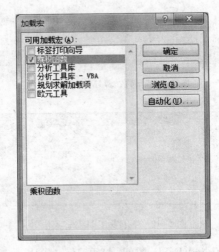

图 5-84 "加载宏"对话框

实训 2 公式与函数的计算

实训要求:

1. 创建工作表并进行计算之一

(1) 在新建工作簿文件中,创建如图 5-85 所示的工作表,其中 B9 单元格设置有效性规则。

	A	B	C	D	E
1	商品打折信息表				
2	商品名称	原价	打折	现价	
3	生抽	8	8		
4	方便面	12	8.5		
5	矿泉水	28	8		
6	火腿肠	50	9		
7					
8					
9	商品名称				
10	原价				
11	折扣				
12	现价				
13					

图 5-85 商品打折信息表

(2) 计算"D3:D6"单元格区域的值。

(3) 在"B10:B12"单元格区域中使用 INDEX 和 MATCH 函数实现商品价格的联动。即 B9 单元格中的商品发生改变,"B10:B12"区域中数据也发生相应的变化。也可以使用

VLOOKUP 函数实现此功能。

2. 创建工作表并进行计算之二

（1）在新建工作簿文件中，创建如图 5-86 所示的工作表。

	A	B	C	D	E	F	G
1			职工基本信息表				
2	姓名	性别	身份证号	6位区位码	出生日期	年龄	
3	李红		410110198212294024				
4	杨柳		410825197912244054				
5	赵瑞		311246199212274065				
6	刘明明		415824199406075217				
7	王军		211426198611052381				
8							

图 5-86　职工基本信息表

（2）在"B3:B7"单元格区域中计算职工的性别。

（3）在"D3:D7"单元格区域中计算职工的区位码。

（4）在"E3:E7"单元格区域中计算职工的出生日期。

（5）在"F3:F7"单元格区域中计算职工的年龄。

操作提示：

① 身份证号倒数第二位数表示的是性别，偶数为女，奇数为男（用 MID、MOD 和 IF 函数完成）。

② 身份证号前 6 为表示的是区位码，即出生地。

③ 身份证号第 7～14 位表示的是出生日期（用 MID 和 DATE 函数完成）。

④ 年龄用 YEAR 和 TODAY 函数完成。

3. 创建工作表，并进行计算

（1）在新建工作簿文件中，创建如图 5-87 所示的工作表。

	A	B	C	D	E	F	G	H	I	J	K	L
1	序号	工号	隶属部门	姓名	基础工资	津贴福利	工龄补贴	应发工资	代扣保险	应税所得额	个税	实发工资
2	1	10241	销售部	赵宇	5040	400	600		400			
3	2	10242	销售部	刘晓华	4500	350	300		160			
4	3	10243	销售部	李金辉	5500	450	200		200			
5	4	10244	行政部	张开印	3000	300	200		250			
6	5	10245	行政部	司金丹	3300	250	250		210			
7												

图 5-87　工资信息表

（2）在"H2:H6"单元格区域中计算应发工资额。

（3）在"J2:J6"单元格区域中计算应税所得额。

（4）在"K2:K6"单元格区域中计算个人所得税。

（5）在"L2:L6"单元格区域中计算实发工资额。

操作提示：

① 应税所得额：应发工资扣除五险一金后的工资。

② 个人所得税公式：

$$（工资-起征点）×对应税率-速算扣除数$$

③ 新个税税率，如表 5-10 所示（2011 年 9 月 1 日起实行），起征点是 3500 元。

表 5-10 个税税率表

级 数	应纳税所得额	税 率	速算扣除数
1	不超过 1500 元的部分	3%	0
2	1500~4500 元的部分	10%	105
3	4500~9000 元的部分	20%	555
4	9000~35000 元的部分	25%	1005
5	35000~55000 元的部分	30%	2755
6	55000~80000 元的部分	35%	5505
7	超过 80000 元的部分	45%	13505

任务三　图表处理

数据除了可以用电子表格表示以外,还可以用图形直观、形象地表示。本任务通过图表制作入手介绍图表的创建、图表的编辑和格式化、迷你图的创建与应用,使用户了解不同图表类型的功能与作用,理解图表含义,学会利用图表直观地表达数据。

一、创建图表

(一) 图表类型

Excel 2010 提供了 11 种图表类型,包括:柱形图、折线图、饼图、条形图、面积图、XY(散点)图、气泡图、股价图、曲面图、圆环图和雷达图。这些图表类型的适用范围如下。

(1) 柱形图:经常用于表示以行和列排列的数据。对于显示随时间的变化很有用。最常用的布局是将信息类型放在横坐标轴上,将数值项放在纵坐标轴上。

(2) 折线图:与柱形图类似,也可以很好地显示在工作表中以行和列排列的数据。区别在于折线图可以显示一段时间内连续的数据,常用于显示发展趋势。

(3) 饼图:适合于显示个体与整体的比例关系。显示数据系列相对于总量的比例,每个扇区显示其占总体的百分比,所有扇区百分数的总和为 100%。在创建饼图时,可以将饼图的一部分拉出来与饼图分离,以更清晰地表达其效果。

(4) 条形图:对于比较两个或多个项之间的差异很有用。

(5) 面积图:是以阴影或颜色填充折线下方区域的折线图,适用于要突出部分时间序列时,特别适合于显示随时间改变的量。

(6) XY(散点)图:适合于表示表格中数值之间的关系,常用于统计与科学数据的显示。特别适合用于比较两个可能互相关联的变量。

(7) 气泡图:与散点图相似,但气泡图不常用且通常不易理解。气泡图是一种特殊的XY 散点图,可显示 3 个变量的关系。

(8) 股价图:常用于显示股票市场的波动,可使用它显示特定股票的最高价/最低价与收盘价。

(9) 曲面图:适合于显示两组数据的最优组合,但难以阅读。

(10) 圆环图:与饼图一样,圆环图显示整体中各部分的关系。但与饼图不同的是,它能够绘制超过一列或一行的数据。圆环图不容易阅读。

（11）雷达图：可用于对比表格中多个数据系列的总计，雷达图可显示 4～6 个变量之间的关系。

（二）图表中的元素

一个图表区大致由图表区、绘图区、数据系列、数据标签、坐标轴、网格线、图表标题、图例等元素构成。

（1）图表区中主要分为图表标题、图例、绘图区三个大的组成部分。

（2）绘图区是指图表区内的图形表示的范围，绘图区中包含以下五个项目：数据系列、数据标签、坐标轴、网格线、其他内容。

（3）数据系列：数据系列对应工作表中的一行或者一列数据。

（4）坐标轴：按位置不同可分为主坐标轴和次坐标轴，默认显示的是绘图区左边的主 Y 轴和下边的主 X 轴。

（5）网格线：网格线用于显示各数据点的具体位置，同样有主次之分。

（6）图表标题是显示在绘图区上方的文本框且只有一个。图表标题的作用就是简明扼要地概述图表的作用。

（7）图例是显示各个系列代表的内容。由图例项和图例项标示组成，默认显示在绘图区的右侧。

在生成的图表上鼠标移动到哪里都会显示要素的名称，熟识这些名称能让我们更好更快地对图表进行设置。

（三）图表创建

图表在工作表中有两种存在方式。

1. 嵌入式图表

嵌入式图表与工作表的数据在一起，或者与其他的嵌入式图表在一起。当希望图表作为工作表的一部分，与数据或其他图表在一起时，嵌入式图表是最好的选择。

2. 图表工作表

图表工作表是特定的工作表，只包含单独的图表。当希望图表显示最大尺寸，而且不会妨碍数据或其他图表时，可以使用图表工作表。

【任务操作 5-9】 对图 5-88 中各产品第一季度的销售额，制作簇状柱形图。

P21　f_x

	A	B	C	D	E	F	G	H	I	J	K	L	M
1	各产品的全年销售额												
2	产品名称	1月	2月	3月	4月	5月	6月	7月	8月	9月	10月	11月	12月
3	A产品	1200	1250	1230	1450	1550	1600	1480	1390	1400	1300	1500	1680
4	B产品	1320	1450	1627	1578	1845	1952	1750	1620	1438	1450	1520	1530
5	C产品	1500	1560	1820	1954	1762	1842	1650	1680	1850	2103	2013	2011
6	D产品	1430	1205	1326	1480	1562	1509	1528	1635	1648	1690	2103	2109
7	E产品	1380	1369	1400	1340	1450	1306	1467	1394	1480	1520	1690	1590

图 5-88　各产品的全年销售额表

（1）要求

（略）

（2）操作方法和步骤

① 创建嵌入式图表

选择"A2:D7"单元格区域，单击"插入"选项卡→"图表"组→"柱形图"按钮，在打开的列表中选择"二维柱形图"区域中的"簇状柱形图"，如图5-89所示。所选的柱形图会显示在工作表的中央，如图5-90所示。

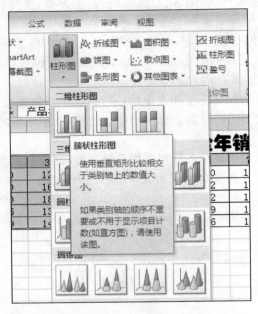

图 5-89　选择图表类型的命令

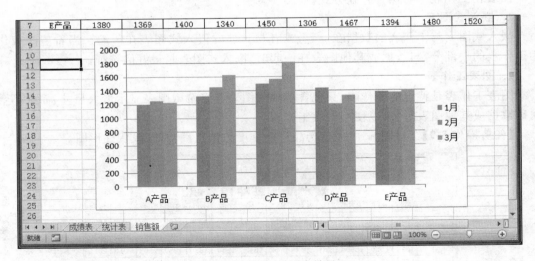

图 5-90　嵌入式图表效果

② 创建图表工作表

选择数据区域"A2:D7"后直接按F11键，可以快速创建一个以Chart2命名的图表工作表。图表工作表默认类型为簇状柱形图，如图5-91所示。

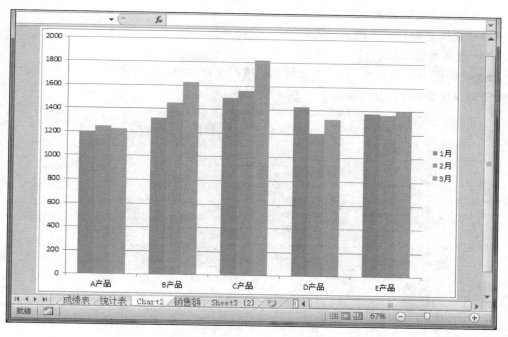

图 5-91　图表工作表效果图

提示：要更改工作表图表的默认类型，单击"插入"选项卡→"图表"组的对话框启动按钮，在打开的"插入图表"对话框中，选择需要的图表类型，单击"设置为默认图表"命令按钮，然后单击"确定"按钮即可。

二、设计图表与图表格式

在最初创建的图表中，只有横纵坐标轴、数据系列和图例项。还有很多图表元素未显示。可以根据需要，将其添加到图表中，为图表设计不同的布局。创建好图表后，为了使图表更加美观，可以进一步设置图表的格式。通常，最快的设置图表格式的方法就是为图表应用内置样式。如果用户对提供的图表样式不满意，可以手动设置图表的格式。

手动设置图表的格式主要涉及以下几个方面。

1. 设置图表元素

图表中的图表元素有很多，如图表标题、坐标轴标题、图例、数据标签、坐标轴和网格线，可以根据实际情况在图表中添加相关元素。

2. 设置模拟运算表

可以在图表中显示相关的数据表。

3. 更改图表名称

嵌入式图表的名称按顺序默认为"图表 1，图表 2，……"。不容易辨别和记忆，可以给图表起个有意义的名称。

4. 设置图表中文字的格式

可以在图表中直接修改文字的格式。

5. 应用内置图表样式

Excel 提供多种预定义图表样式,可以直接使用。

6. 设置图表元素的格式

图表中有很多图表元素,不同图表元素的格式设置选项会有所差别。

【任务操作 5-10】 创建如图 5-92 所示的图表。

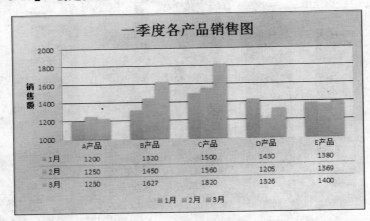

图 5-92 图表美化效果图

(1) 要求对图表做如下编辑。

① 将图表放置在"A10:H28"单元格区域中。

② 在图表的上方添加标题为"一季度各产品销售图"。

③ 为图表的纵坐标添加竖排标题,标题名称为"销售额"。

④ 将图例从图表中去掉。

⑤ 设置纵坐标轴刻度起始位为1000,最大值为2000,主要刻度单位为200,次要刻度单位为40。

⑥ 在图表下方添加模拟运算表,并显示图例项标示。

⑦ 将图表的名称更改为"销售图"。

⑧ 将图表的标题文字设置为黑体,24 磅。

⑨ 图表应用内置样式26。

⑩ 设置图表区背景为橙色25%;设置绘图区填充色为从右上角、斜线的"麦浪滚滚"。

⑪ 将模拟运算表的垂直和分级显示边框去掉,将边框线设置为深蓝的实线。

(2) 操作方法和步骤

① 调整图表的位置和大小

选择图表,单击"剪贴板"组中的"剪切"按钮,然后选择 A10 单元格,单击"粘贴"按钮,图表的起始位置 A10 已经确定。通过右下角的尺寸控点调整图表的大小使图表放置在"A10:H28"区域中。

提示:如果希望精确调整大小,如图 5-93 所示,可以在"图表工具—格式"选项卡→"大小"组中的"高度"和"宽度"文本框中输入相关数值即可。

② 设置图表标题

单击图表,在"图表工具—布局"选项卡→"标签"组中单击"图表标题"按钮,弹出的列表

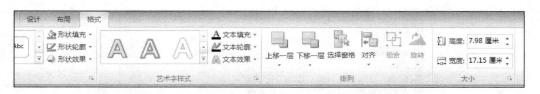

图 5-93 "格式"选项卡

中选择"图表上方",如图 5-94 所示。此时在图表的上方添加了一个"图表标题"文本框,修改文字为"一季度各产品销售图"即可。

③ 设置坐标轴标题

单击图表,在"布局"选项卡→"标签"组中单击"坐标轴标题",在弹出的列表中选择"主要纵坐标标题"→"竖排标题"命令,如图 5-95 所示。在图表的纵坐标数值的左侧出现"坐标轴标题"的文本框,修改文字为"销售额"即可。

图 5-94 设置图表标题

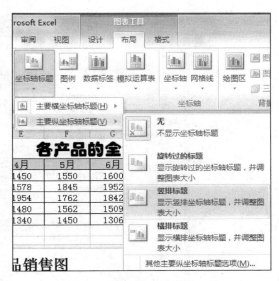

图 5-95 设置坐标轴标题

④ 更改图例位置

选择图表,单击"图表工具—布局"选项卡→"标签"组中的"图例"按钮,在弹出的菜单中选择"无"命令。

⑤ 设置坐标轴刻度

a. 选择图表,单击"布局"选项卡→"当前所选内容"组中"图表元素"列表框,如图 5-96 所示,在列表菜单中选择"垂直(值)轴",然后单击"设置所选内容格式"命令。

b. 弹出"设置坐标轴格式"对话框,如图 5-97 所示,在坐标轴选项中,分别设置最小值为固定 1000,最大值为固定 2000,主要刻度单位为固定 200,次要刻度单位为固定 40,然后单击"关闭"按钮即可。

⑥ 添加模拟运算表

选择图表,单击"布局"选项卡→"标签"组中的"模拟运算表"按钮,在模拟运算表下拉菜

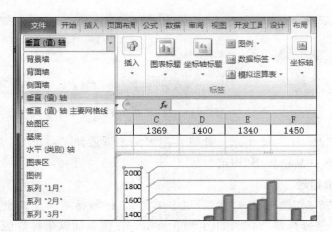

图 5-96　"布局"选项卡

图 5-97　"设置坐标轴格式"对话框

单中选择"显示模拟运算表和图例项标示"命令,效果如图 5-98 所示。

⑦ 更改图表名称

图表设计好后,在名称框中显示该图表的名称为"图表 1"。要修改图表的名称,在"布局"选项卡→"属性"组中将"图表名称"文本框中的名称修改为"销售图",如图 5-99 所示,按 Enter 键即可。注意,在名称框中无法直接修改图表名称,"属性"组中修改图表名称后会发现名称框中的名称会随之变化。

⑧ 设置图表中文字的格式

单击图表标题,在"开始"选项卡→"字体"组中,选择"字体"下拉列表中的黑体、"字号"

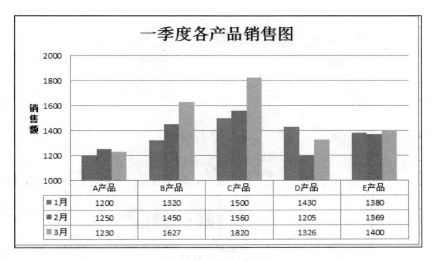

图 5-98　图表效果图

图 5-99　"布局"选项卡

下拉列表中的 24 即可。如果单击整个图表，则是对图表中所有的文字设置格式。

⑨ 应用内置图表样式

选择图表，切换至"设计"选项卡，如图 5-100 所示，单击"图表样式"组中的快翻按钮。在展开的"图表样式"库中选择"样式 26"。返回图表界面，此时所选图表已经应用该样式。

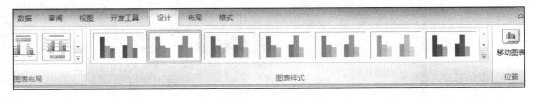

图 5-100　设置图表样式

⑩ 设置图表区和绘图区的填充颜色

双击图表区域，弹出"设置图表区格式"对话框，在"填充"处选择"纯色填充"，如图 5-101 所示，设置颜色为橙色深色 25%。在绘图区区域处双击，弹出"设置绘图区格式"对话框，如图 5-102 所示，在"填充"处选择"渐变填充"，"预设颜色"中选择"麦浪滚滚"，类型为"射线"，方向为"从右上角"。

⑪ 设置模拟运算表的格式

在图表模拟运算表处双击，弹出"设置模拟运算表格式"对话框，如图 5-103 所示，在"模拟运算表选项"处将垂直和分级显示的复选框去掉。在边框颜色处选择深蓝的实线。

图 5-101　设置纯色填充

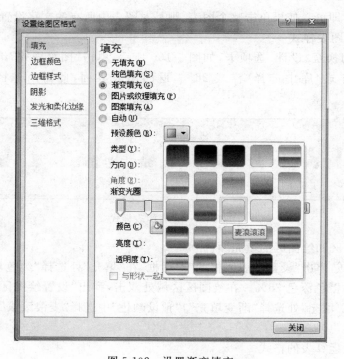

图 5-102　设置渐变填充

图 5-103　"设置模拟运算表格式"对话框

三、迷你图和交互式图表

如果要求做出全年各产品的销售情况图，按上述的方法做的图表效果如图 5-104 所示。

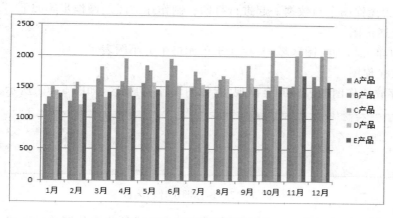

图 5-104　全年销售情况图

从图中可以看出，图表内容多而繁杂，不利于查看和分析。如果将图表修改成如图 5-105 所示的迷你图，或如图 5-106 所示的动态图会更加直观，在动态图的组合框中选择产品名称，图表中会显示对应产品的销售信息。

1. 迷你图

迷你图是 Excel 2010 中加入的一种全新的图表制作工具，它是绘制在单元格中的一个

K	L	M	N
10月	11月	12月	
1300	1500	1680	
1450	1520	1530	
2103	2013	2011	
1690	2103	2109	
1520	1690	1590	

图 5-105　全年销售额迷你图

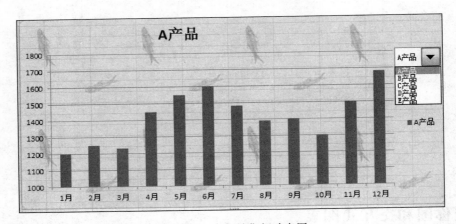

图 5-106　全年销售额动态图

微型图表,用迷你图可以直观地反映数据系列的变化趋势。与图表不同的是,当打印工作表时,单元格中的迷你图会与数据一起进行打印。制作迷你图的操作步骤如下。

(1) 创建迷你图

迷你图以单元格为绘图区域,是存在于单元格中的小图表。

(2) 修改迷你图

当选择存放迷你图的表格时会出现"迷你图设计"功能区,如图 5-107 所示。

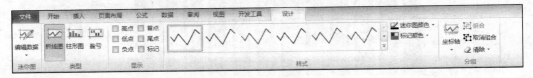

图 5-107　迷你图设计功能区

- **编辑数据**:修改迷你图图组的源数据区域或单个迷你图的源数据区域。
- **类型**:可以更改迷你图的类型为折线图、柱形图或盈亏图。
- **显示**:在迷你图中标识什么样的特殊数据。
- **样式**:使迷你图直接应用预定义格式的图表样式。
- **迷你图颜色**:修改迷你图折线或柱形的颜色。
- **编辑颜色**:迷你图中特殊数据着重显示的颜色。

- 坐标轴：迷你图坐标范围控制。
- 组合及取消组合：如果创建迷你图时"位置范围"选择了单元格区域，则此区域内的迷你图为一组迷你图，可通过使用此功能进行组的拆分或将多个不同组的迷你图组合为一组。

【任务操作 5-11】 根据图 5-88 所示的"各产品的全年销售额表"，制作如图 5-105 所示的迷你图。

（1）要求

① 在"N3：N7"单元格区域中创建迷你图。显示各产品全年的销售图。

② 更改迷你图的样式为强调文字颜色 6％～25％。

③ 迷你图中突出显示高点和低点，用红色显示高点，蓝色显示低点。

（2）操作方法和步骤

① 迷你图的创建

a. 打开"插入"选项卡，单击"迷你图"组中的"折线图"按钮，如图 5-108 所示。

b. 弹出"创建迷你图"对话框，在"数据范围"文本框中设置"B3：M7"数据区域，在"位置范围"文本框中设置"＄N＄3：＄N＄7"数据区域，如图 5-109 所示，单击"确定"按钮即可。迷你图如图 5-110 所示。

图 5-108　选择"迷你图"组中的折线图

图 5-109　"创建迷你图"对话框

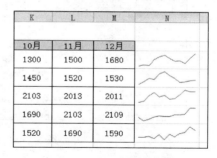

图 5-110　创建的迷你图

② 迷你图的修改

a. 更改样式

选择有迷你图的单元格，单击"样式"组中"其他"三角符号，列出所有可供选择的迷你图样式，如图 5-111 所示，选择其中的"强调文字颜色 6％～25％"样式。

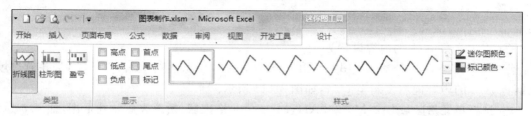

图 5-111　设置迷你图样式

b. 设置显示内容及标记颜色

在"显示"组中将"高点"和"低点"复选框选中，然后单击"样式"组中的"标记颜色"，将

"高点"颜色设置为"红色",如图 5-112 所示。同理将"低点"颜色设置为"蓝色"。

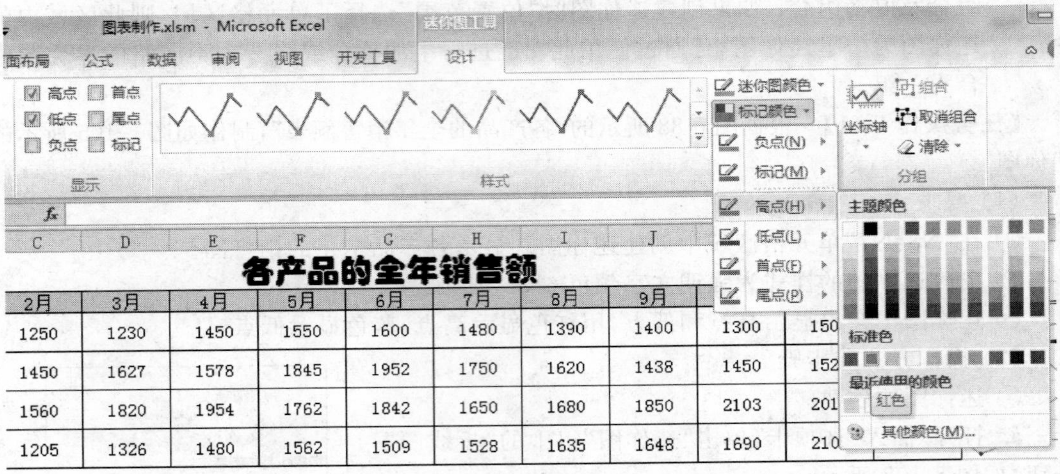

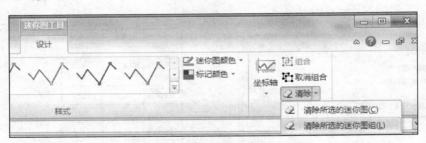

图 5-112　设置显示内容和标记颜色

提示：如果要删除所做的迷你图,选中迷你图所在单元格,单击"分组"组中的"清除"命令,如图 5-113 所示。

图 5-113　删除迷你图的操作

2. 动态图表

动态图表也称交互式图表,是图表利用数据源选取的变更实现快速地随选择类别改变而进行改变的一种图表,是一种区别于静态图表的形式。

【任务操作 5-12】　制作如图 5-106 所示的交互式图表。

(1) 要求

(略)

(2) 操作方法和步骤

① 将单元格 A10 的内容设置为 1。

② 在单元格 A11 处输入公式"＝OFFSET($A$2:$M$2,$A$10,0)",并通过填充柄将 A11 的内容向右复制至 M11,如图 5-114 所示。

③ 选择单元格区域"A2:M2"和"A11:M11"单元格区域,做图表簇状柱形图,如图 5-115 所示。

④ 选择"开发工具"选项卡,在"控件"组中单击"插入"按钮,在弹出的菜单中选择表单控件组合框,如图 5-116 所示。在图表中画出一个组合框图形。

208

A11　=OFFSET($A$2:$M$2,$A$10,0)

	A	B	C	D	E	F	G	H	I	J	K	L	M
1	各产品的全年销售额												
2	产品名称	1月	2月	3月	4月	5月	6月	7月	8月	9月	10月	11月	12月
3	A产品	1200	1250	1230	1450	1550	1600	1480	1390	1400	1300	1500	1680
4	B产品	1320	1450	1627	1578	1845	1952	1750	1620	1438	1450	1520	1530
5	C产品	1500	1560	1820	1954	1762	1842	1650	1680	1850	2103	2013	2011
6	D产品	1430	1205	1326	1480	1562	1509	1528	1635	1648	1690	2103	2109
7	E产品	1380	1369	1400	1340	1450	1306	1467	1394	1480	1520	1690	1590
8													
9													
10	1												
11	A产品	1200	1250	1230	1450	1550	1600	1480	1390	1400	1300	1500	1680

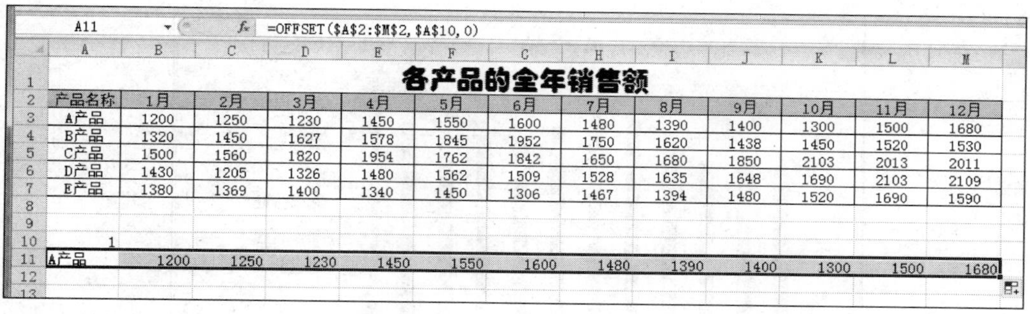

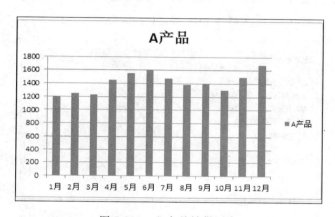

图 5-114　制作辅助数据

图 5-115　A 产品销售图表

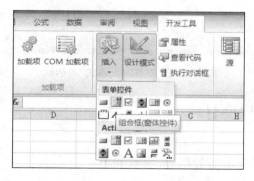

图 5-116　添加组合框

提示：在“文件”选项卡中打开“选项”命令，弹出“Excel 选项”对话框，在左侧面板中选择“自定义功能区”，在右侧“主选项卡”处将“开发工具”复选框选中，单击“确定”按钮。Excel 窗口中会显示新增的“开发工具”选项卡。

⑤ 在组合框处右击，如图 5-117 所示，在弹出的菜单中选择“设置控件格式”命令。

⑥ 随后弹出“设置对象格式”对话框，在“控制”选项卡中，如图 5-118 所示，设置数据源区域为“＄A＄3：＄A＄7”，单元格链接为“＄A＄10”，然后单击“确定”按钮完成操作。选择图表和控件进行组合，最终效果图如图 5-106 所示。

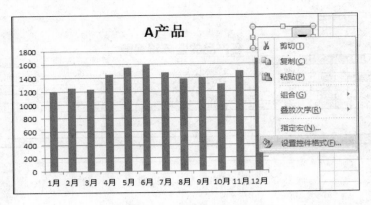

图 5-117　设置控件格式

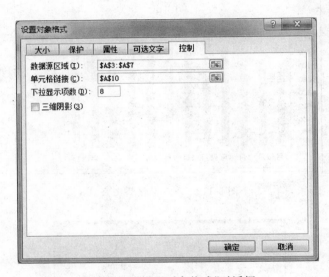

图 5-118　"设置对象格式"对话框

实训 3　图表创建与设计

实训要求：

（1）创建如图 5-119 所示的数据表，完成如下操作，图表效果图如图 5-120 所示。

① 对"A2：D14"区域做簇状柱形图，放在"F2：M21"区域中。

② 将图表中"完成率"设置为次坐标轴，图表类型设为"带数据标记的折线图"，数据标记的选项设为内置菱形，大小为 7；数据标记填充为纯色填充，颜色为白色深色 5％；线型为 2.75 磅，线条颜色为绿色深色 25％。

③ 图表布局设置为"布局 3"，图表标题为"某

	A	B	C	D	E
1	某员工销售情况表				
2	月份	计划额	完成额	完成率	
3	1月	300	290	96.67%	
4	2月	350	360	102.86%	
5	3月	280	273	97.50%	
6	4月	260	265	101.92%	
7	5月	275	265	96.36%	
8	6月	284	250	88.03%	
9	7月	290	213	73.45%	
10	8月	265	267	100.75%	
11	9月	274	278	101.46%	
12	10月	235	220	93.62%	
13	11月	280	230	82.14%	
14	12月	295	300	101.69%	
15					

图 5-119　数据表

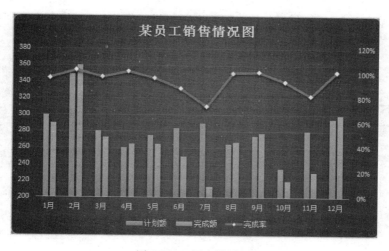

图 5-120　图表效果图

员工销售情况图"。图表区的填充为渐变填充,绘图区为无填充。主要网格线格式中,线条颜色设为实线,透明度为 90%。图表中所有文字颜色设置为白色。

④ 主坐标轴格式中,坐标轴的最小值为 200,最大值为 380。

⑤ 次坐标轴格式中,主要刻度类型设置为无,数字设置为百分比无小数位数。

(2)创建如图 5-121 所示的数据表,完成如下操作,图表效果图如图 5-122 所示。

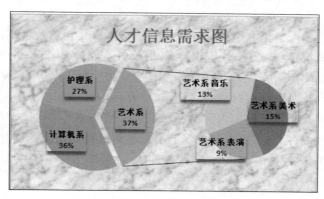

A	B	C
1	人才信息需求表	
2	系部	需求人数
3	计算机系	20
4	护理系	15
5	艺术系　表演	5
6	音乐	7
7	美术	8

图 5-121　数据表

图 5-122　图表效果图

① 对"A2:C7"区域做复合饼图。第二绘图区包含 3 个值。

② 图表区填充色设置为白色大理石纹理填充。艺术系数据点格式中,点爆炸型为 10%。

③ 布局设置中选择布局 5。图表标题为"人才信息需求图",字体颜色为绿色、加粗、20磅。图表标签的文字加粗。

④ 数据标签格式中选择百分比,添加阴影效果。将艺术系标签中的其他改为艺术系三字。调整标签至合适的位置。

(3)创建如图 5-123 所示的数据表,对"A2:C6"区域做如图 5-124 所示的交互式图表。

公务员成绩表		
姓名	笔试成绩	面试成绩
王小明	90	77
赵泽东	84	80
刘玉玲	92	90
郑辉	70	72

图 5-123　数据表

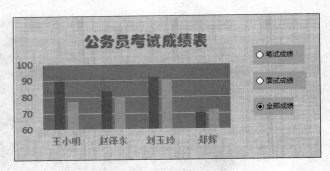

图 5-124　图表效果图

操作提示：

① 在 D1 单元格中输入数字 1，在图表中添加三个选项按钮，将控件的单元格链接都指向 D1。

② 为单元格区域"B3：B6"和"C3：C6"定义名称，在引用位置处设置条件（这里用到了 IF 函数，OR 函数和数组）。

③ 在"数据源"对话框中设置系列值。

项 目 总 结

　　本项目第一个任务通过具体实例讲解各种类型数据的输入，在建好表格的基础上对表格数据进行编辑，合并单元格，调整行高和列宽；为了让表格看起来更形象和美观，通过设置数字显示方式，设置字体，设置边框和底纹，设置单元格样式等手段对表格进行格式化设置。第二个任务介绍公式和函数的构成及应用，在常用函数的介绍和应用中，列举了大量事例讲解函数的使用方法和技巧。第三个任务也是通过实例讲解图表的制作和美化的方法和步骤，通过与图表的对比我们引入迷你图和动态图的概念并讲解其制作方法。通过本项目三个任务的学习和实践，为后续 Excel 的学习打下了坚实的基础。

项 目 实 训

　　启动 Excel 2010，在 Sheet1 中建立如图 5-125 所示的数据表，在 Sheet2 中建立图 5-126 的数据表。

　　操作要求如下。

1．工作表格式化

（1）工作表标题：黑体，24 磅，加粗，合并单元格居中。

（2）行标题、列标题：仿宋、14 磅，水平居中。

（3）数字格式：宋体、12 磅、水平垂直居中，"单价"显示人民币符号。

（4）边框和底纹：标题设置黄色底纹，表格的行标题和列标题底纹设置为浅绿，表格其

	A	B	C	D	E	F
1	2013年计算机配件销售一览表					
2	营业部	商品	销售日期	数量	单价	总金额
3	天河	显示器	2013年1月1日	2	¥2154	
4	越秀	鼠标	2013年1月5日	25	¥36	
5	天河	硬盘	2013年1月25日	25	¥568	
6	天河	硬盘	2013年2月9日	19	¥568	
7	天河	硬盘	2013年3月4日	40	¥568	
8	越秀	显示器	2013年3月14日	8	¥2154	
9	天河	显示器	2013年3月18日	5	¥2154	
10	越秀	硬盘	2013年6月5日	9	¥568	
11	越秀	显示器	2013年6月8日	7	¥2154	
12	天河	硬盘	2013年6月30日	21	¥568	
13	天河	鼠标	2013年7月9日	32	¥36	
14	天河	显示器	2013年8月1日	12	¥2154	
15	越秀	显示器	2013年8月14日	9	¥2154	
16	越秀	鼠标	2013年9月12日	62	¥36	
17	越秀	鼠标	2013年9月30日	21	¥36	
18	越秀	鼠标	2013年11月7日	87	¥36	
19	天河	硬盘	2013年12月15日	24	¥568	

图 5-125　计算机配件销售表

余部分设置为橄榄色；表格外边框设置为粗实线，内边框设置为细实线。

（5）工作表 Sheet1 命名为"销售表"。

（6）工作表 Sheet2 命名为"销售分析表"。

2. 工作表计算

（1）计算"总金额"列。

（2）在"销售分析表"中计算各营业部的鼠标、显示器和硬盘的销售总额（用 SUMIF 函数完成计算）。

图 5-126　分析表

（3）将天河营业部销售额在 2 万元以上的记录突出显示（在条件格式中使用公式）。

3. 图表制作

在"销售额分析表"中对所给的数据做如图 5-127 所示的图表。

图 5-127　图表效果图

213

项目六　用 Excel 2010 进行数据处理与分析

项目导读：

在完成 Excel 2010 工作表的创建和数据的计算后，呈现在我们面前的是成千上万条表格数据信息，如何快速准确地从中获得所需要的信息，Excel 2010 是通过数据分析与处理有关命令来解决这个问题。

本项目通过某汽车经销商的"汽车销售管理"为例，学习 Excel 2010 数据处理与分析的基本操作，然后再进一步地学习具有的交互式处理数据的数据透视表和透视图，从中体会 Excel 2010 软件在处理与分析数据时的强大功能，为今后更好地利用 Excel 2010 解决有关数据处理的问题打下坚实的基础。

学习目标：

- 掌握各种类型的数据排序操作。
- 掌握数据自动筛选和高级筛选方法。
- 理解分类汇总的意义，完成分类汇总的操作。
- 掌握数据透视表和数据透视图的创建方法及应用。

任务一　数据处理与分析

数据处理与分析就是根据需要，对表中的数据进行排序、筛选、分类汇总以及数据的合并计算。本任务是掌握数据处理与分析的基础，为后序进一步学习、掌握数据透视表和数据透视图打下良好的基础。图 6-1 所示的是某汽车经销商的"某汽车品牌销售统计表"。

一、数据排序

数据表中的记录通常是按照用户输入的先后顺序排列的，在阅读数据时往往需要按照某一属性（列）顺序显示，比如"某汽车品牌销售统计表"，在进行销量分析时，需要销售量按照从高到低显示，这就需要进行排序显示。

默认情况下，排序是 Excel 2010 系统自带的排序规则。

- 数字：按照从最小的负数到最大的正数顺序进行排序。
- 文本：按照首字拼音的第一个字母排序。
- 日期：按照从最早的日期到最晚的日期顺序进行排序。

某汽车品牌销售统计表

序号	经销商	品牌名称	销售日期	销售量	平均售价(万元)	总金额(万元)
1	汇鑫	朗逸	2012-8-4	2	￥13.40	￥26.80
2	众通	桑塔纳	2012-8-5	5	￥11.70	￥58.50
3	光明	帕萨特	2012-8-19	2	￥25.30	￥50.60
4	汇鑫	桑塔纳	2012-8-7	1	￥23.50	￥23.50
5	汇鑫	帕萨特	2012-8-8	3	￥25.30	￥75.90
6	众博	朗逸	2012-8-7	4	￥23.50	￥94.00
7	众通	帕萨特	2012-8-10	5	￥25.30	￥126.50
8	光明	朗逸	2012-8-23	9	￥13.40	￥120.60
9	光明	朗逸	2012-8-12	4	￥13.40	￥53.60
10	众博	桑塔纳	2012-8-4	12	￥11.70	￥140.40
11	光明	桑塔纳	2012-8-14	16	￥11.70	￥187.20
12	汇鑫	帕萨特	2012-8-15	5	￥23.50	￥117.50

图 6-1　某汽车品牌销售统计表

- 空白单元格：无论是升序还是降序排序都排在最后。

排序的方法有简单数据排序和关键字排序两种方法。

（一）简单数据排序

简单数据排序是指对表中指定数据列中的数据进行升序或降序排列，Excel 2010 提供了利用功能区和快捷菜单两种方法实现简单排列。

（二）关键字排序

关键字排序是通过选择排序的关键字和设置排序依据与次序来排列表格中的数据。设置的排序依据不同，表格中数据的排列方式也就不同。如果需要对表格中的多列排序时，则可以通过编辑排序条件来实现。

1. 设置排序关键字

排序关键字一般是表格中的列字段名，一旦设定好排序关键字，就根据该关键字所在列数据进行排序操作。

2. 设置排序依据

Excel 2010 提供的排序依据主要有数值、单元格颜色、字体颜色和单元格图标 4 种。

3. 设置排序次序

排序次序是对数据排列的方式，它包括升序、降序和自定义序列。

图 6-2　"排序选项"对话框

4. 设置排序条件

设置排序条件是指在"排序"中可以添加、复制或删除排序条件，同时还可以通过"选项"按钮设置排序的方向和方法，"排序选项"对话框如图 6-2 所示。

利用"添加条件"按钮，可以实现"次要关键字"及该关键字的排序依据和次序的设置。其排序规则是，当"主要关键字"出现重复数据时，再按照"次要关键字"进行排序。

【任务操作 6-1】　利用"某汽车品牌销售统计表"，按要求进行数据排序。

（1）要求

① 对销售量从高到低排序。

② 设置主要和次要关键字：对销售量从高到低排序，销售量相同时再根据总金额从高到低排序。

③ 按字体颜色排序：对品牌名称列中数据颜色按照红、绿、蓝进行排序。

④ 按"自定义序列"排序：经销商按照众通、润达、光明、汇鑫、众博的顺序排序。

（2）操作方法和步骤

① 对销售量排序

选中需排序的数据列中的任意单元格，打开"数据"选项卡，然后在"排序和筛选"组中单击"升序"按钮，如图6-3所示。或右击，在快捷菜单中选择"排序"→"升序"命令，即可完成"销售量"从高到低的排序。

图6-3　"数据"选项卡

② 设置排序关键字和排序条件

鼠标选择数据区中任意一个单元格，然后再单击"数据"选项卡，在"排序和筛选"组中单击"排序"按钮，打开"排序"对话框，单击"主要关键字"右侧的下拉按钮，从中选择"销售量"，然后再单击"添加条件"按钮，在次要关键字右侧下拉按钮中选择"总金额"，二者排序依据均选择"数值"，次序选择"降序"，单击"确定"按钮，如图6-4所示。

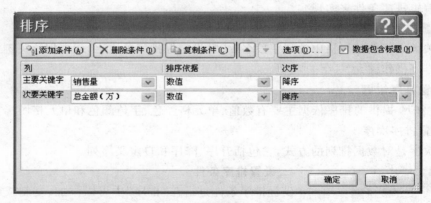

图6-4　按数值"排序"对话框

③ 按字体颜色排序

打开"排序"对话框，在主要关键字下拉列表中选择"品牌名称"，"排序依据"下拉列表中选择"字体颜色"，在"次序"下拉列表中选择"红色"，然后再单击"复制条件"按钮，设置次要关键字的次序为"绿色"，用同样的方式继续添加次要关键字，至此，完成三种颜色的设置顺序，如图6-5所示。

图 6-5　按字体颜色"排序"对话框

④ 自定义序列排序

打开"排序"对话框,在"主要关键字"下拉列表中选择"经销商";在"排序依据"下拉列表中选择"数据";在"次序"下拉列表中选择"自定义序列"选项。打开"自定义序列"对话框,在"输入序列"列表框中输入自定义序列,例如,本题要求输入"众通、润达、光明、汇鑫、众博"序列,在输入过程中,各数据之间通过按 Enter 键隔开,如图 6-6 所示,输完后单击"添加"按钮,即可在"自定义序列"列表框底部看见自定义的序列。

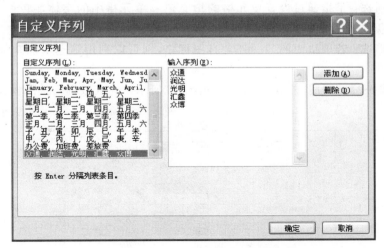

图 6-6　"自定义序列"对话框

最后单击"确定"按钮,返回"排序"对话框,再单击"确定"按钮,完成自定义序列排序,排序的结果如图 6-7 所示。

二、数据筛选

数据筛选就是把符合条件的记录,按要求在工作表中显示出来,而把其他记录隐藏起来。在 Excel 2010 中,当工作表中包含大量数据时,可以使用数据筛选功能,只显示满足条件的记录,暂时隐藏数据清单中不满足条件的记录。数据筛选分为自定义筛选和高级筛选两类。

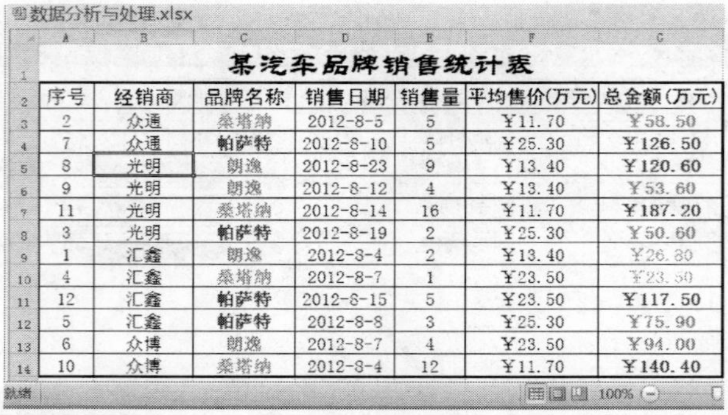

序号	经销商	品牌名称	销售日期	销售量	平均售价(万元)	总金额(万元)
2	众通	桑塔纳	2012-8-5	5	¥11.70	¥58.50
7	众通	帕萨特	2012-8-10	5	¥25.30	¥126.50
8	光明	朗逸	2012-8-23	9	¥13.40	¥120.60
9	光明	朗逸	2012-8-12	4	¥13.40	¥53.60
11	光明	桑塔纳	2012-8-14	16	¥11.70	¥187.20
3	光明	帕萨特	2012-8-19	2	¥25.30	¥50.60
1	汇鑫	朗逸	2012-8-4	2	¥13.40	¥26.80
4	汇鑫	桑塔纳	2012-8-7	1	¥23.50	¥23.50
12	汇鑫	帕萨特	2012-8-15	5	¥23.50	¥117.50
5	汇鑫	帕萨特	2012-8-8	3	¥25.30	¥75.90
6	众博	朗逸	2012-8-7	4	¥23.50	¥94.00
10	众博	桑塔纳	2012-8-4	12	¥11.70	¥140.40

图 6-7 自定义序列排序

1. 自定义筛选

自定义筛选是指通过自定义筛选条件来查看满足条件的数据。

(1) 按单元格内容筛选：是指根据单元格内容设置筛选条件。

(2) 文本筛选：是通过设置与文本有关的筛选条件来显示满足条件的数据。

(3) 数字筛选：是通过设置与数字有关的筛选条件来显示满足条件的数据。

(4) 日期筛选：是通过设置与日期有关的筛选条件来显示满足条件的数据。

(5) 颜色筛选：是指通过设置单元格的填充色和单元格中的字体颜色两种方式，筛选出满足条件数据。

(6) 图标筛选：若表格中的某一列含有图标集，则可以利用筛选功能来筛选出含有指定图标的单元格。

【任务操作 6-2】 利用“差旅补助表”(如图 6-8 所示)，完成数据筛选的操作。

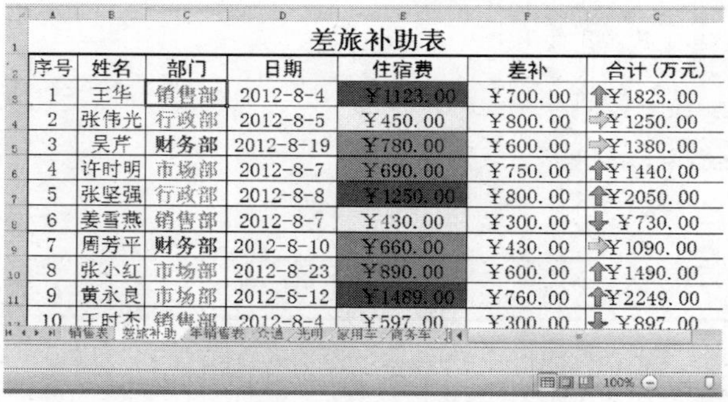

序号	姓名	部门	日期	住宿费	差补	合计(万元)
1	王华	销售部	2012-8-4	¥1123.00	¥700.00	¥1823.00
2	张伟光	行政部	2012-8-5	¥450.00	¥800.00	¥1250.00
3	吴芹	财务部	2012-8-19	¥780.00	¥600.00	¥1380.00
4	许时明	市场部	2012-8-7	¥690.00	¥750.00	¥1440.00
5	张坚强	行政部	2012-8-8	¥1250.00	¥800.00	¥2050.00
6	姜雪燕	销售部	2012-8-7	¥430.00	¥300.00	¥730.00
7	周芳平	财务部	2012-8-10	¥660.00	¥430.00	¥1090.00
8	张小红	市场部	2012-8-23	¥890.00	¥600.00	¥1490.00
9	黄永良	市场部	2012-8-12	¥1489.00	¥760.00	¥2249.00
10	王时杰	销售部	2012-8-4	¥597.00	¥300.00	¥897.00

图 6-8 差旅补助表

(1) 要求

① 按单元格内容筛选：筛选出部门是市场部或者财务部。

② 文本筛选：筛选出姓张的记录。

③ 数字筛选：筛选出住宿费在 400～800 元的记录。

④ 日期筛选：筛选出日期在 8 月 5～15 日的记录。

⑤ 颜色筛选：在住宿费列中筛选底纹是红色的并记录出来。

⑥ 图标筛选：在合计列中筛选出图标是 ⇨ 的记录。

（2）操作方法和步骤

① 按单元格内容筛选：筛选出部门是市场部或者财务部。

用鼠标选择数据区中任意一个单元格，然后单击"数据"选项卡，在"排序和筛选"组中单击"筛选"按钮。此时，在每个列标题单元格右侧出现一个下拉按钮，若要对某个字段进行筛选，则可直接单击该字段右侧的下拉按钮，再在列表中设置筛选条件。

单击"部门"字段右侧的下拉按钮，选择"市场部"和"财务部"为筛选条件，如图 6-9 所示。单击"确定"按钮，结果如图 6-10 所示。

图 6-9　设置筛选条件

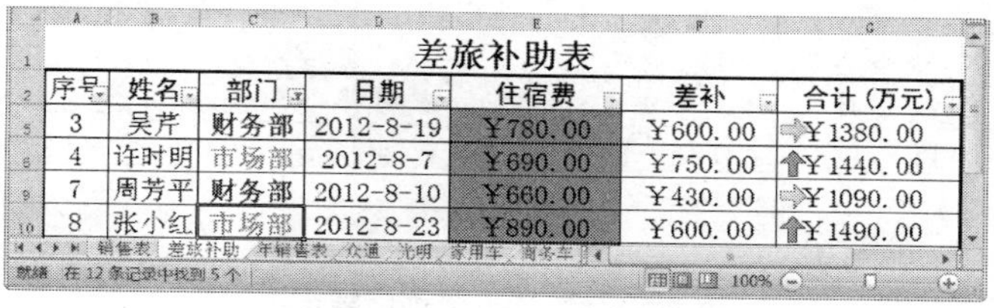

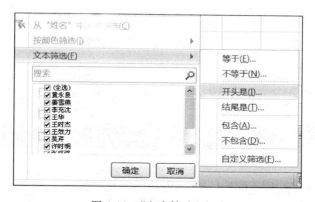

图 6-10　按内容筛选的结果

② 文本筛选：筛选出姓张的记录。

在"姓名"字段右侧的下拉按钮中选择"文本筛选"选项，在弹出的级联菜单中选择"开头是"命令，如图 6-11 所示。

图 6-11　"文本筛选"选项

打开"自定义自动筛选方式"对话框，设置筛选条件为"张"，如图 6-12 所示，然后单击"确定"按钮，结果如图 6-13 所示。

③ 数字筛选：筛选出住宿费在 400～800 元的记录。

在"住宿费"字段右侧的下拉按钮中选择"数字筛选"选项，在弹出的级联菜单中选择"介于"命令，如图 6-14 所示。

打开"自定义自动筛选方式"对话框，设置筛选条件为"大于或等于 400"与"小于或等于 800"，如图 6-15 所示，然后单击"确定"按钮，结果如图 6-16 所示。

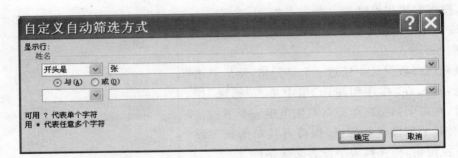

图 6-12　"自定义自动筛选方式"对话框

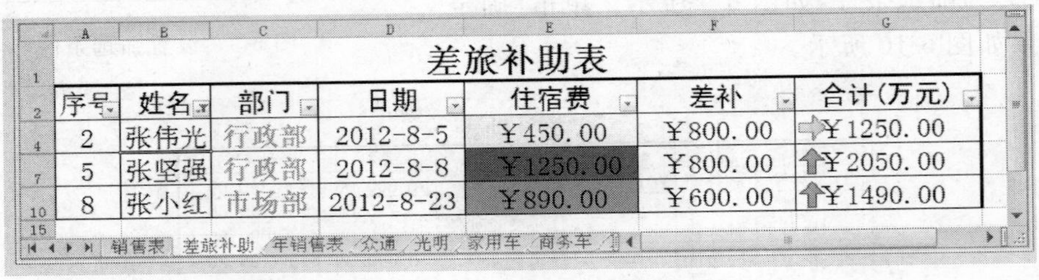

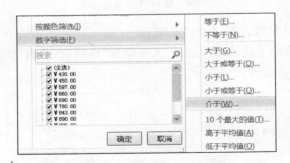

图 6-13　按文本筛选的结果

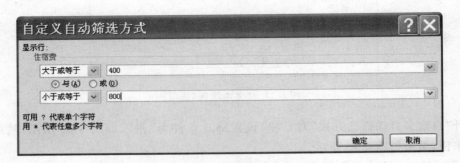

图 6-14　"数字筛选"选项

图 6-15　"自定义自动筛选方式"对话框

④ 日期筛选：筛选出日期在 8 月 5～15 日的记录。

在"日期"字段右侧的下拉按钮中选择"日期筛选"选项,在弹出的级联菜单中选择"介于"命令,如图 6-17 所示。

序号	姓名	部门	日期	住宿费	差补	合计（万元）
2	张伟光	行政部	2012-8-5	￥450.00	￥800.00	➡￥1250.00
3	吴芹	财务部	2012-8-19	￥780.00	￥600.00	➡1380.00
4	许时明	市场部	2012-8-7	￥690.00	￥750.00	⬆1440.00
6	姜雪燕	销售部	2012-8-7	￥430.00	￥300.00	⬇￥730.00
7	周芳平	财务部	2012-8-10	￥660.00	￥430.00	➡￥1090.00

销售表　差旅补助　差旅补助（2）　年销售表　通　光明

就绪　在 12 条记录中找到 6 个　　　　100%

图 6-16　按数字筛选的结果

图 6-17　"日期筛选"选项

打开"自定义自动筛选方式"对话框，设置筛选条件，如图 6-18 所示，然后单击"确定"按钮，结果如图 6-19 所示。

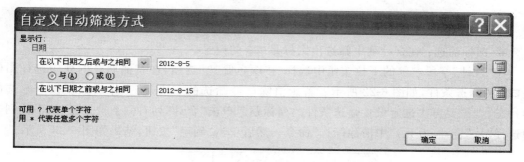

图 6-18　"自定义自动筛选方式"对话框

序号	姓名	部门	日期	住宿费	差补	合计（万元）
2	张伟光	行政部	2012-8-5	￥450.00	￥800.00	➡￥1250.00
4	许时明	市场部	2012-8-7	￥690.00	￥750.00	⬆1440.00
5	张坚强	行政部	2012-8-8	￥1250.00	￥800.00	⬆2050.00
6	姜雪燕	销售部	2012-8-7	￥430.00	￥300.00	⬇￥730.00
7	周芳平	财务部	2012-8-10	￥660.00	￥430.00	➡￥1090.00
9	黄永良	市场部	2012-8-12	￥1489.00	￥760.00	⬆2249.00
11	李充沈	行政部	2012-8-14	￥843.00	￥570.00	⬆1413.00

销售表　差旅补助　年销售表　众通　光明　家用车　商务车

就绪　在 12 条记录中找到 8 个　　　　100%

图 6-19　按日期筛选的结果

221

⑤ 颜色筛选：在住宿费列中筛选出底纹是红色的记录。

在"住宿费"字段右侧的下拉按钮中选择"按颜色筛选"选项,在右侧展开的列中选择筛选条件,如图 6-20 所示,然后单击"确定"按钮,结果如图 6-21 所示。

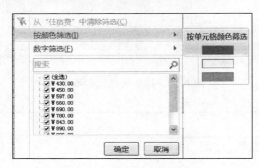

图 6-20　"按颜色筛选"选项

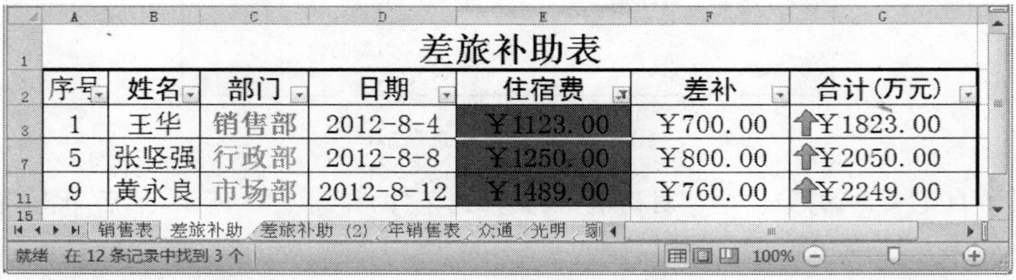

差旅补助表						
序号	姓名	部门	日期	住宿费	差补	合计(万元)
1	王华	销售部	2012-8-4	¥1123.00	¥700.00	↑¥1823.00
5	张坚强	行政部	2012-8-8	¥1250.00	¥800.00	↑¥2050.00
9	黄永良	市场部	2012-8-12	¥1489.00	¥760.00	↑¥2249.00

图 6-21　按颜色筛选的结果

⑥ 图标筛选：在合计列中筛选出图标是 ⇒ 的记录。

在"合计"字段右侧的下拉按钮中选择"按颜色筛选"选项,在右侧展开的列中选择图标是 ⇒ 的筛选条件,如图 6-22 所示。若想清除已经筛选的字段,使工作表数据恢复筛选前的状态,则需要再次选定设置筛选条件的列标题。单击"合计"列右侧下拉按钮,从下拉列表中选择"从"合计(万元)"中清除筛选"命令。然后单击"确定"按钮,结果如图 6-23 所示。

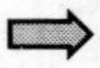

图 6-22　图标的筛选条件

2. 高级筛选

高级筛选是指根据条件区域设置的筛选条件而进行的筛选,通常包含两列及两列以上的条件的筛选要用高级筛选。

序号	姓名	部门	日期	住宿费	差补	合计(万元)
2	张伟光	行政部	2012-8-5	￥450.00	￥800.00	￥1250.00
3	吴芹	财务部	2012-8-19	￥780.00	￥600.00	￥1380.00
7	周芳平	财务部	2012-8-10	￥660.00	￥430.00	￥1090.00

销售表　差旅补助　差旅补助 (2)　年销售表　交通　光明　家

就绪　在 12 条记录中找到 3 个　　　　　　　　　　100%

图 6-23　按图标筛选的结果

使用高级筛选功能时,首先,要在工作表中设置条件区域,用来指定筛选的数据必须满足的条件。条件区域至少要有两行,第一行为字段名,第二行以下为查找的条件。在输入筛选条件时位于同一行,则表示要筛选出同时满足这些条件的数据记录,即列出的条件是"与"的关系,若输入的条件不同行,则表示要筛选出至少满足一行筛选条件的数据记录,即列出的条件是"或"的关系。

【任务操作 6-3】　利用"某汽车品牌销售统计表",按要求进行数据高级筛选。

（1）要求

① 筛选出经销商是"汇鑫"且总金额大于等于 70 万元的记录,结果显示在原有区域。

② 筛选经销商是"光明"或总金额大于等于 70 万元并且品牌名称是"朗逸"的记录,并将结果显示在 A23 行以下区域。

（2）操作方法和步骤

① 条件"与"筛选。

在第一行前插入若干行,并在"A1：B2"单元格中输入条件,如图 6-24 所示。然后单击"数据"选项卡,在"排序和筛选"组中单击"高级"按钮,打开"高级筛选"对话框,分别设置"列表区域"和"条件区域"参数,如图 6-25 所示。最后单击"确定"按钮,其筛选结果如图 6-26 所示。

	A	B
1	经销商	总金额(万元)
2	汇鑫	>=70
3		

图 6-24　条件"与"设置

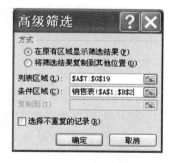

图 6-25　"高级筛选"对话框

7	序号	经销商	品牌名称	销售日期	销售量	平均售价(万元)	总金额(万元)
12	5	汇鑫	帕萨特	2012/8/8	3	￥25.30	￥75.90
19	12	汇鑫	帕萨特	2012/8/15	5	￥23.50	￥117.50

图 6-26　条件"与"筛选结果

② 条件"或"筛选。

在 A1：B3 单元格中输入条件,如图 6-27 所示。打开"高级筛选"对话框,在"方式"选项

223

中选择"将筛选结果复制到其他位置",再分别设置"列表区域"和"条件区域"参数,然后在"复制到"参数中设置为$A23,如图6-28所示,最后单击"确定"按钮,其筛选结果如图6-29所示。

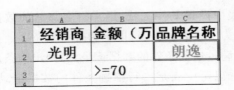

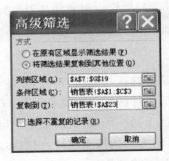

图 6-27 条件"或"设置   图 6-28 "高级筛选"对话框

序号	经销商	品牌名称	销售日期	销售量	平均售价(万元)	总金额(万元)
5	汇鑫	帕萨特	2012-8-8	3	￥25.30	￥75.90
6	众博	朗逸	2012-8-7	4	￥23.50	￥94.00
7	众通	帕萨特	2012-8-10	5	￥25.30	￥126.50
8	光明	朗逸	2012-8-23	9	￥13.40	￥120.60
9	光明	朗逸	2012-8-12	4	￥13.40	￥53.60
10	众博	桑塔纳	2012-8-4	12	￥11.70	￥140.40
11	光明	桑塔纳	2012-8-14	16	￥11.70	￥187.20
12	汇鑫	帕萨特	2012-8-15	5	￥23.50	￥117.50

图 6-29 条件"或"筛选结果

提示:

① 在创建条件区时,尽量通过复制数据表中的数据完成条件区的设置,避免条件设置错误。

② 条件的位置在数据区的上、下、左、右位置都可以,但要至少空一行或一列。

③ 关系符应该在英半角状态下输入。

三、数据分类汇总

分类汇总是对表格中指定的字段进行分类,然后将同一类别的数据进行汇总、统计操作。创建分类汇总时,可以根据分类的需求分为单一分类汇总和嵌套分类汇总两种方式。

在使用分类汇总时,首先要对分类的字段进行排序,然后按照该字段进行分类汇总操作。

1. 单一分类汇总

单一分类汇总是指对表格中一个字段下的不同类别进行汇总。

2. 嵌套分类汇总

嵌套分类汇总是首先要对两个字段进行主要和次要关键字的排序,在已创建的分类汇总的表格中再次对某个字段进行分类汇总,即分类字段为两个。

3. 多表合并计算

多表合并计算是对多个数据表中关键字值相同记录的数据值字段进行汇总计算,从而得到一个新的汇总数据表。

　　多表合并计算分为多个表数据的叠加和多表数据的汇总计算,当合并计算执行分类合并操作时,会将不同的行或列的数据根据标题进行分类合并。相同标题的合并成一条记录,不同标题的则形成多条记录。最后形成的结果表中包含了数据源表中所有的行标题或列标题。合并计算的计算方式默认为求和,但也可以选择为计数平均值等其他方式。

　　合并计算的数据源区域可以是同一工作表中的不同表格,也可以是同一工作簿中的不同工作表,还可以是不同工作簿中的表格。

　　【任务操作 6-4】　利用"区域销售统计表"(如图 6-30 所示)实现分类汇总;利用"众通"(如图 6-31 所示)、"家用车"(如图 6-32 所示)和"商务车"(如图 6-33 所示)3 张全年销售统计表,实现多表合并计算。

序号	销售地区	品牌名称	总金额(万元)
1	东部	朗逸	120
3	东部	帕萨特	34
4	东部	桑塔纳	62
5	东部	帕萨特	220
8	东部	朗逸	36
11	东部	桑塔纳	80
12	东部	帕萨特	69
2	西部	朗逸	57
6	西部	朗逸	300
7	西部	帕萨特	130
9	西部	朗逸	45
10	西部	桑塔纳	70

图 6-30　"区域销售统计表"

	第一季度	第二季度	第三季度	第四季度
轿车	84000	91000	108900	124870
面包车	110000	104000	138965	365400
商务车	60000	50000	78490	80000
越野车	34000	26000	47200	67000

图 6-31　"众通"表

车型	第一季度	第二季度	第三季度	第四季度
轿车	384000	291000	408900	624870
面包车	110000	104000	138965	365400

图 6-32　"家用车"表

车型	第一季度	第二季度	第三季度	第四季度
商务车	60000	50000	78490	80000
越野车	34000	26000	47200	67000

图 6-33　"商务车"表

(1) 要求

① 利用单一分类汇总统计各销售地区销售总金额。

② 利用嵌套分类汇总统计各销售地区不同品牌销售总金额。

③ 将"家用车"和"商务车"两张汽车销售表,合并为一张新表并命名工作表名为"光明"。

④ 将"众通"与合并后的"光明"二表合并统计销售量。

(2) 操作方法和步骤

① 单一分类汇总

　　首先对"销售地区"字段进行排序,然后单击在"数据"选项卡中的"分级显示"组中选择"分类汇总"按钮,打开了如图 6-34 所示的"分类汇总"对话框。在"分类汇总"对话框中,选择"分类字段"为"销售地区","汇总方式"为"求和"(用户也可以根据自己的需要选择其他汇总方式,如"求平均值"或"最大值"等),在"选定汇总项"的列表中选择想要汇总的列,一次可以选择一个或多个列,本例选择"总金额(万元)",最后单击"确定"按钮。分类汇总的结果如图 6-35 所示。

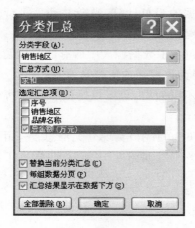

图 6-34 “分类汇总”对话框

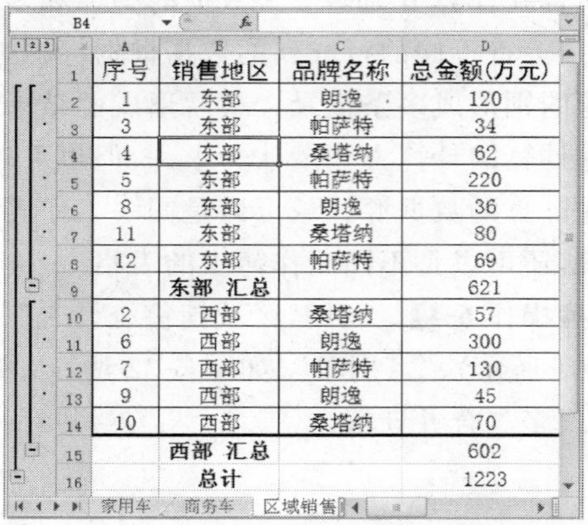

	A	B	C	D
1	序号	销售地区	品牌名称	总金额(万元)
2	1	东部	朗逸	120
3	3	东部	帕萨特	34
4	4	东部	桑塔纳	62
5	5	东部	帕萨特	220
6	8	东部	朗逸	36
7	11	东部	桑塔纳	80
8	12	东部	帕萨特	69
9		东部 汇总		621
10	2	西部	桑塔纳	57
11	6	西部	朗逸	300
12	7	西部	帕萨特	130
13	9	西部	朗逸	45
14	10	西部	桑塔纳	70
15		西部 汇总		602
16		总计		1223

图 6-35 单一分类汇总的结果

② 嵌套分类汇总

首先,以“销售地区”为主要关键字、“品牌名称”为次要关键字进行排序；然后,按照前面讲的单一分类汇总的方法,先以“销售地区”为分类字段进行第一次分类汇总,在分类汇总的结果上再以“品牌名称”为分类字段进行第二次分类汇总,两次“汇总方式”均选择“求和”方式,“选定汇总项”均选择“总金额”。注意,第二次分类汇总时,要取消选中“替换当前分类汇总”复选框,如图 6-36 所示,最后单击“确定”按钮,分类汇总的结果如图 6-37 所示。

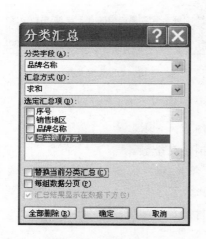

图 6-36 取消选中“替换当前分类汇总”复选框

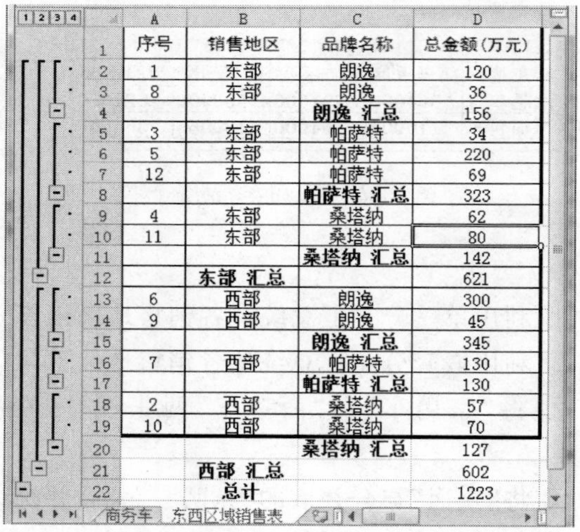

	A	B	C	D
1	序号	销售地区	品牌名称	总金额(万元)
2	1	东部	朗逸	120
3	8	东部	朗逸	36
4			朗逸 汇总	156
5	3	东部	帕萨特	34
6	5	东部	帕萨特	220
7	12	东部	帕萨特	69
8			帕萨特 汇总	323
9	4	东部	桑塔纳	62
10	11	东部	桑塔纳	80
11			桑塔纳 汇总	142
12		东部 汇总		621
13	6	西部	朗逸	300
14	9	西部	朗逸	45
15			朗逸 汇总	345
16	7	西部	帕萨特	130
17			帕萨特 汇总	130
18	2	西部	桑塔纳	57
19	10	西部	桑塔纳	70
20			桑塔纳 汇总	127
21		西部 汇总		602
22		总计		1223

图 6-37 嵌套分类汇总的结果

在分类汇总后,系统自动产生分级显示符,有助于分级查看汇总结果,也可以将其删除,方法是单击“数据”选项卡,在“分级显示”选项组中,单击“取消组合”下拉按钮,在弹出的下拉菜单中选择“清除分级显示”选项即可。若想删除分类汇总,即删除表格中汇总数据行,使表格恢复到创建分类汇总前的状态,可打开“分类汇总”对话框,单击“全部删除”按钮即可。

③ 多表数据的叠加

a. 插入一张空白工作表，选择 A1 单元格，作为合并后结果存放的起始位置，然后单击"数据"选项卡上"数据工具"选项组中的"合并计算"按钮，打开"合并计算"对话框，如图 6-38 所示。

图 6-38　"合并计算"对话框

b. 在此对话框中，单击"引用位置"右侧的范围选取按钮，选择"家用车"表中数据所在区域，然后单击"添加"按钮，接着再选择"商务车"表中数据所在区域，单击"添加"按钮，并选中"首行"和"最左列"复选项，最后单击"确定"按钮，即可将两张表合并为一张工作表，将新生成的工作表命名为"光明"，结果如图 6-39 所示。

④ 多表数据合并计算

a. 打开"众通"表，选择 A8 单元格，作为合并计算后结果存放的起始位置，然后单击"数据"选项卡上"数据工具"选项组中的"合并计算"按钮，打开"合并计算"对话框。

	第一季度	第二季度	第三季度	第四季度
轿车	384000	291000	408900	624870
面包车	110000	104000	138965	365400
商务车	60000	50000	78490	80000
越野车	34000	26000	47200	67000

图 6-39　数据叠加后的"光明"表

b. 在此对话框中，单击"引用位置"右侧的范围选取按钮，选择"众通"表中数据所在区域，单击"添加"按钮，再选择"光明"表中数据所在区域，再单击"添加"按钮，并选中"首行"和"最左列"复选项，选择"函数"下拉列表中的"求和"，最后单击"确定"按钮，即可将两张表合并计算。合并计算的结果如图 6-40 所示。

	第一季度	第二季度	第三季度	第四季度
轿车	84000	91000	108900	124870
面包车	110000	104000	138965	365400
商务车	60000	50000	78490	80000
越野车	34000	26000	47200	67000
	第一季度	第二季度	第三季度	第四季度
轿车	468000	382000	517800	749740
面包车	220000	208000	277930	730800
商务车	120000	100000	156980	160000
越野车	68000	52000	94400	134000

图 6-40　数据合并计算后的表

实训 1 数据排序与筛选

实训要求：

(1) 创建如图 6-41 所示"食品销售"工作表，实现数据的排序。

序号	产品名称	供应商	类别	单价(元)	销售量	销售额(元)
1	苹果汁	佳和乐	饮料	¥18.00	39	¥702.00
2	牛奶	佳和乐	饮料	¥19.00	17	¥323.00
3	蕃茄酱	佳和乐	调味品	¥10.00	13	¥130.00
4	盐	康爱富	调味品	¥22.00	53	¥1,166.00
5	麻油	康爱富	调味品	¥21.35	17	¥362.95
6	酱油	爱便利	调味品	¥25.00	120	¥3,000.00
7	海鲜粉	爱便利	特制品	¥30.00	15	¥450.00
8	胡椒粉	爱便利	调味品	¥40.00	6	¥240.00
9	味精	爱便利	调味品	¥15.50	39	¥604.50
10	饼干	爱便利	点心	¥17.45	29	¥506.05

图 6-41 "食品销售"工作表

① 利用简单排序将"销售量"从高到低排序。

② 利用简单排序将"产品名称"升序排序。

③ 利用关键字排序，先按"销售量"从高到低排序相同时，按"销售额"从高到低排序。

④ 利用关键字排序，将"产品名称"按照爱便利、佳和乐、康爱富的顺序排列。

⑤ 利用关键字排序，将"销售额"数据所在的单元格，按底纹颜色"红"、"黄"、"蓝"、"绿"顺序排列。

操作提示：

条件格式设置为：销售额＞1000，底纹为红色；销售额＜300，底纹为绿色；销售额＞300 且＜500 底纹为蓝色；销售额＞500 且＜800，底纹为黄色。

(2) 创建如图 6-42 所示的某大学"教师信息"工作表，实现数据的筛选。

序号	姓名	性别	出生年月	出生地	职称	学位	基本工资(元)
1	王飞	男	1968-10-20	南京	讲师	学士	1800
2	李文祥	男	1964-2-5	上海	副教授	博士	2400
3	刘兰	女	1959-7-9	南京	教授	博士	4200
4	王金观	男	1959-5-17	广州	副教授	硕士	2600
5	李丽芬	女	1964-7-11	上海	教授	博士	4800
6	高博	女	1970-5-10	郑州	讲师	学士	2100
7	郭子锋	男	1972-5-16	广州	讲师	学士	1900
8	李岩红	女	1975-10-16	成都	副教授	博士	2700
9	杨和琼	男	1986-7-12	南京	助教	学士	1800
10	张胜卿	男	1988-9-17	成都	助教	硕士	1800

排序 筛选 Sheet3

图 6-42 "教师信息"工作表

① 用自定义筛选出学位是"博士"的记录。

② 用自定义筛选出姓"李"记录。

③ 用自定义筛选出工资大于 2500 元且小于 5000 元的记录。

④ 用高级筛选出性别是"男"并且学位是"博士"的记录。

⑤ 用高级筛选出出生地"南京"或者学位是"硕士"的记录。

⑥ 用高级筛选出性别是"女"并且学位是"博士"的或者出生年月为 1985 年以后的记录，将筛选结果复制到其他位置。

实训 2　数据分类汇总与多表合并

实训要求：

（1）创建如图 6-43 所示某商场"家电销售"工作表，实现数据分类汇总。

序号	销售地区	商品	销售量	销售额(元)
1	华北	计算机	15	52500
2	华南	电冰箱	12	21600
3	华北	空调	6	15600
4	华南	洗衣机	14	21000
5	华南	计算机	8	28000
6	华南	电冰箱	9	16200
7	华北	空调	14	36400
8	华南	洗衣机	21	31500
9	华南	电冰箱	33	59400
10	华北	空调	4	10400
11	华北	洗衣机	18	27000
12	华南	洗衣机	21	31500
13	华北	空调	9	23400
14	华北	计算机	22	77000

图 6-43　"家电销售"工作表

① 统计各地区销售总金额和销售量。

② 统计各地区各种商品销售总金额。

（2）将图 6-44 和图 6-45 所示的一商场和二商场两张家电销量统计表实现合并计算，并且汇总统计后生成一张新工作表。

一商场家电统计表

	彩电	冰箱	洗衣机
一季度	98	76	82
二季度	66	67	77
三季度	56	48	56
四季度	68	91	83

图 6-44　一商场

二商场家电统计表

	彩电	冰箱	洗衣机
一季度	68	76	98
二季度	91	84	76
三季度	72	36	56
四季度	84	65	74

图 6-45　二商场

任务二　数据透视表与数据透视图

数据透视表具有强大的数据处理的功能，能将排序、筛选、分类汇总结合起来，对数据源进行重新组织和计算，其独具特色的交互式功能，使许多复杂的数据处理问题简单化，并将其结果通过数据透视表和数据透视图的形式生动、直观、快速地表现出来，如图 6-46 和图 6-47 所示就是统计不同类别汽车的销售量的数据透视表和数据透视图。

数据透视表具有如下特点：

（1）快速地改变数据表的行、列布局。

（2）交互式地汇总大量数据。

利用数据透视表统计和分析数据，首先要根据处理数据的要求建立对应的数据源表，通

	A	B	C	D	E	F	G
1	地区	(全部)					
2							
3	求和项:销量	列标签					
4	行标签	众通	光明	汇鑫	众博	宏达	总计
5	轿车	18000	35200	46700	64000	83600	247500
6	商务	1348	2560	3980	3200	5100	16188
7	越野	15000	21000	5890	7400	9250	58540
8	总计	34348	58760	56570	74600	97950	322228

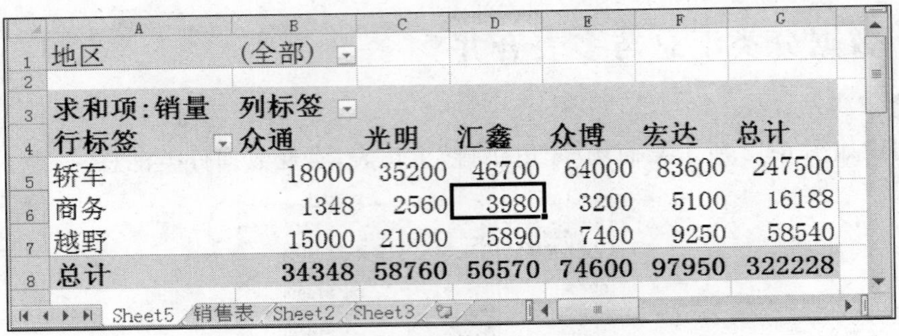

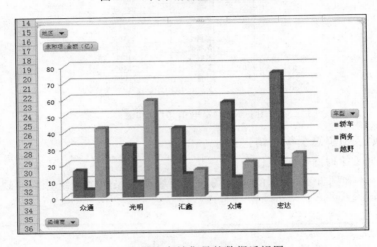

图 6-46　汽车销售量的数据透视表

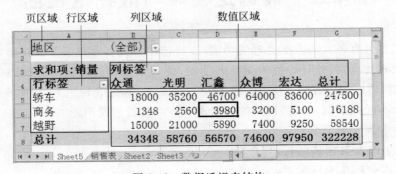

图 6-47　汽车销售量的数据透视图

常数据源表最好是一维数据表,而不是二维表。

一、创建数据透视表

在创建数据透视表的过程中,为了能构造出符合要求的统计报表,关键的是要掌握数据透视表中各组件的意义以及设置方法。

1. 数据透视表结构

从结构上看,数据透视表分为 4 个部分,如图 6-48 所示。

	A	B	C	D	E	F	G
1	地区	(全部)					
2							
3	求和项:销量	列标签					
4	行标签	众通	光明	汇鑫	众博	宏达	总计
5	轿车	18000	35200	46700	64000	83600	247500
6	商务	1348	2560	3980	3200	5100	16188
7	越野	15000	21000	5890	7400	9250	58540
8	总计	34348	58760	56570	74600	97950	322228

图 6-48　数据透视表结构

页区域：该区域中下拉列表按钮将作为数据透视表的分页符。

行区域：该区域中下拉列表按钮将完成数据透视表的行字段的选择。

列区域：该区域中下拉列表按钮将完成数据透视表的列字段的选择。

数值区域：该区域主要是显示通过各种筛选条件组合后得到的最终汇总数据。

【任务操作 6-5】　利用某经销商汽车"区域销售表"（如图 6-49 所示）作为数据源表，创建数据透视表。

	地区	经销商	车型	销量	金额(亿元)
1	地区	经销商	车型	销量	金额(亿元)
2	东部	光明	轿车	35200	￥31.68
3	东部	众通	轿车	18000	￥16.20
4	东部	汇鑫	轿车	46700	￥42.03
5	东部	光明	商务	2560	￥8.96
6	东部	众通	商务	1348	￥4.72
7	东部	汇鑫	商务	3980	￥13.93
8	东部	光明	越野	21000	￥58.80
9	东部	众通	越野	15000	￥42.00
10	东部	汇鑫	越野	5890	￥16.50
11	西部	众博	轿车	64000	￥57.60
12	西部	宏达	轿车	83600	￥75.24
13	西部	众博	商务	3200	￥11.20
14	西部	宏达	商务	5100	￥17.80
15	西部	众博	越野	7400	￥20.70
16	西部	宏达	越野	9250	￥25.90

图 6-49　某经销商汽车"区域销售表"

（1）要求

① 统计不同地区各车型销售量。

② 添加"经销商"字段到"列标签"框中。

③ "总计"列从高到低的排序。

④ 筛选出"东部"地区"商务车"的销量。

⑤ 统计不同地区经的销商各种车型的销售总金额和平均值。

（2）操作方法和步骤

① 创建数据透视表：统计不同地区各车型销售量。

a. 打开某区域汽车"销售表"，单击"插入"选项卡，在"表格"组中单击"数据透视表"按钮，在其下拉列表中选择"数据透视表"选项，如图 6-50 所示，即可打开如图 6-51 所示的"创建数据透视表"对话框，其中的各选项均不改变，直接单击"确定"按钮。

图 6-50　"数据透视表"选项

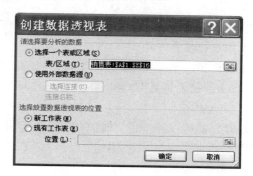

图 6-51　"创建数据透视表"对话框

此时,已创建了一个空白数据透视表,同时,在右侧打开"数据透视表字段列表"窗格,如图 6-52 所示。

图 6-52　"数据透视表字段列表"窗格

b. 向数据透视表添加字段:在"选择要添加到报表字段"中列出的字段,用鼠标拖动方法拖到下面的报表筛选、行标签、列标签和数值框中。报表筛选、行标签、列标签框中通常放入的是字符型的数据,其主要目的是完成数据的筛选,而"数值"列表框中放入的是数值型数据,其主要目的是完成数据的统计计算。

将"地区"字段用鼠标拖动到"报表筛选"框中,将"车型"字段拖动到"行标签"框中,将"销量"拖动到"数值"框中,完成如图 6-53 所示的"各类汽车销量"数据透视表的创建。

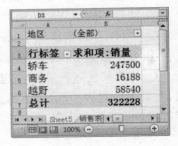

图 6-53　"各类汽车销量"
数据透视表

提示:创建完成的数据透视表,可以对它进行美化设置,主要包括下面两方面。

- 布局设置:单击"数据透视表工具/设计"选项卡,在"布局"组中,单击"报表布局",在展开的下拉列表中选择一种报表布局。

- 样式设置:单击"数据透视表工具/设计"选项卡,在"数据透视表样式"组中,单击"快翻"按钮,从展开的库中选择所需的报表样式,如图 6-54 所示。

② 编辑数据透视表字段:增加"经销商"字段到"列标签"框中。

在"数据透视表字段列表"中将"经销商"字段拖动到"列标签"框中,产生如图 6-46 所示的数据透视表。

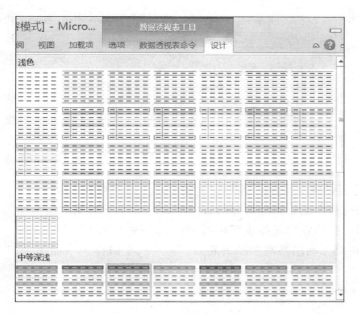

图 6-54　报表样式

删除字段,只要在"数据透视表字段列表"窗格的"选择要添加到报表的字段"对应列表框中取消勾选,或者"在以下区域间拖动字段"中的几个布局列表框中选择要删除的字段,用鼠标拖动到"选择要添加到报表的字段"列表框中即可。

移动字段,选择要移动的字段并将其拖动到其他布局列表框中即可。

③ 数据透视表的排序:将"总计"列从高到低的排序。

单击"总计"列中任意一个单元格,单击"数据透视表工具/选项"选项卡,单击"排序和筛选"组中的"降序"或升序按钮,即可完成降序或升序排序。

④ 数据透视表中筛选:筛选出"东部"地区"商务车"的销量。

单击"行标签"右侧下拉列表按钮,设置筛选条件

图 6-55　设置筛选条件"商务"

"商务",如图 6-55 所示,单击"确定"按钮。用同样方法,单击"页区域"右侧的下拉列表按钮,设置筛选条件"东部",单击"确定"按钮,此时,可看到按照指定筛选条件筛选出的记录结果,如图 6-56 所示。

2. 数据透视表值字段设置

值字段是指添加到报表值区域中的字段。用户可以在"值字段设置"对话框中重新设置值字段名称、汇总方式和值显示方式等。

1)更改字段的汇总方式

汇总值字段时,Excel 2010 默认的是求和汇总,用户可以通过打开"值字段设置"对话框进行其他方式的汇总统计。

233

图 6-56　筛选出记录结果

2) 字段的分组设置

针对数据透视表中无规律性排列的日期型或者数字型数据进行分析时,利用字段的分组功能来将字段按照指定的规律重新排列,便于数据的分析和统计。

【任务操作 6-6】　利用某汽车经销商"1~6 月汽车销售表"(如图 6-57 所示)作为数据源,创建如图 6-58 所示的各品牌销量和销售额的数据透视表。

	A	B	C	D
	E18		fx	
1	品牌名称	销售日期	数量	销售额
2	朗逸	2012-3-14	2	￥28.00
3	桑塔纳	2012-4-5	5	￥60.00
4	帕萨特	2012-2-19	2	￥52.00
5	朗逸	2012-3-4	4	￥56.00
6	朗逸	2012-5-5	5	￥70.00
7	帕萨特	2012-6-19	6	￥156.00
8	朗逸	2012-1-21	7	￥98.00
9	桑塔纳	2012-2-5	2	￥24.00
10	桑塔纳	2012-3-19	1	￥12.00
11	朗逸	2012-4-4	4	￥56.00
12	桑塔纳	2012-5-5	21	￥252.00
13	帕萨特	2012-6-19	13	￥338.00
14	朗逸	2012-3-9	26	￥364.00

图 6-57　"1~6 月汽车销售表"

3			数据	
4	品牌名称	销售日期	求和项:数量	求和项:销售额
5	⊟朗逸	2012-1-21	7	98
6		2012-3-4	4	56
7		2012-3-9	26	364
8		2012-3-14	2	28
9		2012-4-4	4	56
10		2012-5-5	5	70
11	朗逸 汇总		48	672
12	⊟帕萨特	2012-2-19	2	52
13		2012-6-19	19	494
14	帕萨特 汇总		21	546
15	⊟桑塔纳	2012-2-5	2	24
16		2012-3-19	1	12
17		2012-4-5	5	60
18		2012-5-5	21	252

图 6-58　各品牌销量和销售额的数据透视表

234

（1）要求

① 更改"销售额"汇总方式为平均值并将该字段名改为平均销售额。

② 统计一、二季度各品牌销售数量。

（2）操作方法和步骤

① 更改值字段的汇总方式："销售额"汇总方式改为平均值。

选择"求和项：销售额"字段列中任意一个单元格，右击，在打开的快捷菜单中选择"值字段设置"命令，如图 6-59 所示。弹出如图 6-60 所示的"值字段设置"对话框，在"选择用于汇总所选字段数据的计算类型"下拉列表中选择"平均值"选项，再在"自定义名称"右侧文本框中将其改为"平均销售额"，单击"确定"按钮。

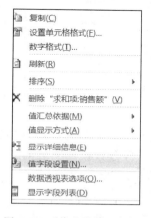

图 6-59 "值字段设置"命令

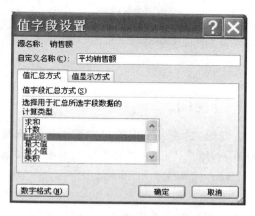

图 6-60 "值字段设置"对话框

② 字段分组设置：统计一、二季度各品牌销售"数量"。

选择数据透视表"销售日期"字段中的任意一个单元格，右击，在打开的快捷菜单中选择"创建组"命令，如图 6-61 所示。弹出"分组"对话框，设置分组的起始值和终止值，然后选择"步长"，如图 6-62 所示，单击"确定"按钮返回数据透视表。

图 6-61 "创建组"命令

图 6-62 "分组"对话框

此时,可看到日期字段数据按照所设置的“步长”进行重新排列,创建的数据透视表结果如图 6-63 所示。

D7　f_x　247

	A	B	C	D
1			数据	
2	品牌名称	销售日期	求和项:数量	平均销售额
3	⊟朗逸	第一季	39	￥137
4		第二季	9	￥63
5	朗逸 汇总		48	￥112
6	⊟帕萨特	第一季	2	￥52
7		第二季	19	￥247
8	帕萨特 汇总		21	￥182
9	⊟桑塔纳	第一季	3	18
10		第二季	26	156
11	桑塔纳 汇总		29	￥87

图 6-63　创建数据透视表

二、数据透视图

数据透视图,是通过图形的形式展示数据透视表中数据的信息,其特点是提供交互式数据分析的图表,用户可以在数据透视图中更改数据,查看不同部分数据的图表对比其效果,即它是一个动态的图表。

1. 创建数据透视图

数据透视图是根据数据透视表制作的图表,它们具有彼此对应的字段,如果数据透视表中数据发生变化,数据透视图中的数据也会随之变化。与前面学习的 Excel 2010 图表一样,数据透视图也有数据系列、数据标记和坐标轴。

2. 更改数据透视图类型

创建数据透视图后,如果对图表类型不满,可以对其调整。

【任务操作 6-7】　打开图 6-63 所示的数据透视表,创建数据透视图。

(1) 要求

① 创建该透视表为簇状柱形数据透视图。

② 图表类型改为折线图。

(2) 操作方法和步骤

① 创建数据透视图。

选择数据透视表中数据区域所在任意一个单元格,单击“数据透视表工具/选项”选项卡,在“工具”组中单击“数据透视图”命令按钮,如图 6-64 所示,打开“插入图表”对话框,选择“柱形图”图表类型,如图 6-65 所示,单击“确定”按钮,返回透视表,此时,可以看到创建好的数据透视图,如图 6-66 所示。

② 更改数据透视图类型:图表类型改为折线图。

选择要更改的数据透视图,单击“数据透视图工具/设计”选项卡,在“类型”组中单击“更改图表类型”命令按钮,如图 6-67 所示,打开“更改图表类型”对话框,选择“折线图”,单击“确定”按钮,返回数据透视表,此时,可以看到更换类型后的图表,如图 6-68 所示。

图 6-64 "数据透视图"命令按钮

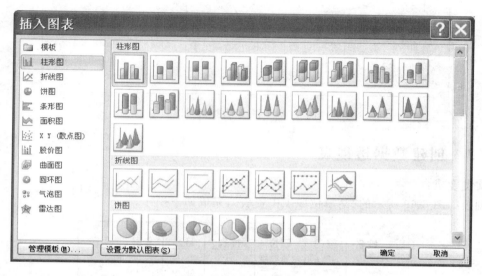

图 6-65 "插入图表"对话框

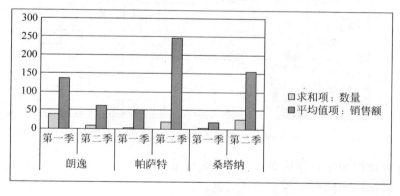

图 6-66 "柱形"数据透视图

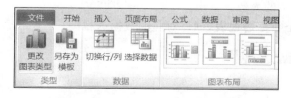

图 6-67 "更改图表类型"命令按钮

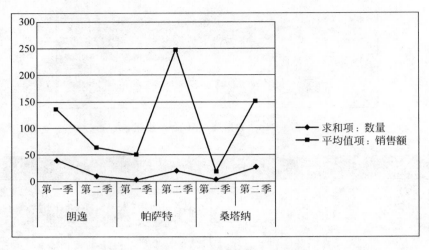

图 6-68　"折线"数据透视图

实训 3　创建数据透视表

实训要求:

创建如图 6-69 所示的"某单位职工工资表",完成如下操作。

	A	B	C	D	E	F	G
1	姓名	部门	职位	性别	月薪	年薪	工龄
2	马华	销售部	销售经理	男	4000	48000	7
3	张小方	开发部	开发主管	女	8000	96000	9
4	李继红	开发部	程序员	男	6500	78000	5
5	范尚伟	测试部	测试主管	男	5000	60000	6
6	王晓兵	测试部	测试员	女	4500	54000	3
7	王爱国	测试部	测试员	女	4200	50400	1
8	赵斌	开发部	程序员	男	7200	86400	4
9	吴业翔	销售部	业务员	女	4500	54000	5
10	张子键	销售部	业务员	男	3600	43200	2
11	孙小耀	开发部	程序员	女	6300	75600	6
12	王华	开发部	程序员	女	7700	92400	7
13	张月明	开发部	程序员	男	6800	81600	6

图 6-69　某单位职工工资表

(1) 统计各部门的年薪并从高到低对年薪排序。

(2) 统计各部门不同职位的平均月工资。

(3) 分别统计男、女职工的年平均工资。

(4) 统计男、女职工的人数。

(5) 根据上述 4 个数据透视表,创建对应的数据透视图。

实训 4　创建数据透视图

实训要求:

创建如图 6-70 所示的"某选修课成绩分析表",完成如下操作。

某选修课成绩分析表						
姓名	专业	籍贯	年级	平时	期末	总评
刘金华	高速铁道技术	河南	一年级	80	85	83
张晓丽	铁道机车车辆	北京	一年级	85	90	88
欧海军	护理	山东	二年级	74	80	78
黄仕玲	高速铁道技术	北京	一年级	83	90	87
梁海平	铁道机车车辆	河南	二年级	88	76	81
邹文晴	铁道机车车辆	北京	一年级	90	68	77
刘章辉	护理	天津	一年级	84	90	88
邓远彬	铁道机车车辆	河南	二年级	82	67	73
叶建琴	铁道机车车辆	河南	二年级	69	79	75
刘富彪	高速铁道技术	天津	二年级	88	73	79
邓云华	护理	山东	一年级	90	84	86
李迅宇	护理	河南	二年级	88	75	80
刘永森	高速铁道技术	天津	二年级	83	70	75
王芳	铁道机车车辆	河南	一年级	90	92	91
徐娟	高速铁道技术	河南	一年级	83	76	79
赵川	高速铁道技术	河南	二年级	90	81	85

图 6-70　某选修课成绩分析表

（1）统计各年级不同专业、不同籍贯的总评成绩的平均分，并绘制数据透视图如图 6-71 所示。

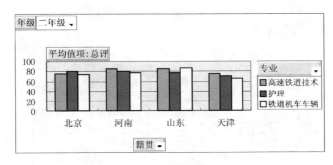

图 6-71　数据透视图

（2）将数据透视表转换成标准数据表并绘制标准的数据图。

（3）比较数据透视图和标准图表二者的异同点。

项 目 总 结

本项目主要学习了 Excel 2010 数据处理与分析的各种方法。通过本项目的学习，应重点掌握如下内容。

➤ 认识数据处理与分析的一般方法，从而进一步地认识具有交互式处理与分析数据透视表及数据透视图。

➤ 了解数据的排序、筛选、数据分类汇总、多表合并计算以及数据透视表和数据透视图的意义，进而掌握它们的操作方法及步骤，提高数据处理与分析的质量和效率。

➤ 掌握数据透视表与数据透视图处理数据的思路与方法，了解数据透视表的各组件的含义。

项 目 实 训

1. 创建结构如图 6-72 所示的"学生成绩"数据源结构表(具体数据自行确定),完成如下操作。

学号	班级	姓名	性别	科目	成绩

图 6-72 "学生成绩"数据源结构表

(1) 显示不同班级不同科目的每个学生成绩(总分或者平均分),然后根据每个学生的总成绩或平均成绩从高到低的排序。

(2) 显示不同班级各科成绩的总分或者平均分并创建数据透视图。

(3) 显示不同分数段所占总人数百分比并创建数据透视图(分数段如下:<60、60～70、70～80、80～90、90～100)。

2. 根据如图 6-73 所示的计算机配件销售一览表,利用数据处理与分析有关命令以及数据透视表两种方法完成如下操作。

	A	B	C	D	E	F
1			2006年计算机配件销售一览表			
2	营业部	商品	销售日期	数量	单价	总金额
3	天河	显示器	2006年1月1日	2	￥2154	￥4308
4	越秀	鼠标	2006年1月5日	25	￥36	￥900
5	天河	硬盘	2006年1月25日	25	￥568	￥14200
6	荔湾	硬盘	2006年2月1日	32	￥568	￥18176
7	天河	硬盘	2006年2月9日	19	￥568	￥10792
8	荔湾	鼠标	2006年2月15日	58	￥36	￥2088
9	天河	硬盘	2006年3月4日	40	￥568	￥22720
10	越秀	显示器	2006年3月14日	8	￥2154	￥17232
11	天河	显示器	2006年3月18日	5	￥2154	￥10770
12	黄埔	鼠标	2006年4月2日	54	￥36	￥1944
13	荔湾	显示器	2006年4月18日	14	￥2154	￥30156
14	荔湾	硬盘	2006年5月1日	7	￥568	￥3976
15	荔湾	显示器	2006年5月20日	11	￥2154	￥23694
16	越秀	硬盘	2006年6月5日	9	￥568	￥5112
17	越秀	显示器	2006年6月8日	7	￥2154	￥15078
18	天河	硬盘	2006年6月30日	21	￥568	￥11928
19	黄埔	显示器	2006年7月5日	5	￥2154	￥10770
20	天河	鼠标	2006年7月9日	32	￥36	￥1152
21	黄埔	鼠标	2006年7月26日	36	￥36	￥1296
22	天河	显示器	2006年8月1日	12	￥2154	￥25848
23	越秀	显示器	2006年8月14日	9	￥2154	￥19386
24	越秀	鼠标	2006年9月12日	62	￥36	￥2232
25	黄埔	鼠标	2006年9月16日	5	￥36	￥180
26	越秀	鼠标	2006年9月30日	21	￥36	￥756
27	荔湾	显示器	2006年10月5日	6	￥2154	￥12924
28	黄埔	显示器	2006年10月25日	3	￥2154	￥6462
29	越秀	鼠标	2006年11月7日	87	￥36	￥3132
30	黄埔	显示器	2006年11月26日	5	￥2154	￥10770
31	黄埔	硬盘	2006年12月8日	30	￥568	￥17040
32	天河	硬盘	2006年12月15日	24	￥568	￥13632

图 6-73 计算机配件销售一览表

(1) 挑选出天河营业部显示器的销售记录。

(2) 找出 2006 年第二和第三季度所有显示器的销售清单。

(3) 显示天河营业部显示器总金额超过 10000 元以及天河营业部硬盘销售总金额超过20000 元的销售清单。

（4）统计 2006 年全年显示器总共销售多少台。

（5）归类各商品的销售记录以及各商品的总销售数量和总销售金额。

（6）统计 2006 年第四季度鼠标的销售总额。

（7）统计各营业部中各种商品的销售金额总和。

（8）统计各种商品分别在 2006 年四个季度的销售数量总和（只用数据透视方法完成）。

项目七　演示文稿的制作与放映

项目导读：

　　本项目介绍使用 PowerPoint 2010 制作幻灯片的方法，共包括三个任务，分别是，"自我介绍"、"河南风景相册"和"飞翔化妆品公司推广"幻灯片。学习掌握幻灯片的基本设置方法，包括"基本对象的插入"、"幻灯片背景的设置"、"动画效果的添加"和"幻灯片放映方式的设置"等内容。在学习的过程中，学生通过对本项目的逐步实践，能够从浅入深、从易到难掌握幻灯片制作的方法与设计的技巧，为今后进一步学习打下基础。

学习目标：

- 掌握幻灯片中各种对象的添加方法。
- 掌握幻灯片背景的设置方法。
- 会对幻灯片中动画效果和放映方式进行设置。
- 可以根据需要创建不同风格的幻灯片。

任务一　"自我介绍"幻灯片的制作

　　本任务介绍"自我介绍"幻灯片的设计和制作方法，其中，详细介绍了"文字"、"图片"、"剪贴画"、"图形"、"SmartArt 图形"、"图表"、"表格"、"视频"、"屏幕截图"和"超链接"的添加方法；用"背景样式"设置背景的方法，如图 7-1 所示是"自我介绍"幻灯片的总体效果图。

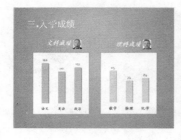

图 7-1　"自我介绍"幻灯片总体效果图

一、幻灯片的基本操作

使用 PowerPoint 制作出来的文件叫做演示文稿。一个演示文稿中包含若干张幻灯片，每张幻灯片既相互独立又相互联系。

1. PowerPoint 2010 的工作界面

在制作幻灯片之前我们首先来了解 PowerPoint 2010 的基本结构，与之前版本不同，PowerPoint 在 2010 版本中出现了多个选项卡页面的图形功能区，每个选项卡就是一个工具栏，上面带有可供选择和打开的按钮。启动 PowerPoint 2010 后，屏幕上显示 PowerPoint 2010 主窗口，如图 7-2 所示。

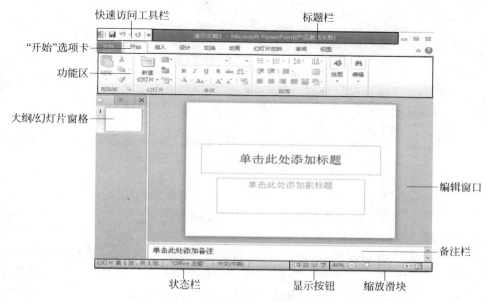

图 7-2　PowerPoint 2010 主窗口

2. 视图方式

打开"视图"选项卡，如图 7-3 所示，PowerPoint 2010 提供了 5 种视图方式，分别为普通视图、幻灯片浏览视图、备注页视图、阅读视图和幻灯片放映视图。

普通视图是主要的编辑视图，可用于撰写和设计演示文稿；幻灯片浏览视图可用于查看缩略图形式的幻灯片，通过此视图，在创建演示文稿以及准备打印演示文稿时，将可以轻松地对演示文稿的顺序进行排列和组织。

3. 幻灯片的基本操作

添加一张新的幻灯片，对幻灯片的复制、移动、删除等编辑操作都可以在幻灯片普通视图和浏览视图中完成。

（1）插入新幻灯片

选择"开始"选项卡中的"新建幻灯片"菜单命令，或在普通视图下，用鼠标单击幻灯片预览窗格中的任意位置，然后按 Enter 键。

（2）移动、复制和删除幻灯片

在幻灯片的"预览窗格"中，右击要编辑的幻灯片，使用快捷菜单中的"剪切"、"复制"、

图 7-3　普通视图方式

"粘贴"、"复制幻灯片"和"删除幻灯片"命令可以进行相应操作。此外,在"开始"选项卡中选择"剪切"、"复制"、"粘贴"和"删除"命令也可完成相同的操作。

（3）保存幻灯片

对创建的演示文稿进行保存,单击"保存"按钮,打开"另存为"对话框,设置保存位置和文件名后单击"保存"按钮。保存 PowerPoint 2010 演示文稿时,默认的扩展名为"pptx",如果需要在 PowerPoint 2010 版本以下的环境中打开或者编辑文件,需要保存为"PowerPoint 97-2003 演示文稿（＊.ppt）";如果只是播放,可以选择保存的类型为"PowerPoint 放映（＊.ppsx）"。

二、幻灯片的外观设置

PowerPoint 通过使用版式、母版、模板、主题和背景等方法来设定幻灯片的外观,既能使幻灯片的外观风格统一,又能提高工作效率。

1. 幻灯片版式的使用

幻灯片版式是 PowerPoint 软件中的排版格式,通过幻灯片版式的应用可以对文字、图片、图表、表格、SmartArt 等元素构建合理简洁的布局,在 PowerPoint 2010 中常见的版式有"标题"版式、"标题和内容"版式、"节标题"版式、"比较"版式、"空白"版式等。常见的幻灯片版式如图 7-4 所示。

2. 幻灯片背景的设置

为了让幻灯片看起来更加美观,用户需要先对幻灯片背景进行一些美化设置。在 PowerPoint 2010 中,背景的设置功能主要集中在"设计"选项卡中,如图 7-5 所示。它不但为用户提供了各种颜色和风格的"主题"模板,还能让用户根据自己的需要调整模板的配色方案。

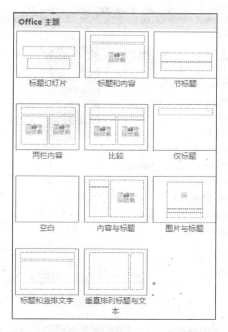

图 7-4　PowerPoint 2010 的常见版式

图 7-5　"设计"选项卡

（1）主题的使用

打开"设计"选项卡，选择自己需要的主题样式模板，当前窗口中的所有幻灯片都会设置成该样式，如果需要将某一张幻灯片设置成该样式而其他幻灯片不变，则需要右击该主题模板，从快捷菜单中选择"应用于选定幻灯片"命令。

（2）自定义主题样式

用户可以根据自己的需要对主题中的颜色、文字样式效果进行设置，选择主题区域的"颜色"按钮，在下拉菜单中选择"新建主题颜色"效果选项，打开"新建主题颜色"对话框，如图 7-6 所示，用户可以设置文字、超链接等颜色，在名称框中输入定义的新名称；选择主题区域的"字体"按钮，下拉菜单中选择"新建主题字体"选项，打开"新建主题字体"对话框，如图 7-7 所示。用户可以设置字体的样式，在"设计"选项卡中选择"背景样式"按钮，在下拉菜单中选择需要的样式即可。

（3）自定义背景样式

系统自带的背景样式是有限的，用户可以自定义背景使背景画面更加丰富多彩。在"背景样式"下拉菜单中选择"设置背景格式"效果选项，打开"设置背景格式"对话框，如图 7-8 所示。在"背景格式"中可以设置各种背景效果。

图 7-6　"新建主题颜色"对话框

图 7-7　"新建主题字体"对话框

图 7-8　"设置背景格式"对话框

此外,在 PowerPoint 2010 中,系统自带的"模板"样式非常有限,用户可以使用外部存储的主题模板,并将该模板存储于幻灯片中方便以后使用。此外,用户也可以通过为空白幻灯片插入图片、背景等方法自己创建新模板。

三、添加各种元素

在制作幻灯片时,文字、数据及多媒体的添加是必不可少的,特别是文字、图片、图表等内容更是频繁使用。如何将数据内容用恰当的形式表示出来是幻灯片制作好坏的关键。

1. 添加文本

在 PowerPoint 2010 中添加文字最常用的方法是在"文本框"或者"占位符"中输入文字,除此之外,还可以在幻灯片中添加各种"艺术字"效果,或者在各种绘制的"自选图形"中添加文字。另外,文字的效果多种多样,PowerPoint 自带的文字效果是有限的,如果想添加更多的文字效果,可以从网上下载并进行安装。

2. 添加图片与剪贴画

图片是幻灯片中常见的元素,常见的图片格式有 BMP、JPG、PNG、WMF 等,在以上这些格式中,WMF 是矢量图,其他格式的图片是位图。两者的区别在于,位图放大后会变模糊,而矢量图则可以任意放大。所以,在幻灯片中插入图片要注意图片的清晰度,不要将模糊不清的图片插入其中,影响效果。

插入图片后,要想让图片呈现好的视觉效果,需要注意图片的剪裁、排列及形状设置等内容。在"格式"选项卡的"调整"功能区可以对图片的"亮度"和"对比度"进行设置,也可以通过幻灯片整体的风格为图片"重心着色"。在"图片样式"功能区可以为幻灯片添加各种边框效果、更改各种形状,也可以为它添加各种投影立体效果等;在"排列"功能区,可以对多张图片的放置位置进行设置,也可以对图片的方向进行调整。在图片大小的功能区可以对图片设置具体的宽度和高度,也可以对图片多余的边缘进行裁剪。

3. 添加 SmartArt 图形

SmartArt 图形是各种图形组合的概念图,它包括列表、流程、循环、层次结构、矩阵、棱锥图等图示结构。在幻灯片中插入 SmartArt 图形能帮助听众以可视化的方法了解少量文本或者数据之间的关系,创建好 SmartArt 图形后,可以在图形上的"文本框"中输入文本,也可以在图形旁边显示的"文本窗格"中输入文字。

4. 添加图表

图表可以使数据直观化、形象化。它包括柱形图、条形图、折线图、饼图等 12 种图表。用户可以根据观众和场合的不同选择性地显示这些元素。如果是引用其他参考资料的数据,还要标明资料的来源,这可以体现出数据的严谨性。

5. 添加表格

使用表格可以将琐碎的数据有规律地罗列出来。在表格的使用中,用户可以在幻灯片版式中插入表格,也可以将 Word 或者 Excel 中的表格直接粘贴过来。在对表格的美化时,用户可以对表格文字、背景、样式、布局等进行具体的设置。

6. 添加视频

PowerPoint 2010 演示文稿可以插入.mpg、.mpeg、.asf、.wmv、.avi 等类型的视频文件。如果要调整视频窗口的大小,先要选择该视频,然后拖动边框边角上的句柄,拖动时注意不要只调整一个方向上的尺寸使图片失真,一定要拖动边角上的选择句柄。当视频放大之后想重设原来的视频大小时,用户可以在视频上右击,从快捷菜单中选择"大小和位置"命令,打开"大小和位置"对话框,选择"重设"按钮。

7. 添加超链接

在演示文稿中添加超链接可以实现幻灯片之间的跳转。在超链接的添加过程中,用户可以将文本框等元素链接到任意幻灯片上,并添加返回的超链接,也可以为不同组幻灯片或者幻灯片和其他文档间进行相应链接。

【任务操作 7-1】 "自我介绍"幻灯片的设计和制作。

(1) 要求

① 设置幻灯片版式与主题背景:分别为六张幻灯片选择"空白版式"、"垂直排列标题与文本"、"标题和内容"版式、"比较"版式、"标题和内容"版式、"标题和内容"版式。

② 利用版式中的占位符为每一张幻灯片添加和设置内容。

③ 制作每张幻灯片,为它们添加各种元素。

(2) 操作方法和步骤

① 设置幻灯片的版式与主题背景

a. 设置版式:在"开始"菜单的"新建幻灯片"下拉菜单中分别选择"空白版式"、"垂直排列标题与文本"、"标题和内容"版式、"比较"版式,创建 6 张幻灯片,各种版式如图 7-9～图 7-12 所示。

图 7-9　"空白"版式

图 7-10　"比较"版式

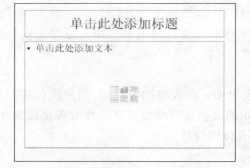

图 7-11　"标题和内容"版式

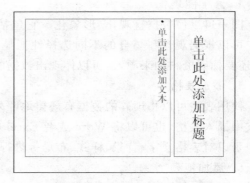

图 7-12　"垂直排列标题与文本"版式

　　b. 设置主题背景：选择"设计"选项卡，在"主题"中选择"展销会"效果选项，将幻灯片设置为蓝色背景，如图 7-13 所示。

图 7-13　"展销会"背景效果

　　② 为占位符添加标题文本

　　在第 2～6 张幻灯片的标题占位符中依次输入"一. 自我描述"、"二. 个人简历"、"三. 入学成绩"、"四. 每日计划"、"五. 志愿者行动"。将文字设置为"微软雅黑"、"40 磅"、"白色"、"加粗"。

　　③ "封面"幻灯片的制作

　　a. 插入剪贴画：单击幻灯片窗口中的"插入"选项卡，选择"剪贴画"选项，打开"剪贴画"对话框，在"搜索文字"中输入"电脑"，单击"搜索"按钮。在"剪贴画"窗格中选择图 7-14 中的图片插入幻灯片中。选择插入的"电脑"图片，在"格式"选项卡中将颜色设置为"白色"。

　　b. 插入屏幕截图：在"插入"选项卡中选择"屏幕截图"选项，下拉菜单中选择"屏幕剪辑"选项，如图 7-15 所示，将整个桌面内容剪辑到幻灯片窗口中，并将图片放置在"计算机"剪贴画的屏幕上。

图 7-14　"剪贴画"对话框

图 7-15　"屏幕截图"效果选项

c. 文本框的使用：在"插入"选项卡中选择"文本框"选项，如图 7-16 所示，插入五个"横排文本框"，分别输入"自我描述"、"个人简历"、"入学成绩"、"每日计划"、"志愿者行动"。在"形状填充"中设置颜色为"白色"，在"形状效果"中设置效果为"预设 6"效果。在"插入"选项卡中选择"垂直文本框"选项，输入"自我介绍"，并将文字设置为"白色"、"加粗"、"右下斜偏阴影"效果，如图 7-17 所示。

图 7-16 "文本框"效果选项   图 7-17 "自我介绍"幻灯片

④ "自我描述"幻灯片的制作

选择"垂直排列标题与文本"版式后，在"文本"占位符中输入"性格：敦厚实在，乐观稳重；待人：真诚厚道，豁达宽厚；做事：踏实认真，不骄不躁；工作：执着钻研，积极进取；目标：切合实际，有的放矢"，将文字设置为"黑色"，占位符底纹设置为"浅橙色"，"预设 1"效果。将设置好的"标题"和"文本"占位符排列整齐，设置效果如图 7-18 所示。

⑤ "个人简历表"幻灯片的制作

a. 表格的设置：选择"标题和内容"版式后，在"文本"占位符中选择"表格"图标，插入一个 6 行 3 列的表格。选择插入的表格，打开"布局"选项卡，在"表格尺寸"中输入"高度11 厘米"，"宽度 15 厘米"，在表格中输入如图 7-19 所示的文字，并设置文字和表格的效果。

图 7-18 "自我描述"幻灯片   图 7-19 "个人简历表"表格

选择第一、三、五行单元格，打开"设计"选项卡，在"表格样式"的"底纹"下拉菜单中选择颜色为"R：253，G：157，B：153"；选择第二、四、六行表格，将底纹颜色设置为"浅橙色（R：250，G：205，B：174）"。

b. 图片的设置：在"插入"选项卡中选择"图片"按钮，打开"插入图片"对话框，选择"人物图片 1"，如图 7-20 所示，单击"插入"按钮。选择插入的图片，通过拖动图片边框边角的圆圈改变图片的大小使其适合表格的需要，如果仍然不合大小可以单击格式工具栏中的"剪裁"按钮，将多余的边缘修剪掉。选择图片，将图片设置为"预设 1"效果选项。个人简历幻灯片的效果如图 7-21 所示。

图 7-20 "插入图片"对话框

图 7-21 "个人简历表"幻灯片

⑥ "入学成绩"幻灯片的制作

a. 图表的创建：选择"比较"版式后，在两个文本框中分别输入"文科成绩"和"理科成绩"。选择文科成绩下的"图表"图标，打开"插入图表"对话框，如图 7-22 所示。选择"簇状柱形图"，单击"确定"按钮。在打开的"数据表"中输入如图 7-23 中"文科成绩"的信息。用同样方法，创建理科成绩的簇状柱形图，在数据表中输入如图 7-23 中"理科成绩"的信息。

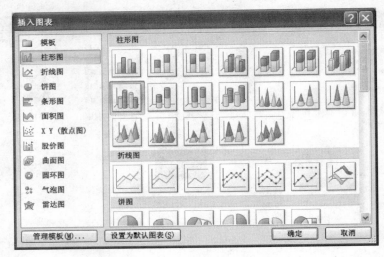

图 7-22　"插入图表"对话框

b. 图表的设置：选择"布局"选项卡，在"数据标签"的下拉菜单中选择"数据标签外"效果选项。将"主要纵坐标轴"删除，"图例"设置为"无"，"图表标题"设置为"无"。"主要横网格线"设置为"无"。将"文科成绩簇状柱形图"的颜色设置为"玫红色"，将"理科成绩簇状柱形图"的颜色设置为"浅橙色"。

c. 图片的插入：插入"人物图片 2"和"人物图片 3"，在"图片样式"中将其设置为"居中矩形阴影"效果，制作效果如图 7-24 所示。

⑦ "每日计划"幻灯片的制作

图 7-23　图表数据

a. SmartArt 的使用。在"新建幻灯片"下拉菜单中选择"标题和内容"版式，在"内容占位符"中选择"插入 SmartArt 图形"图标，打开"选择 SmartArt 图形"对话框，如图 7-25 所示，选择"基本循环"选项，单击"确定"按钮。

选择插入的"循环"图形，打开"设计"选项卡，单击"添加形状"按钮，从下拉菜单中选择"在后面添加形状"选项，插入两个圆形文本框，如图 7-26 所示。依次输入"6:00 起床"、"6:30 晨读"、"8:00 上课"、"12:30 吃饭"、"17:30 运动"、"19:30 晚自习"、"22:30 睡觉"。

选择"6:00 起床"、"6:30 晨读"、"8:00 上课"、"12:30 吃饭"四个圆形文本框，将其设置为"浅橙色"，选择"17:30 运动"、"19:30 晚自习"、"22:30 睡觉"三个文本框，将其设置为"玫瑰红"。

b. 图片的设置。将"人物图片 4"插入幻灯片中，将其设置为"简单框架,白色"效果。选择"剪裁"的下拉菜单，如图 7-27 所示，将图片 3 的效果剪裁为"圆形"。将图片和循环图按照图 7-28 效果放置。

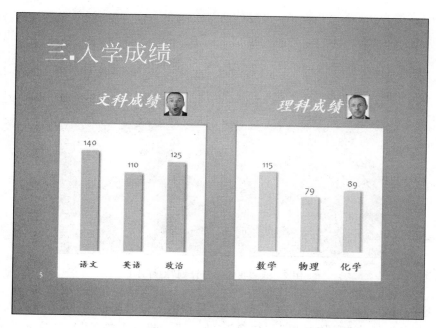

图 7-24　"入学成绩"幻灯片

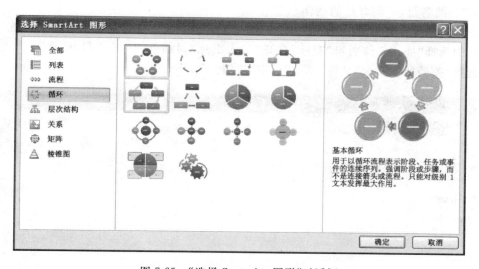

图 7-25　"选择 SmartArt 图形"对话框

图 7-26　"添加形状"下拉菜单

图 7-27　"裁剪"下拉菜单

253

图 7-28 "我的每日计划"幻灯片

c. 文字的设置。插入"水平文本框",输入"勤奋的人是时间的主人,懒惰的人是时间的奴隶"。将文字设置为"微软雅黑"、"白色"、"加粗"。调整表格、图片和文本框的位置如图 7-28 所示。

⑧ "志愿者行动"幻灯片的制作

a. 视频文件的使用。在"新建幻灯片"的下拉菜单中选择"标题和内容"版式,在"文本占位符"中选择"插入媒体剪辑"图标,打开"插入影片"对话框,如图 7-29 所示。在"查找范围"中选择"关爱留守儿童"文件,单击"确定"按钮。

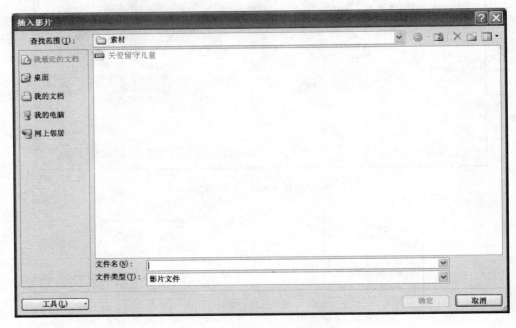

图 7-29 "插入影片"对话框

打开"您希望在幻灯片放映时如何开始播放影片?"对话框,选择"在单击时"按钮,如图 7-30 所示,将影片插入到幻灯片中。

选择插入的影片,在"视频工具"的"格式"选项卡中选择"标牌框架"按钮,从下拉菜单中选择"文件中的图像"效果选项,如图 7-31 所示。打开"插入图片"对话框,选择"影视图片",单击"插入"按钮。

图 7-30　"您希望在幻灯片放映时如何
开始播放影片?"对话框

图 7-31　"标牌框架"下拉菜单

b. 文字的设置。插入"水平文本框",输入文字"作为一名大学生,我希望将自己曾参与的志愿者行动继续下去。"将文字设置为"微软雅黑"、"白色"、"加粗",制作效果图如图 7-32 所示。

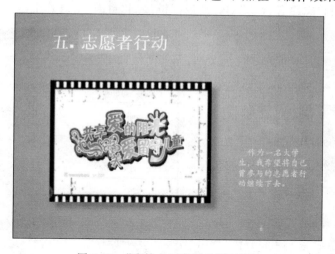

图 7-32　"我的志愿者行动"幻灯片

⑨ 链接效果的添加

a. 超链接的添加。要将文本框链接到下面的每一张幻灯片上。选择"封面"幻灯片中的"自我描述"文本框,在"插入"选项卡中选择"超链接"效果选项,打开"插入超链接"对话框,在"链接到"区域选择"本文档中的位置",在"请选择文档中的位置"区域选择"一. 自我描述",如图 7-33 所示,单击"确定"按钮;同理将"个人简历"文本框链接到"二. 个人简历"幻灯片;将"入学成绩"文本框链接到"三. 入学成绩"幻灯片;将"每日计划"文本框链接到"四. 每日计划"幻灯片;将"志愿者行动"文本框链接到"五. 志愿者行动"幻灯片。

b. 返回链接的添加:选择"自我描述"幻灯片,在"插入"选项卡中选择"形状"选项,下拉菜单中选择"动作按钮"中的"后退或前进一项"按钮,如图 7-34 所示。在幻灯片的右下角拖动鼠标,画出长方形按钮。

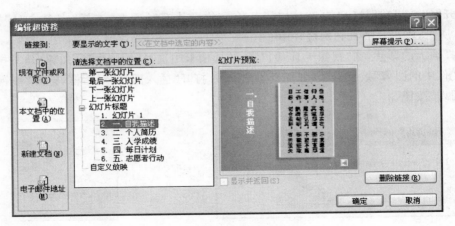

图 7-33 "插入超链接"对话框

释放鼠标后打开"动作设置"选项卡,如图 7-35 所示,在"超链接到"下拉菜单中选择"幻灯片"效果选项,打开"超链接到幻灯片"对话框,选择"幻灯片 1"选项,如图 7-36 所示,单击"确定"按钮。在"动作设置"对话框中选择"确定"按钮。用同样方法将"个人简历"、"入学成绩"、"每日计划"、和"志愿者行动"幻灯片返回链接到"封面"幻灯片上。

图 7-34 "后退或前进一项"按钮

图 7-35 "动作设置"选项卡

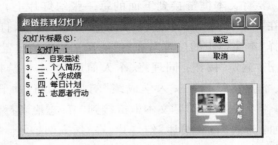

图 7-36 "超链接到幻灯片"对话框

c．按钮的美化。双击幻灯片中的“动作按钮”，打开“绘图工具栏”的“格式”选项卡，“颜色”下拉菜单中选择“白色，背景1，深色15%”效果选项；“形状轮廓”下拉菜单选择“无轮廓”效果选项；“形状效果”下拉菜单中选择“预设2”效果选项。用同样方法将其他幻灯片中的“动作按钮”设置为该效果。

8．放映幻灯片

选择“幻灯片放映”选项卡，选择其中的“从头开始放映”按钮，放映该幻灯片。

实训1　制作“求职”幻灯片

实训要求：

（1）使用“求职”模板制作如图7-37的幻灯片。

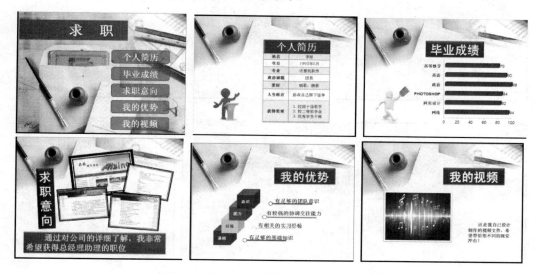

图7-37　“求职”幻灯片

（2）个人简历表格内容如图7-38所示。

（3）毕业成绩表内容如图7-39所示。

个人简历	
姓名	李彤
生日	1995年8月
专业	计算机软件
政治面貌	团员
爱好	唱歌、摄影
人生格言	路在自己脚下延伸
获得奖项	1. 校园十佳歌手 2. 校二等奖学金 3. 优秀学生干部

图7-38　“个人简历”表格

	A	B
1		分数
2	网络	94
3	网页设计	82
4	Photoshop	84
5	政治	98
6	英语	90
7	高等数学	79

图7-39　“毕业成绩表”

（4）为幻灯片添加“求职”的视频文件，文件的封面使用“五线谱”图片。

任务二 "河南风景相册"幻灯片的制作

本任务介绍"河南风景相册"幻灯片的设计和制作方法,其中详细介绍了"幻灯片母版"的使用方法,"动画效果"的设置方法,音乐的添加以及幻灯片的放映方式。如图 7-40 所示是"河南风景相册"幻灯片的总体效果图。

图 7-40 "河南风景相册"幻灯片的总体效果图

一、幻灯片的母版设置

母版用于决定有关幻灯片版式信息,包括背景、颜色、字体、效果、占位符的大小和位置等。用它可以统一演示文稿的格式与内容,使其具有一致的外观,用户可以根据自己的需要在母版中设计标题的样式级别、文本段落、页眉页脚、背景图案等元素。

PowerPoint 2010 有 3 种母版类型:幻灯片母版、讲义母版和备注母版。

1. 幻灯片母版的使用

默认情况下,PowerPoint 2010 内置一个幻灯片母版,它包括两部分,分别是幻灯片母版和幻灯片母版相关联的版式,如图 7-41 所示。它包含 11 种版式,建议最好在编辑幻灯片之前先设计幻灯片母版,这样,在之后添加到演示文稿中的所有幻灯片都会基于该幻灯片母版和相关联的版式,达到快速统一演示文稿外观的效果。

幻灯片母版用于控制该演示文稿中所有幻灯片的格式,与它相关联的版式可以单独设置,如标题版式只用于控制标题幻灯片的设置。在一个演示文稿的模板中可以包含多个母版。如果需要改变或者应用新的版式,可以在"开始"选项卡中的"版式"下拉菜单中切换。

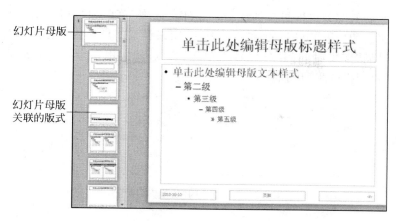

图 7-41　"幻灯片母版"窗口

2. 讲义母版

当幻灯片需要作为讲义稿打印装订成册时就可以将它打印成讲义。使用讲义母版可定义在一页纸张中显示的幻灯片张数、页眉页脚的位置以及幻灯片的放置方向等。切换时,单击主工具栏的"视图"选项卡中的"讲义母版"按钮即可进入"讲义母版"视图。

二、幻灯片的动画设计

1. 幻灯片动画效果的设置

PowerPoint 2010 中的动画效果包括进入、强调、退出和动作路径 4 类。进入效果是设置所选对象出现在幻灯片上的动画效果;强调效果是为了突出显示所选对象而添加的效果;退出效果是设置所选对象从幻灯片上消失的动画效果;动作路径是设置所选对象在幻灯片上移动的轨迹,它可以是直线、曲线、图形样式等。用户可以根据自己的需要添加其中的一种或多种效果。在 PowerPoint 2010 中,动画效果主要集中在"动画"选项卡中,如图 7-42 所示。

图 7-42　"动画"选项卡

①"预览"工具栏:对幻灯片设置动画后,该工具栏中的"预览"按钮就被激活,单击该按钮可以查看幻灯片播放的实时效果。

②"动画"工具栏:为幻灯片中的各对象添加多个动画效果。

③"高级动画"工具栏:为幻灯片中的单个对象快速添加多个动画效果。

④"计时"工具栏:为幻灯片中各对象动画效果进行时间控制。

2. 幻灯片切换效果的设置

幻灯片的切换效果是指放映两张幻灯片之间的过渡效果。在"动画"选项卡中的"切换到此幻灯片"组中,有"淡出溶解"、"擦除"、"推进和覆盖"、"条纹和横纹"等效果,如图 7-43

259

所示。直接单击需要的效果即可添加成功。此外,"速度"菜单和"声音"菜单是用来设置幻灯片切换时的速度和伴随的声音的;"换片方式"用来设置幻灯片切换方式,它分为"单击鼠标时"切换和"每隔"多少时间间隔(以秒为单位)切换;"应用于母版"和"应用于所有幻灯片"表示当前设置切换效果应用的范围。

图 7-43　幻灯片的"切换"选项卡

三、幻灯片的放映设置

幻灯片的放映分为手工放映和自动放映。默认情况下,PowerPoint 2010 放映幻灯片是按照预设的演讲者放映方式进行的。但根据放映时的场合和放映需求不同,还可以设置其他的放映方式。

(一)幻灯片放映的设置

在"幻灯片放映"选项卡中选择"设置幻灯片放映"选项,打开"设置放映方式"对话框,如图 7-44 所示。在"放映类型"中,用户可以设置放映的类型及各种效果,其中,"演讲者放映"可以实现演讲者播放时的自主性操作,在播放中可以随时暂停、添加标记等;"观众自行浏览"方式是非全屏放映方式,通过窗口中的翻页按钮用户可以按顺序放映或者选择放映幻灯片;"在展台浏览"方式可以全屏循环放映幻灯片,在放映期间,只能用鼠标指针选择屏幕对象,其他功能均不可使用,终止时按 Esc 键。

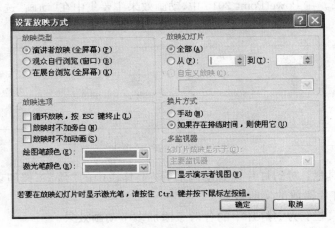

图 7-44　"设置放映方式"对话框

在"放映选项"中,用户可以设置终止方式,是否添加旁白、动画以及笔的颜色等;在"放映幻灯片"中,放映者可以选择全部放映或者放映其中的某个部分,也选择自定义放映;在"换片方式"中,用户可以选择使用手动放映或者自动放映。

（二）幻灯片的放映

1. 从头开始放映

"从头开始放映"是最常用的放映方式,用户可以按照从头到尾的放映顺序播放幻灯片。在"幻灯片放映"选项卡中选择"从头开始"按钮即可播放。

2. 从当前幻灯片开始放映

"从当前幻灯片开始放映"可按照任何一张幻灯片为起点向后播放幻灯片。在"幻灯片放映"选项卡中选择"从当前幻灯片开始"按钮即可播放。

3. 自定义放映

用户在放映幻灯片时往往会遇到只需要放映幻灯片中一部分的情况,这时可以用自定义放映的方式来进行设置。自定义放映的优势在于可以放映整套幻灯片中任意连续或者不连续的幻灯片,还可以灵活地改变这些幻灯片的放映顺序。在"幻灯片放映"选项卡中选择"自定义幻灯片放映",即可设置。

4. 自动放映

（1）人工设置幻灯片的方法

选择需要自动播放的幻灯片,打开"切换"选项卡,在"计时"区域选择"设置自动换片时间",然后设置需要的时间即可。如果所有的幻灯片使用这个时间,在"计时"区域中选择"全部应用"。设置完毕后,在幻灯片浏览视图下幻灯片的下方都显示该幻灯片在屏幕上停留的时间。

（2）排练计时的使用

排练计时是指在放映幻灯片时记录下放映每张幻灯片的效果及时间,以便以后自动播放。在"幻灯片放映"选项卡中选择"排练计时"即可设置。

（三）放映中的过程控制

1. 改变放映次序

在放映的过程中,右击,在快捷菜单中选择"定位至幻灯片"选项,如图 7-45 所示,在子菜单中选择要跳转的幻灯片,或者选择"自定义放映"中定义的名称来改变幻灯片的播放次序。

为了使演讲者更好地与观众互动,还可以选择快捷菜单"屏幕"中的"黑屏"、"白屏"、"切换程序",如图 7-46 所示,从而中断幻灯片按次序放映。单击"切换程序"菜单命令后会出现任务栏,可以在其中自由切换已启动或者未启动的程序,也可以按下 Alt＋Tab 组合键或者 Alt＋Esc 组合键与其他窗口切换。在其他窗口操作完成后,再切换到幻灯片放映窗口继续放映。

图 7-45　快捷菜单

图 7-46　"屏幕"子菜单

261

2. 为重点内容做标记

为了突出显示放映画面中的某个内容,可以为它加上着重标记线。在放映屏幕上右击,从快捷菜单中选择"指针选项",在子菜单中选择"笔"或者"荧光笔"命令,即可在幻灯片放映时画出着重线,如图 7-47 所示,按字母键 E 可以清除着重线。在"墨迹颜色"中可以选择自己喜欢的颜色。放映结束时,系统会显示出是否保留墨迹的提示框,如图 7-48 所示。如果选择放弃,系统将不保留所作标记。

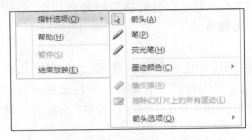

图 7-47 "指针选项"子菜单   图 7-48 "是否保留墨迹注释"提示对话框

【任务操作 7-2】 "河南风景相册"幻灯片的设计和制作。

(1) 要求

① 设置幻灯片的母版。

② 为幻灯片添加图片及音乐。

③ 放映"山水河南"幻灯片和"文化河南"幻灯片。

(2) 操作方法和步骤

① 幻灯片"母版"的设置

a. 自定义版式的插入与命名

启动 PowerPoint 2010,选择"视图"选项卡中的"幻灯片母版"效果选项,打开"幻灯片母版"视图窗格,如图 7-49 所示。

图 7-49 "幻灯片母版"选项卡

删除已有的幻灯片版式,然后单击"插入版式"按钮,插入五个"自定义版式",并将版式中的占位符全部删除。右击第一个版式,快捷菜单中选择"重命名版式",打开"重命名版式"对话框,如图 7-50 所示。将第一个版式命名为"封面版式"。用同样方法将其他版式依次命名为"图片版式 1"、"图片版式 2"、"图片版式 3"、"图片版式 4"。

b. 背景的设置

在"主题"的下拉菜单中选择"行云流水"效果,为所有幻灯片版式添加相同的背景。

图 7-50 "重命名版式"对话框

c. "封面版式"的设计

选择"封面版式",在"插入占位符"下拉菜单中选择"图片"效果选项,如图 7-51 所示,并按照图 7-52 效果绘制"图片"占位符的大小。

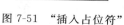

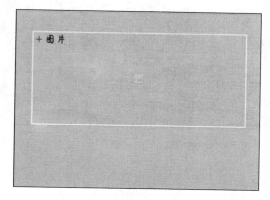

图 7-51　"插入占位符"　　　　　图 7-52　"图片"占位符效果

在"插入占位符"下拉菜单中选择"文本",将文字设置为"黑体"、"44"、"加粗"。将"图片"占位符和"文本"占位符按照图 7-53 要求放置。

d. "图片版式 1"的设计

选择"图片版式 1",在"插入"菜单的"形状"下拉菜单中选择"矩形",在幻灯片中画出长条矩形,如图 7-54 所示,选择该矩形,在"形状填充"下拉菜单中选择"深红,文字 2,淡色 90％","形状效果"下拉菜单中选择"预设 2",将矩形放置在如图 7-54 位置。

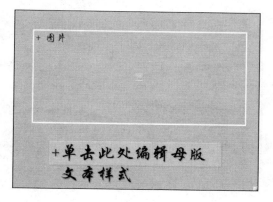

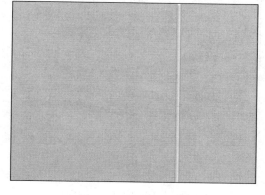

图 7-53　"封面版式"效果　　　　　图 7-54　"矩形"效果

单击"插入占位符"按钮,在下拉菜单中选择"图片"效果选项,插入 4 个"图片"占位符,然后插入"文字竖排"占位符,并将文字设置为"黑体"、"44"、"加粗"。将"图片"占位符和"文字"占位符按照图 7-55 要求放置。

e. "图片版式 2"的设计

选择"图片版式 2",在幻灯片中画出两个长条矩形,将该矩形设置为"深红、文字 2、淡色 90％"、"预设 2"效果,并放置在如图 7-56 位置。

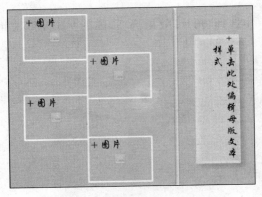
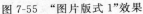
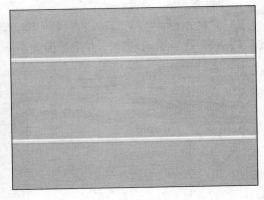

图 7-55 "图片版式 1"效果   图 7-56 "矩形"效果

插入 6 个"图片"占位符,按照 7-57 效果放置。插入"文字"占位符,将其设置为"白色"、"透明度 40%"、"预设 5"效果。将"图片"占位符与"文本"占位符按照图 7-57 要求放置。

f. "图片版式 3"的设计

选择"图片版式 3",按照绘制"图片版式 1"中矩形的方法绘制相同的长条矩形,并按照图 7-58 效果放置。插入四个"图片"占位符,按照图 7-59 大小和位置放置。插入"文字"占位符,将其设置为"白色"、"透明度 40%"、"预设 5"效果。将"文本"占位符按照图 7-59 要求放置。

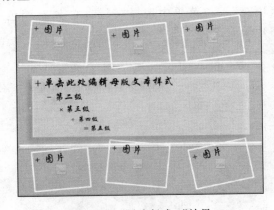
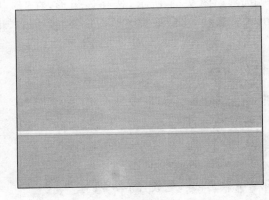

图 7-57 "图片版式 2"效果   图 7-58 "矩形"效果

g. "图片版式 4"的设计

选择"图片版式 4",按照绘制"图片版式 1"中矩形的方法绘制相同的长条矩形,并按照图 7-60 效果放置。插入三个"图片"占位符,按照图 7-61 大小和位置放置。插入"文字"占位符,将其设置为"白色"、"透明度 40%"、"预设 4"效果。将"文本"占位符按照图 7-61 要求放置。设计完成后关闭幻灯片母版。

② 幻灯片的制作

选择"开始"菜单,在"新建幻灯片"下拉菜单中显示出刚才设计的所有版式,如图 7-62 所示,依次选择"封面版式"、"图片版式 1"、"图片版式 2"、"封面版式"、"图片版式 3"、"图片版式 4",在幻灯片窗格中建立 6 张幻灯片,如图 7-63 所示。

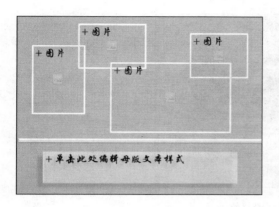

图 7-59 "图片版式 3"效果

图 7-60 "矩形"效果

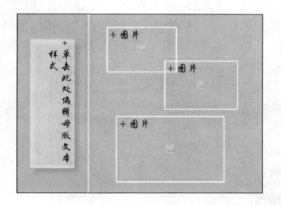

图 7-61 "图片版式 4"效果

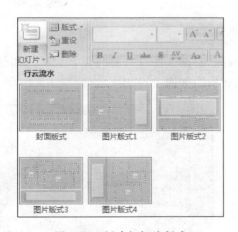

图 7-62 新建幻灯片版式

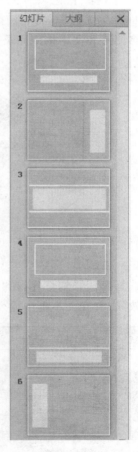

图 7-63 新建幻灯片

a. "封面"幻灯片的制作

选择第一张幻灯片,单击"图片"占位符中的"图片"按钮,插入"封面 1"图片。选择图片打开"绘图工具"的"格式"选项卡,在"图片样式"中选择"金属框架",效果如图 7-64 所示。

265

图 7-64　封面图片效果

　　绘制 4 条"白色"、"4 磅"的直线，然后绘制 4 个矩形，将它们的颜色设置为"白色"、"透明度 60％"，无边框，将它们按照图 7-65 效果放置，在"文本"占位符中输入"山水河南风景相册"，将图片和文字按照图 7-66 效果放置。

图 7-65　"窗格"图片效果

　　选择第四张幻灯片，在"图片"占位符中选择"封面 2 图片"，将封面 2 设计为和封面 1 相同的效果，并在文本框中输入"文化河南风景相册"，如图 7-67 所示。

图 7-66　"封面 1"幻灯片效果

图 7-67　"封面 2"幻灯片效果

　　b.“云台山风景”幻灯片的制作

　　选择第二张幻灯片,在“图片”占位符中依次插入图片“云台山 1”、“云台山 2”、“云台山 3”、“云台山 4”,选择 4 张图片,在“格式”工具栏的“图片样式”中选择“简单框架”,效果如图 7-68 所示。在“文本”占位符中输入“云台山简介:云台山位于河南省焦作市修武县境内,拥有十一大景点,被联合国教科文组织评选为全球首批世界地质公园。”将“云台山简介”加粗,幻灯片效果如图 7-69 所示。

图 7-68　“云台山风景”图片效果

图 7-69　“云台山风景”幻灯片

　　c.“尧山风景”幻灯片的制作

　　选择第三张幻灯片,在“图片”占位符中依次插入图片“尧山 1”、“尧山 2”、“尧山 3”、“尧山 4”、“尧山 5”、“尧山 6”,选择 6 张图片,将其设置为“简单框架”图片效果,效果如图 7-70 所示。

　　在“文本”占位符中输入“尧山简介:石人山古称尧山、大龙山,是尧的裔孙刘累立尧祠纪念先祖的地方,为天下刘姓发源地,又因山上众多石峰酷似人形,后史称之为石人垛、石人山。”将“尧山简介”加粗,幻灯片最终效果如图 7-71 所示。

图 7-70　“尧山风景”图片效果

图 7-71　“尧山风景”幻灯片

　　d.“龙门石窟”幻灯片的制作

　　选择第五张幻灯片,在“图片”占位符中依次插入图片“龙门石窟 1”、“龙门石窟 2”、“龙门石窟 3”、“龙门石窟 4”,将图片设置为“简单框架”效果,如图 7-72 所示。

在"文本"占位符中输入"龙门石窟简介：龙门石窟是中国三大石窟之一，位于洛阳市南郊伊河两岸的龙门山与香山上，今存有窟龛 2345 个，造像 10 万余尊，碑刻题记 2800 余品。"将"龙门石窟简介"加粗，幻灯片效果如图 7-73 所示。

图 7-72 "龙门石窟"图片效果

图 7-73 "龙门石窟"幻灯片

e．"少林寺"幻灯片的制作

选择第六张幻灯片，"图片"占位符中依次插入图片"少林寺 1"、"少林寺 2"、"少林寺 3"，选择 3 张图片，将图片设置为"简单框架"效果，效果如图 7-74 所示。

在"文本"占位符中输入"少林寺简介：少林寺是世界著名佛教寺院，少林武术发源地。因位于河南嵩山腹地少室山下的密林中，以禅宗和武术并称于世。"将"少林寺简介"加粗，幻灯片最终效果如图 7-75 所示。

图 7-74 "少林寺"图片效果

图 7-75 "少林寺"幻灯片

3．动画效果的添加

（1）封面动画效果的添加

选择"封面"幻灯片，在"动画"选项卡中单击"添加动画"按钮，从下拉菜单中选择"随机线条"的"进入"效果选项，如图 7-76 所示。在"动画"选项卡中单击"任务窗格"按钮，在幻灯片窗口中打开"任务窗格"，单击动画效果右侧的箭头，打开下拉菜单，如图 7-77 所示。选择"计时"选项，打开"计时"选项卡，在"期间"中选择"快速（1 秒）"如图 7-78 所示。

图 7-76　"随机线条"进入效果

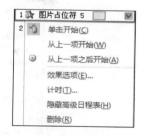

图 7-77　动画效果下拉菜单

选择"组合图形"在"进入效果"中选择"擦除"效果,打开"擦除"对话框,在方向中选择"自左侧",如图 7-79 所示。选择"计时"选项卡,在"期间"中选择"快速(1 秒)"。选择"文本占位符",在进入效果中选择"劈裂"。打开"计时"选项卡,在"期间"中选择"快速(1 秒)"。用同样方法为"文化河南风景相册"幻灯片添加动画效果。

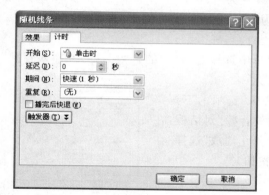

图 7-78　"随机线条"对话框的"计时"选项卡

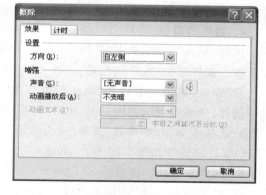

图 7-79　"擦除"对话框的"效果"选项卡

（2）"云台山风景"幻灯片动画效果的添加

选择"云台山风景"幻灯片中的"文本占位符",在"进入"效果中选择"劈裂"效果选项。打开"劈裂"对话框,在"方向"中选择"中央向左右展开",如图 7-80 所示,在"计时"选项卡中选择"快速(1 秒)"。

选择"云台山风景"幻灯片中的图片 1,添加"向内溶解"的进入效果。用同样方法为其他图片添加同样的进入效果,将时间设置为"快速(1 秒)"。

（3）"尧山风景"幻灯片动画效果的添加

选择"尧山风景"幻灯片中的"文本占位符",在进入效果中选择"劈裂"效果,将方向设置为"中央向左右展开"。在"计时"选项卡中将时间设置为"快速(1 秒)"。依次为"尧山风景"幻灯片中的图片,添加"向内溶解"的进入效果。时间为"快速(1 秒)"。

（4）"龙门石窟"幻灯片动画效果的添加

选择"龙门石窟"幻灯片中的"文本占位符",在进入效果中选择"劈裂"效果,将方向设置为"中央向左右展开"。在"计时"选项卡中将时间设置为"快速(1 秒)"。

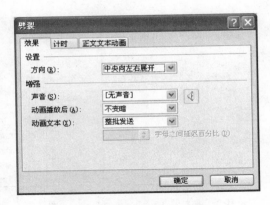

图 7-80 "劈裂"的"效果"选项卡

依次为"龙门石窟"幻灯片中的图片添加"向内溶解"的进入效果,时间为"快速(1 秒)"。

(5)"少林寺"幻灯片动画效果的添加

选择"少林寺"幻灯片中的"文本占位符",在进入效果中选择"劈裂"效果,将方向设置为"中央向左右展开"。在"计时"选项卡中将时间设置为"快速(1 秒)"。依次为"少林寺"幻灯片中的图片添加"向内溶解"的进入效果,时间为"快速(1 秒)"。

4. 音乐的添加

选择"插入"菜单,单击"音频"按钮,下拉菜单中选择"文件中的音频",打开"插入音频"对话框。选择歌曲"山水间",单击"插入"按钮。

在"动画"选项卡中打开"动画窗格",在"音乐"选项的下拉菜单中选择"效果选项",如图 7-81 所示,打开"播放音频"对话框,在"效果"选项卡中"开始播放"选择"从头开始","停止播放"选择"在 6 张幻灯片之后",如图 7-82 所示,单击"确定"按钮。

图 7-81 "音乐"下拉菜单

5. 自定义放映的设置

选择"幻灯片放映"选项卡,"自定义放映"下拉菜单中选择"自定义放映"效果选项,打开"自定义放映"对话框,如图 7-83 所示。

图 7-82 "播放音频"对话框   图 7-83 "自定义放映"对话框

单击"新建"按钮,打开"自定义放映"对话框,在"幻灯片放映名称"框中输入"山水河南风景相册",在"在演示文稿中的幻灯片"窗格中选择"幻灯片1",单击"添加"按钮,将幻灯片1添加到"在自定义放映中的幻灯片"窗格中,用同样方法将幻灯片2、幻灯片3添加到"在自定义放映中的幻灯片"窗格中,如图7-84所示。单击"确定"按钮,在"自定义放映"对话框中显示"山水河南风景相册",如图7-85所示。用同样方法添加"文化河南风景相册"自定义放映效果。

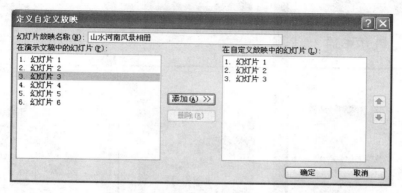

图7-84 "定义自定义放映"对话框

图7-85 "自定义放映"对话框

单击"放映"按钮放映"山水河南风景相册"和"文化河南风景相册"幻灯片。

实训2 制作"西藏风光相册"幻灯片

实训要求:

(1)制作幻灯片母版。在"设计"选项卡中选择主题"热"。分别制作封面母版和内容母版,内容母版中绘制橙色矩形,如图7-87和图7-88所示。

(2)在幻灯片窗口中添加西藏风光的图片,如图7-86所示。

(3)设置动画效果。第二张幻灯片中依次为3张图片添加"向内溶解"的进入效果;第三张幻灯片中依次为4张图片添加"向内溶解"的进入效果;第四张幻灯片中同时为4张周围的图片添加"向外溶解"的退出效果,为中间的菱形图片添加放大的强调效果;第五张幻灯片中依次为2张大图片和2张小图片添加同时退出的效果;第六张幻灯片中,按照第一、三、四、二、五的顺序为幻灯片添加"向内溶解"的退出的效果;依次为6张幻灯片设置"闪光"、"分割"、"揭开"、"框"、"涡流"和"涟漪"的切换效果。

(4)音乐的添加。为幻灯片添加"回到拉萨"的音乐。

图 7-86　"西藏风光相册"幻灯片总体效果图

图 7-87　封面母版

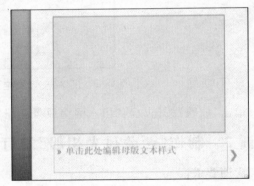

图 7-88　内容母版

任务三　　"飞翔化妆品公司推广"幻灯片的制作

本任务介绍"飞翔化妆品公司推广"幻灯片的设计和制作方法,其中,详细介绍了使用各种自选图形和线条制作幻灯片的方法和颜色的搭配方法。图 7-89 是"飞翔化妆品公司推广"幻灯片总体效果图。

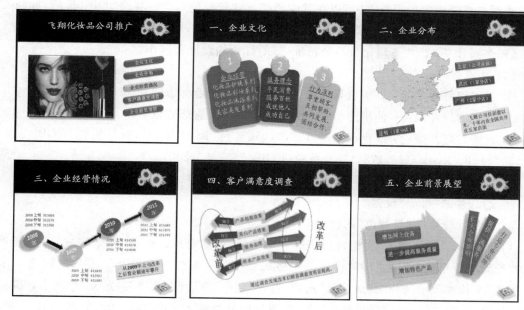

图 7-89　"飞翔化妆品公司推广"幻灯片的总体效果图

一、图形的使用

在幻灯片的制作过程中,除了要会根据需要添加幻灯片的各种元素外,还要掌握一些设计的方法,以便让幻灯片的组织形式更为灵活、时尚。比如说,图形的添加与设计就是一项富有创作性质的工作,它不但考验了制作者的设计思想,更能让幻灯片的制作形式丰富多样,新颖巧妙。

在 PowerPoint 2010 的"插入"菜单中有各种各样的图形效果,通过对不同图形的组合和颜色效果的设计可以创作出各种版式的表达效果。设计者不但可以自行创作各种组合效果,还可以用这些图形模仿各种图表、SmartArt 图形等样式,这样,就可以让原本死板的元素更为生动地表达出来,引起观众的兴趣。

二、颜色的设置

在幻灯片的设计中,色彩的选择决定了幻灯片的基调,所以,颜色搭配的好坏是幻灯片是否吸引观众眼球的关键所在,设计者需要根据幻灯片的内容和观众的特点进行颜色搭配,注意明度和纯度的调整、对比色的使用、并要根据不同类别色彩的特点设计冷暖色调。

在颜色的基本定义中,把有色的光加以混合便是"加色混合",而在幻灯片中使用的 RGB 颜色就称为加成色,即红(Red)、绿(Green)、蓝(Blue)三色混合。通常情况下,在红、绿、蓝三个颜色的通道中,每种颜色都分为 255 阶亮度,在 0 时最弱,而在 255 时最亮。当三色数值相同时为无色彩的灰度色,三色都为 255 时为最亮的白色,都为 0 时为黑色。

在幻灯片的配色中需要遵守如下的基本原则。首先,统一整套 PPT 的主色调,使所有的幻灯片拥有共同的色彩基调;其次,在相同的色彩基调下统一设计模板,使用相同并能体现企业精神或者内容的模板,并可以在其中添加与背景颜色融合的装饰图片;最后,标题文字和内容文字的色彩也要与幻灯片的整体配色相协调。

【任务操作 7-3】 "飞翔化妆品公司推广"幻灯片的设计和制作。

(1) 要求

① 设置幻灯片母版:母版效果为黑色头部并添加企业标志图片。

② 设置幻灯片版面:使用图形效果为每张幻灯片设置版式效果。

③ 设置幻灯片颜色:红色(RGB:150,0,0)、蓝色(RGB:0,32,96)、橙色(RGB:247,150,70)、灰色(RGB:178,178,178)、黄色(RGB:255,255,200)。

(2) 操作方法和步骤

① 幻灯片的"母版"设置

a. 幻灯片母版"背景颜色"的设置

启动 PowerPoint 2010 文档,打开"幻灯片母版"视图窗格。单击"背景样式"下拉菜单中的"设置背景格式"选项,打开"设置背景格式"对话框,如图 7-90 所示。在"填充"选项卡的"颜色"下拉菜单中选择"其他颜色"选项,打开"颜色"对话框,选择"自定义"选项卡,"颜色模式"选择 RGB,"红色"、"绿色"、"蓝色"数值框中分别输入 255、255、200,如图 7-91 所示,然后单击"确定"按钮。在"设置背景格式"对话框中单击"关闭"按钮。

图 7-90 "设置背景格式"对话框

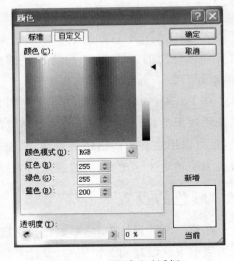

图 7-91 "颜色"对话框

b. 幻灯片母版"头部"的设计

"幻灯片母版"视图窗格中选择"插入"选项卡,在"形状"下拉菜单中选择"矩形",在母版的上方绘制一个长条矩形。将矩形的颜色设置为"黑色",将"企业标志图片"添加到"黑色矩形"的右侧,如图 7-92 所示。

c. 幻灯片母版的"版式"设计

"幻灯片母版"视图窗格中选择"标题幻灯片版式"幻灯片,单击其中的"副标题"占位符,

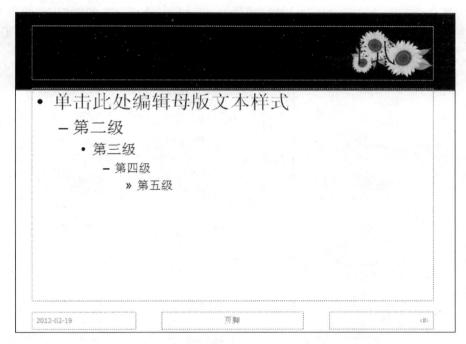

图 7-92 幻灯片母版"头部"的设计

按 Delete 键删除；选择"标题和内容版式"幻灯片，单击"文本样式"占位符，按 Delete 键将其删除，如图 7-93 所示。然后单击"关闭母版视图"按钮。

②"幻灯片"的创建及"标题"的设置

在幻灯片浏览视图窗口中新建 6 张空白幻灯片，在 6 张幻灯片的"标题"占位符中依次输入"飞翔化妆品公司推广"、"一、企业文化"、"二、企业分布"、"三、企业经营情况"、"四、客户满意度调查"和"五、企业前景展望"。文字都设置为"楷体_GB2312"、"44 磅"、"白色"、"加粗"。

③"封面"幻灯片的制作

a. 图片的设置

选择第一张幻灯片，将企业的"广告图片"添加在幻灯片

图 7-93 母版的"版式"设计

上，右击图片，从快捷菜单中选择"大小和位置"效果选项，打开"大小和位置"对话框，选择"锁定纵横比"效果选项，将图片的高度数值设置为"9 厘米"，宽度按默认数据，如图 7-94 所示，单击"关闭"按钮。

选择图片，打开"设置图片格式"对话框。选择"阴影"选项卡，设置透明度 60%、大小 100%、模糊"10 磅"、角度 45°、距离"10 磅"，如图 7-95 所示。选择"三维格式"选项卡，顶端"宽度"为"5 磅"、"高度"为"6 磅"、轮廓线大小为"2 磅"，如图 7-96 所示，单击"关闭"按钮。

b. 目录的设置

在"插入"选项卡的"形状"下拉菜单中选择"圆角矩形"选项，在幻灯片中绘制五个"圆角矩形"，并倾斜地放置在图片的右侧，如图 7-97 所示，同时，选择第一和第五个圆角矩形，将

其设置为红色(RGB：150,0,0)，"无轮廓"、"预设 2"效果。选择第二和第四个"圆角矩形"，将其设置为"蓝色(RGB：0,32,96)"、"无轮廓"、"预设 2"效果。选择第三个圆角矩形，将其设置为"橙色(RGB：247,150,70)"、"无轮廓"、"预设 2"效果。

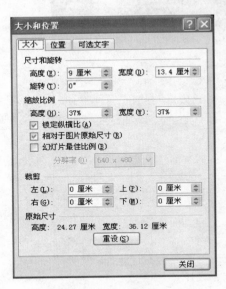

图 7-94　"大小和位置"对话框

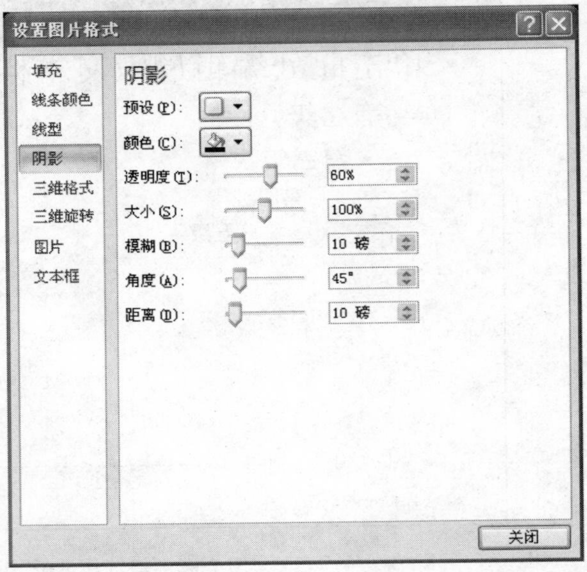

图 7-95　"阴影"选项卡

图 7-96　"三维格式"选项卡

c. 文字的设置

在 5 个圆角矩形中依次输入"企业文化"、"企业分布"、"企业经营情况"、"客户满意度调查"和"企业前景展望"，将图片和文本框调整到最佳放置效果，如图 7-98 所示。

图 7-97　"圆角矩形"放置效果　　　　　图 7-98　"封面"幻灯片

④ "企业文化"幻灯片的制作

a. "组合图形"的添加

选择第二张幻灯片,在幻灯片上绘制一个"圆角矩形"和一个"十边形",将两个图形如图 7-99 组合在一起,将组合图形复制两次,通过拖动边角的方法将两个组合图形变小,然后按图 7-100 效果排列。

图 7-99　组合图形 1　　　　　　　图 7-100　组合图形 2

b. 组合图形的美化

将十边形设置为"灰色(RGB:178,178,178)"、"无轮廓"、"预设 2"效果;将"圆角矩形"从左到右依次设置为,"红色(RGB:150,0,0)"、"无轮廓"、"预设 5"效果;"蓝色(RGB:0,32,96)"、"无轮廓"、"预设 5"效果;"橙色(RGB:247,150,70)"、"无轮廓"、"预设 5"效果。

c. 文字的设置

在"十边形"中输入数字 1、2、3,数字设置为"白色"、"加粗"效果。插入三个"水平文本框",第一个文本框中输入"企业经营:化妆品护肤系列、化妆品彩妆系列、化妆品沐浴系列、美容美发系列";第二个文本框中输入"服务理念:平民消费、服务百姓、成就他人、成功自己";第三个文本框中输入"行为准则:尊重顾客、互相帮助、共同发展、团结合作。"。将"企业经营"文本框放置在"红色"圆角矩形中,将"服务理念"文本框放置在"蓝色"圆角矩形中,将"行为准则"文本框放置在"橙色"圆角矩形中。"企业经营"和"服务理念"文本框中的文字设置为"楷体_GB2312"、"白色"、"加粗"。"行为准则"文本框中的文字设置为"楷体_GB2312"、"黑色"、"加粗"。字体的大小根据实际情况进行调整,如图 7-101 所示。

⑤ "企业分布"幻灯片的制作

a. 图片的插入及文本框的设置

选择第三张幻灯片,将"中国地图"插入幻灯片中并放置在幻灯片的左侧。添加4个"水平文本框",分别输入"北京(公司总部)"、"武汉(1家分店)"、"广州(2家分店)"、"昆明(1家分店)"。将"北京(公司总部)"文本框设置为"红色(RGB:150,0,0)"、"无轮廓"、"预设2"效果,将其他3个文本框设置为"蓝色(RGB:0,32,96)"、"无轮廓"、"预设2"效果。

b. 连接线的设置

在幻灯片中绘制4条黑色直线,将地图上的城市位置和相对应的文本框连接起来,如图7-102所示。

图7-101 "企业文化"幻灯片

图7-102 "企业分布"幻灯片

⑥ "企业经营情况"幻灯片的制作

a. 图形的设置

选择第4张幻灯片,绘制4个"椭圆形",将其倾斜放置在幻灯片上,然后绘制3个"向右箭头",将"椭圆形"和"向右箭头"按照图7-103位置放置。

将"椭圆形"依次设置为"红色(RGB:150,0,0)"、"无轮廓"、"预设5"效果;"蓝色(RGB:0,32,96)"、"无轮廓"、"预设5"效果;"橙色(RGB:247,150,70)"、"无轮廓"、"预设5"效果;"灰色(RGB:127,127,127)"、"无轮廓"、"预设5"效果。在4个椭圆中分别输入文字"2008年"、"2009年"、"2010年"、"2011年",文字为"白色"、"加粗"。将箭头设置为"黑色"、"无轮廓"、"预设5"效果,如图7-104所示。

b. 文字的设置

插入4个"水平文本框",第一个文本框中输入"2008年上旬313600"、"2008年中旬313579"、"2008年下旬313780",第二个文本框中输入"2009年上旬411890"、"2009年中旬412907"、"2009下旬411189",将文字设置为"灰色(RGB:127,127,127)"、"16磅"、"加粗",放置在椭圆形的下方,如图7-105所示。插入"水平文本框",输入"从2009年公司改革之后营业额逐年攀升。",文本框设置为"灰色(RGB:217,217,217)"、"无轮廓"、"右下斜偏移"的阴影效果,将它放置在幻灯片右下角,如图7-106所示。

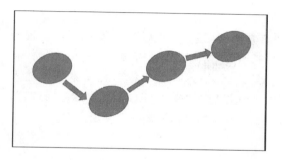

图 7-103 "椭圆形"的放置效果

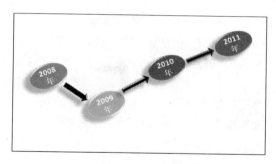

图 7-104 "椭圆形"的美化效果

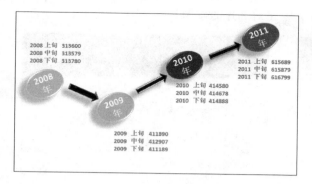

图 7-105 数据"文本框"的放置

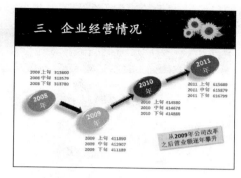

图 7-106 "企业经营情况"幻灯片

⑦"客户满意度调查"幻灯片的制作

a. 图形的设置

选择第五张幻灯片,在幻灯片中绘制 4 个"向右箭头"。将"右箭头"设置为"红色(RGB:150,0,0)"、"无轮廓"、"预设 5"效果,再绘制 4 个"向左箭头",将其设置为"蓝色(RGB:0,32,96)"、"无轮廓"、"预设 5"效果,设置完成后,按照图 7-107 方法放置,并输入相应的分数。

b. 文字的设置

插入 4 个"水平文本框",分别输入"产品包装效果"、"美白产品效果"、"服务态度"、"补水产品效果"。"文本框"设置为"橙色(RGB:247,150,70)"、"无轮廓"、"预设 2"效果,文字设置为"黑色"、"宋体"、"20 磅"、"加粗"。设置完成后按照图 7-108 方法放置。

图 7-107 "箭头放置"效果图

图 7-108 "文本框放置"效果图

c. 虚线圈及艺术字的设置

在幻灯片中绘制 2 个"椭圆",将"椭圆"的"填充颜色"设置为"无色";线条颜色设置为"黑色"、"圆点虚线"、"3 磅"。在"插入"选项卡中选择"艺术字"效果选项,输入"改革前"和"改革后",文字设置为"黑色"、"无轮廓"、"无阴影"。插入"水平文本框",在文本框中输入"通过调查发现改革后顾客满意度明显提高。"文本框设置为"灰色(RGB:217,217,217)"、"无轮廓"、"右下斜偏移"的阴影效果,将它放置在幻灯片右下角,如图 7-109 所示。

⑧ "企业前景展望"幻灯片的制作

a. 图形的设置

选择第六张幻灯片,在幻灯片上绘制 1 个向右的箭头。将其设置为"灰色(RGB:127,127,127)"、"无轮廓"、"预设 5"效果,将其放置在幻灯片的左侧,如图 7-110 所示。

图 7-109 "用户满意度调查"幻灯片

图 7-110 "箭头"放置效果

绘制三个"圆角矩形",将其分别设置为"红色(RGB:150,0,0)"、"无轮廓"、"预设 2"效果;"蓝色(RGB:0,32,96)"、"无轮廓"、"预设 2"效果;"橙色(RGB:247,150,70)"、"无轮廓"、"预设 2"效果。在"圆角矩形"中依次输入"增加网上业务"、"进一步提高服务质量"和"增加特色产品",并按图 7-111 效果排列。

b. 文本框的设置

在"插入"选项卡中选择"垂直文本框"效果选项,在幻灯片中插入 3 个"垂直"文本框,将文本框分别设置为"红色(RGB:150,0,0)"、"无轮廓"、"预设 5"效果;"蓝色(RGB:0,32,96)"、"无轮廓"、"预设 5"效果;"橙色(RGB:247,150,70)"、"无轮廓"、"预设 5"效果。在"文本框"中依次输入"扩大企业影响"、"提供一流服务"和"打造专业品牌"。将文本框按照图 7-112 效果排列。

⑨ 超链接的添加

将第一张幻灯片中的"企业文化"文本框和第二张幻灯片链接在一起并添加"返回"链接,将"企业分布"文本框和第三张幻灯片链接在一起并添加"返回"链接,将"企业经营情况"文本框和第四张幻灯片链接在一起并添加"返回"链接,将"客户满意度调查"文本框和第五张幻灯片链接在一起并添加"返回"链接,将"企业前景展望"文本框和第六张幻灯片链接在一起并添加"返回"链接。

图 7-111　"圆角矩形"放置效果　　　　　　　图 7-112　"企业前景展望"幻灯片

实训 3　制作"项目管理"幻灯片

实训要求:

1. 幻灯片母版的设计

在幻灯片"母版"中设置"华丽"的主题背景,在"标题幻灯片"版式左下角添加"金钥匙"图案,在"标题和文本版式"右上角添加"金钥匙"图案。

2. 颜色的设置

幻灯片的主题背景颜色是深紫色的,因此,在幻灯片内容的设置中,使用"白色"、"紫色"和"黑色"进行搭配。

3. "封面"幻灯片的制作

在"标题"占位符中输入"项目管理",文字大小设置为"72 磅",其他效果按照默认的设置。"副标题"占位符中输入"咨询师:张力"。

4. "目录"幻灯片的制作

"标题"占位符中输入"目录",添加四个"水平文本框",分别输入"一、项目管理的挑战"、"二、项目经理的技能"、"三、项目管理的功能"、"四、项目生命周期"。文本框设置为"淡紫、背景 2、深色 50％"、"无轮廓"、"预设 5"效果。

5. "项目管理的挑战"幻灯片的制作

在"标题"占位符中输入"一、项目管理的挑战",在幻灯片中插入 6 个"垂直文本框",分别输入"人事调度与安排","工作量评估"、"财政预算"、"责权分配平衡"、"沟通与安排"、"操作与调控"。文本框设置为"淡紫、背景 2、深色 50％"、"无轮廓"、"预设 5"效果。绘制一个"长箭头",箭头设置为"中等线—强调颜色 1",将箭头和文本框按照图 7-113 中第三张幻灯片位置放置。

6. "项目经理的技能"幻灯片的制作

在"标题"占位符中输入"二、项目经理的技能",按照图 7-114 效果绘制两个组合图形,并添加相应文字。插入一个"右箭头",在箭头中输入"领导一个集成多种信息和电信技术的 60 人 IT 咨询企业的项目经理",插入一个"左箭头",输入"一个重新设计航空器机翼的 8 人研发项目的项目经理"。将箭头和组合图形按照图 7-113 中第四张幻灯片位置放置。

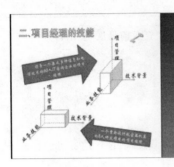 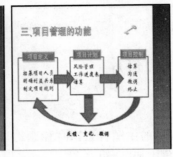 

图 7-113　"项目管理"幻灯片总体效果图

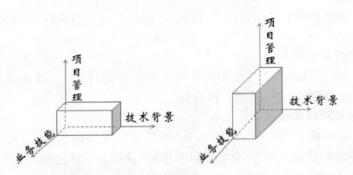

图 7-114　"项目经理的技能"幻灯片中的"组合图形"效果

7．"项目管理的功能"幻灯片的制作

在"标题"占位符中输入"三、项目管理的功能",按照图 7-115 效果绘制组合图形。其中,"项目定义"、"项目计划"、"项目控制"文本框和箭头颜色设置为"紫色",其他文字设置为"黑色"。

8．"项目生命周期"幻灯片的制作

在"标题"占位符中输入"四、项目生命周期",按照图 7-116 效果绘制组合图形。添加水平文本框,输入文字"一个标准的生命周期包括定义、计划、实施和终止四个阶段,其中定义和计划是项目的开始",并放置在幻灯片的左下角。

9．超链接的添加

将"目录"幻灯片的"一、项目管理的挑战"文本框超链接到第三张幻灯片上,并添加返回超链接;将"二、项目经理的技能"文本框超链接到第四张幻灯片上,并添加返回超链接;

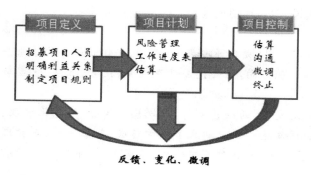

图 7-115　"项目管理的功能"幻灯片中"组合图形"效果

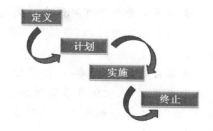

图 7-116　"项目生命周期"幻灯片的
"组合图形"效果

将"三、项目管理的功能"文本框超链接到第五张幻灯片上,并添加返回超链接;将"四、项目生命周期"文本框超链接到第六张幻灯片上,并添加返回超链接。

10. 放映幻灯片

按下 F5 快捷键或选择相应的菜单命令,可以放映幻灯片并检验制作的效果。

项 目 总 结

本项目通过对 3 个案例的讲解介绍了使用 PowerPoint 2010 制作幻灯片的方法,包括 4 个方面的内容。首先是幻灯片"背景"的设计,包括幻灯片"背景"的添加、"母版"的制作、"新模板"的使用;其次是幻灯片"内容"的设置,包括文字、图片、表格、SmartArt 图形、图表、各种组合图形、视频等多媒体元素以及超链接的添加方法;再次是幻灯片"动画效果"的设置,包括"自定义"动画效果的添加、幻灯片"切换效果"的设置;最后介绍了幻灯片"放映方式"的设置,包括"从头放映"、"从当前幻灯片开始放映"、"自定义放映"、"循环放映"、"从某张到某张放映"、"排练计时放映"。除了以上对幻灯片内容和形式的设计之外,在幻灯片的制作中还要特别注意颜色的搭配、基调的定位以及风格的统一……这些都需要初学者在今后的练习中不断探索。

项 目 实 训

根据下列文字的介绍,制作"康健餐饮企业"幻灯片。

实训要求:

(1) 根据上述文字的介绍设计为幻灯片设计内容结构。如设计者可以从"企业经营项目"、"企业特色"、"企业经营范围"、"企业精神"、"经营理念"、"人才理念"等方面进行构思,但在幻灯片中不要进行长篇文字的罗列。制作好的幻灯片不少于 6 张。

(2) 选择适合幻灯片的色彩和基调进行背景效果的添加。

(3) 使用多种元素设置幻灯片形式,如 SmartArt 图形、组合图形、图表、超链接等。

（4）添加动画效果，如自定义动画效果、幻灯片切换效果。

【样文】

康健餐饮企业管理有限公司创建于2004年，是集承包餐厅、酒店、餐饮管理咨询等业务为一体的专业化公司，以餐饮服务为主要经营方向，经营范围涉及经营、托管、承包、管理与咨询。

公司自创建以来，奉行"微利经营、长足发展"的经营宗旨，以规模化经营、规范化管理、标准化产品、特色化服务来实现企业的稳固发展。公司创立了刷卡自选、包伙分餐、美食广场、自助、自选套餐和风味小吃等多种供餐模式，具有对不同地域、不同人群、不同伙食标准实施保障的丰富经验。

公司在借鉴其他餐饮公司管理经验的同时，编制了《康健餐饮业质量管理系统》，有效地保证了公司扁平化管理、市场链运作、三关检验、竞争上岗等体系的建立和运作，确保了管理"无时不在，无处不在"。

目前，公司经营区域涉及河南、陕西、湖北、浙江等。以上网点在安全、卫生、管理、口味等方面均受到了被保障单位和顾客的广泛好评。

- 企业精神：脚踏实地，开拓创新，自信自强，坚决执行。
- 经营理念：微利经营，长足发展，创百年企业，树百年品牌。
- 人才理念：最大限度地发挥个人长处。
- 营销理念：市场的需要就是我们努力的方向。
- 服务理念：一切为了顾客，提供超值服务。

项目八　常用工具软件的应用

项目导读：

计算机在使用过程中，除了安装必要的操作系统外，还可以借助各种工具软件来完成特定的工作。掌握常用工具软件的使用方法和相关技巧，可以更加方便、快捷地操作计算机，提高系统的工作效率。

本项目通过 5 个具体任务的实施，介绍如何正确使用压缩工具进行文件压缩，方便数据备份和网络传输；使用下载工具快速下载文件；使用图片浏览软件对图片进行浏览、优化和处理；使用文档阅读软件查看、阅读和打印 PDF 文件和使用系统安全软件防护系统安全。通过本项目的学习实践，可以使学生掌握常用工具软件的主要功能和应用，提高计算机应用的整体水平，为日后的工作和学习奠定良好的基础。

学习目标：

- 了解工具软件的用途和重要性。
- 掌握常用工具软件的使用和操作方法。
- 能够利用常用工具软件管理好自己的计算机和文件。

任务一　数据压缩软件 WinRAR

压缩软件是日常生活、工作和学习中必不可少的工具。在办公自动化过程中，使用文件压缩工具，可以在不损坏文件信息的前提下减少文件占用的磁盘空间，同时还可以方便快捷地恢复原文件的所有信息，既能节约磁盘空间，又能提高文件转移或传输的速度。

WinRAR 软件是目前国内主流的压缩工具，采用先进的压缩算法，它提供了 RAR 和 ZIP 文件的完整支持，并能解压 ARJ、CAB、LZH、ACE、TAR、GZ、UUE、BZ2、JAR、ISO 格式的文件。WinRAR 软件窗口如图 8-1 所示。

WinRAR 软件在应用方面主要有以下几个功能。

1. 压缩文件和加密压缩文件

WinRAR 软件可以将一个或多个文件压缩成一个压缩文件。为了压缩文件在传输中更加安全，可以在压缩中设置密码保护。对压缩的文件可以使用工具栏上的添加和删除按钮进行修改，而不必将文件完全解压后重新压缩。

2. 解压文件

将压缩文件或文件夹解压成完整的文件信息。

3. 分卷压缩文件

大型文件或文件夹在上传网络或使用 U 盘等移动存储时，会受到容量的限制，可以使

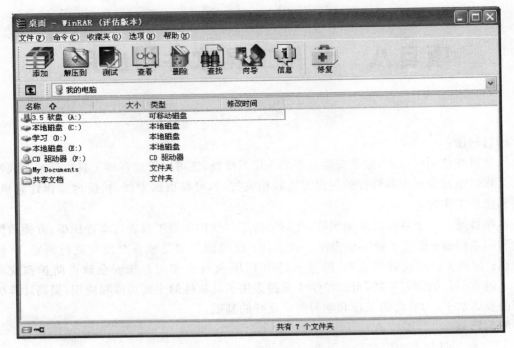

图 8-1　WinRAR 软件窗口

用分卷压缩功能将文件或文件夹拆分成多个小文件。

4. 解压分卷文件

将分卷压缩的压缩文件解压成一个完整的文件文件夹。

5. 压缩带密码保护的自解压文件

WinRAR 软件可以创建一个自解压文件,不需要通过压缩软件即可解压。为了保证压缩文件的安全,可以设置密码,只要输入正确的密码才能解压。

【任务操作 8-1】　按要求完成以下操作。

(1) 要求

① 将磁盘 F 盘中"纸黏土作品"文件夹中的所有图片压缩到桌面,命名为"纸黏土作品集",并添加密码为 123456。

② 将压缩文件"纸黏土作品集. rar"解压到桌面。

③ 将磁盘 H 盘中的"等级教程"文件夹分卷解压成分卷文件,每个分卷文件 10MB,并将 H 盘中的分卷压缩文件 Photoshop 7. part. rar 解压成一个完整的文件。

④ 将磁盘 H 盘中的"JAVA"文件夹压缩为自解压文件,并设置密码。

(2) 操作方法和步骤

① 压缩文件并加密

a. 打开计算机进入 F 盘中,打开"纸黏土作品"文件夹,选择所有图片,在选中的对象上右击,在弹出的快捷菜单中选择"添加到压缩文件…(Addtoarchive…)"命令。

b. 在弹出的"压缩文件名和参数"对话框中,单击"浏览"按钮,选择保存压缩文件的路径为桌面了,并将文件名更改为"纸黏土作品集. rar",如图 8-2 所示。

c. 单击"常规"面板中的"设置密码"按钮,弹出"输入密码"对话框,在其中输入要求密码,如图 8-3 所示,单击"确定"按钮,返回到"常规"面板中。

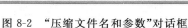

图 8-2　"压缩文件名和参数"对话框　　　　图 8-3　"输入密码"对话框

d. 单击"确定"按钮,开始进行文件压缩,之后,会在桌面上出现名为"纸黏土作品集"的压缩文件。

提示:快捷菜单中其他压缩方式功能如下。

➢ 添加到"*.rar":在当前文件夹下生成一个与源文件或文件夹同名的压缩文件。

➢ 压缩并 E-mail:生成一个可选择路径、文件名等选项的压缩文件并启动默认的邮件程序,把生成的压缩文件插入到要发送的邮件附件中。

➢ 压缩到"*.rar 并 E-mail":生成一个与源文件或文件夹同名的压缩文件,并启动默认的邮件程序,把生成的压缩文件插入到要发送的邮件附件中。

② 解压文件

a. 双击桌面上的"纸黏土作品集.rar"文件,打开此文件窗口。

b. 选择需要压缩的文件后,单击工具栏上的"解压到"按钮,打开"解压路径和选项"对话框。

c. 选择"常规"选项卡,如图 8-4 所示,在"目标路径"下拉列表框中输入存放解压文件的位置(默认为压缩文件所在路径),更新方式和覆盖方式使用默认设置,单击"确定"按钮。

d. 在弹出的"输入秘密"对话框中输入压缩文件的密码,单击"确定"按钮,在桌面上出现一个和压缩文件同名的文件夹。

③ 分卷压缩文件和解压分卷压缩文件

a. 分卷压缩文件

打开 H 盘,在"等级教程"文件夹上右击,在弹出的快捷菜单中选择"添加到压缩文件…"命令,弹出"压缩文件名和参数"对话框,如图 8-5 所示,在"常规"选项卡的"压缩为分卷,大小"下拉列表框中输入 10MB,单击"确定"按钮,开始压缩。

压缩完成后,生成多个分卷压缩文件,文件名依次为"等级教程.part1.rar"、"等级教程.part2.rar",以此类推,如图 8-6 所示。

图 8-4 "解压路径和选项"对话框

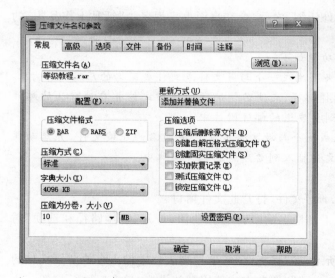

图 8-5 "压缩文件名和参数"对话框

图 8-6 分卷压缩效果

b. 解压分卷压缩文件

打开 H 盘,选择 Photoshop.part1.rar、Photoshop.part2.rar…(共 5 个分卷),右击,在弹出的快捷菜单中选择"本地解压"命令开始解压,完成解压后,在 H 盘中出现 Photoshop.exe 文件。

④ 压缩带密码保护的自解压文件

a. 鼠标右击"JAVA"文件夹,在弹出的快捷菜单中选择"添加到压缩文件…"命令,弹出"压缩文件名和参数"对话框,在"常规"选项卡的"压缩选项"列表框中选择"创建自解压缩格式压缩文件",如图 8-7 所示。

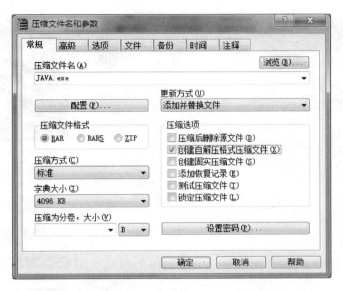

图 8-7 "压缩文件名和参数"对话框中选择压缩选项

b. 单击"设置密码"按钮,设置密码,单击"确定"按钮,在当前文件夹中创建了一个名为"Java.exe"的自解压文件。

实训 1 文件的压缩与解压缩

实训要求:

(1) 对磁盘 H 盘中的"等级教程"文件夹分别使用向导、工具栏上的添加按钮、右键快捷菜单压缩该文件夹,压缩方式分别为"存储"、"标准"和"最好"。

① 要求使用三种压缩方式压缩文件夹。

② 在压缩过程中观察压缩速度,比较三种压缩方式的压缩速度。

③ 比较生产的压缩文件大小,理解压缩速度和压缩方式的关系。

(2) 下载迅雷软件最新安装版本,将该软件压缩为自解压文件,设置解压密码,要求在解压后自动运行安装程序。

任务二 文件下载软件迅雷

迅雷是一款新型的基于 P2SP 技术的下载工具,能够有效降低死链比例,也就是说,这个链接如果是死链,迅雷会搜索到其他链接来下载所需要的文件;该软件还支持多节点断点续传;支持不同的下载速率;同时,迅雷还可以智能分析出哪个节点上上传的速度最快,来下载提高用户的下载速度;支持各节点自动路由;支持多点同时传送并支持 HTTP、FTP 等标准协议。新版的迅雷更能下载 bit 资源和电驴资源等,迅雷逐渐成为下载软件中的"全能战士"。

迅雷软件窗口如图 8-8 所示。

图 8-8　迅雷软件窗口

迅雷的主要功能如下。

1. 下载文件

使用迅雷下载文件有很多种方法,其中最简单的方法是,使用快捷菜单添加下载任务。在下载任务开始前,还可以设置下载任务的存放路径,方便文件的保存。

网络上一些歌曲、视频、图片等下载资源的链接地址非常有规律,使用迅雷提供的通配符批量下载功能可以方便地创建多个包含共同特征的下载任务、提高下载效率。

2. 管理下载任务

迅雷通过界面左侧的任务管理窗格可以对下载文件进行分类管理,如图 8-8 所示,主要包括:正在下载、已完成、私人空间和垃圾箱等模块管理下载任务。

【任务操作 8-2】　按要求完成以下操作。

(1) 要求

① 使用迅雷工具下载图片浏览软件 ACDSee。

② 使用通配符批量下载具有共同特征的资源。批量下载链接地址为:http://.../mp301. mp3、http://.../mp302. mp3、……、http://.../mp330. mp3 的共 30 首 MP3 歌曲。

(2) 操作方法和步骤

① 使用迅雷下载文件

a. 百度搜索 ACDSee,找到下载的网页"http://rj. baidu. com/soft/detail/16687. html"。

b. 将鼠标指针移至下载链接处右击,在弹出的快捷菜单中选择"使用迅雷下载"命令,系统会自动打开迅雷,弹出"新建任务"对话框,如图 8-9 所示,链接地址会自动添加到"下载链接"文本框中,修改保存路径,单击"立即下载"即可下载文件。

图 8-9　"新建任务"对话框

提示：启动迅雷后，新建下载任务的其他方法：

➤ 将下载任务直接拖动到悬浮窗口中；

➤ 单击迅雷工具栏中的"新建"按钮，打开"建立任务"对话框，在"下载链接"文本框中直接输入 URL 地址；

➤ 复制下载地址，如迅雷开启"监视剪贴板"功能，将自动建立新的下载任务。

② 使用通配符批量下载具有共同特征的资源

a. 选择迅雷软件窗口中的"新建"命令，弹出"新建任务"对话框，如图 8-10 所示，选择"按规则添加批量任务"链接。

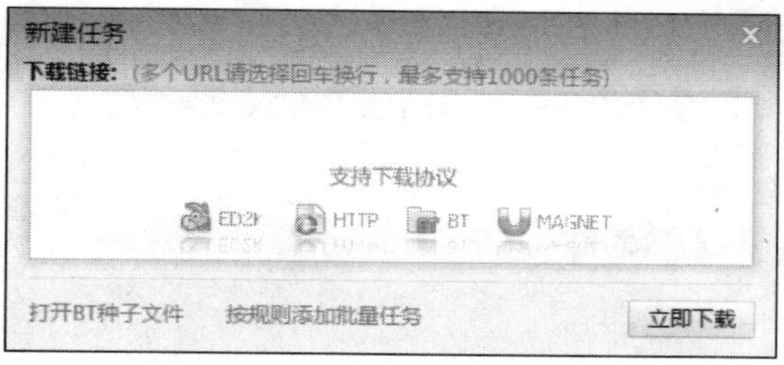

图 8-10　"新建任务"对话框

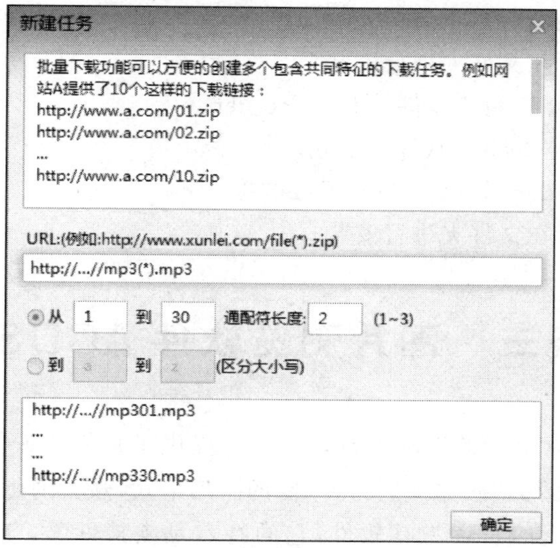

图 8-11　"新建批量下载任务"对话框

b. 在 URL 文本框中输入地址"http://...//mp3(*).mp3",填写从 1 到 30,如图 8-11 所示。单击"确定"按钮,弹出另一"新建任务"窗口,如图 8-12 所示,在此窗口中可以筛选下载任务,设置文件名称和存储路径,最后,单击"下载"按钮即可进行批量下载。

图 8-12 "设置下载任务"对话框

实训 2 利用迅雷下载软件

实训要求:

(1) 使用迅雷下载图片浏览软件 ACDSee。

① 百度搜索 ACDSee 软件并下载。

② 找到 ACDSee 最新版本下载链接。

③ 打开下载软件所在文件夹进行安装。

(2) 使用迅雷下载文档阅读软件 Adobe Reader。

① 百度搜索 Adobe Reader 软件并下载。

② 找到 Adobe Reader Ⅺ 11.0 版本下载链接。

③ 打开下载软件所在文件夹进行安装。

任务三 图片浏览软件 ACDSee

ACDSee 是目前非常流行的看图工具之一。它提供了良好的操作界面,简单人性化的操作方式,优质的快速图形解码方式,支持丰富的图形格式,强大的图形文件管理功能等等。ACDSee 是使用最为广泛的看图工具软件,它的特点是支持性强,能打开包括 ICO、PNG、XBM 在内的二十余种图像格式,并且能够高品质地快速显示它们,甚至近年在互联网上十分流行的动画图像档案都可以利用 ACDSee 来欣赏；它还有一个特点是速度快，与其他图像观赏器比较，ACDSee 打开图像档案的速度无疑是最快的。

ACDSee 软件窗口如图 8-13 所示。

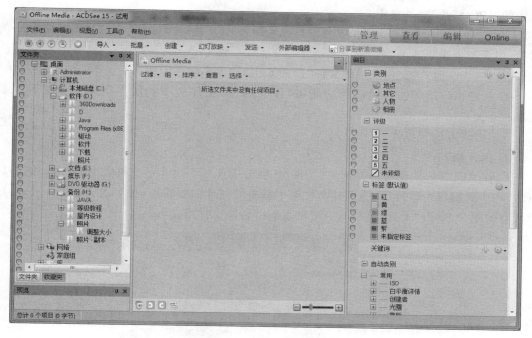

图 8-13　ACDSee 软件窗口

ACDSee 主要功能如下。

1. 文件管理操作

ACDSee 提供了简单的文件管理功能，用它可以进行文件的复制、移动和重命名等，还可以为文件添加简单的说明。

2. 转换图片格式

ACDSee 可轻松实现 JPG、BMP、GIF 等图像格式的任意转化；也可以成批转换图片格式。

3. 文件批量更名

在操作系统管理中，如果大量图片文件需要重新命名，且命名是有一定规律的，在文件夹窗口中操作是比较复杂的，但通过 ACDSee 软件窗口进行批量更名会起到事半功倍的效果。

4. 调整图片大小

可以对某一张图片调整大小，也可以选择其中的多个进行批量调整大小。

5. 制作屏幕保护程序

在机器里存放了不少图片，如果要将它们制作成一个漂亮的屏幕保护程序，只要巧妙地利用 ACDSee 的连续播放功能就可能达到这个目的。

6. 创建幻灯片文件

在使用 ACDSee 浏览图像的时候，也可以设置以幻灯片的方式连续播放图像。

【任务操作 8-3】 按要求完成以下操作。

(1) 要求

① 将磁盘 D 盘中"照片"文件夹中的所有 BMP 格式的图片转换成 JPG 格式,存放在 D 盘中的"JPG 照片"文件夹中。

② 将"JPG 照片"文件夹中的文件进行批量命名,要求按顺序以"图片 1"、"图片 2"……为名称,以此类推来更改名字。

③ 将"JPG 照片"文件夹中的文件"图片 6.JPG"大小调整为原来的 1 倍。

④ 利用 ACDSee 的连续播放功能将"JPG 照片"文件夹中的所有图片制作屏幕保护程序。

(2) 操作方法和步骤

① 图片格式转换

a. 在 ACDSee 软件窗口左侧的"文件夹"窗口中选择 D 盘中的文件夹"照片",如图 8-14 所示,在中间窗口中,可以看到照片文件夹中所有的图片的缩略图,按下组合键 Ctrl+A,选中所有的图片,单击"工具"菜单,选择"批量"→"转换文件格式"命令。

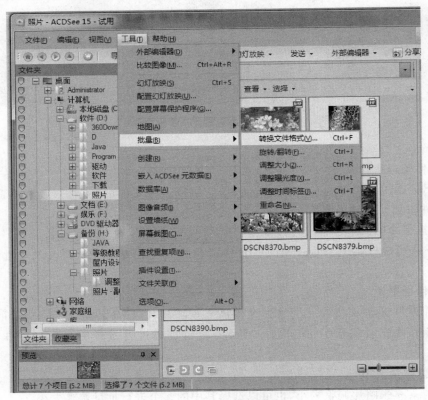

图 8-14 图片转换命令

b. 弹出"批量转换文件格式"对话框,在"格式"列表框中选择"JPG"格式,单击"下一步"按钮,在向导的第二步中,如图 8-15 所示,在"目标位置"处选择"将修改后的图像放入以下文件夹",并在其文本框处输入地址"D:\JPG 照片",单击"下一步"按钮,然后单击"开始转换"命令,如图 8-16 所示,转换完毕后单击"完成"按钮即可。

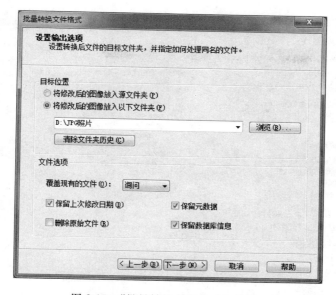

图 8-15　"批量转换文件格式"对话框

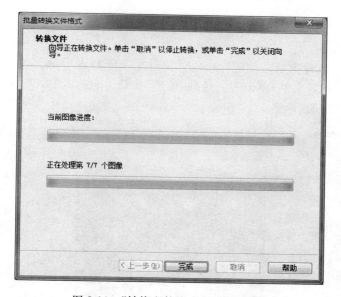

图 8-16　"转换文件格式完毕"对话框

② 文件批量更名

a. 在 ACDSee 软件窗口左侧的"文件夹"窗口中选择 D 盘中的文件夹"JPG 照片",在中间窗口中,可以看到照片文件夹中所有的图片的缩略图,按下组合键 Ctrl＋A,选中所有的图片,单击"工具"菜单,选择"批量"→"重命名"命令。

b. 弹出"批量重命名"对话框,如图 8-17 所示,在"模板"文本框中输入"图片♯",其他选项为默认选项,单击"开始重命名"按钮。然后单击"完成"按钮,则在软件窗口中显示更名后的效果。

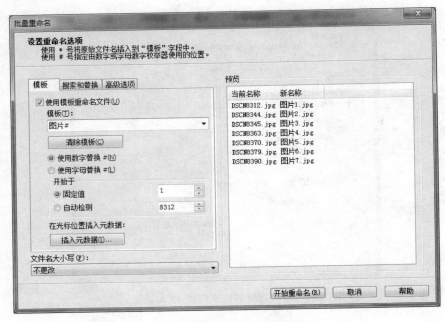

图 8-17   "批量重命名"对话框

③ 调整图片大小

a. 在 ACDSee 软件窗口左侧的"文件夹"窗口中选择 D 盘中的文件夹"JPG 照片",在窗口中选择"图片 6.JPG"文件,单击右上角的"编辑"按钮,出现如图 8-18 所示的编辑窗口,单击"编辑模式菜单"中的"调整大小"命令。

图 8-18   图片编辑窗口

b. 出现如图 8-19 所示的"调整大小"对话框,设置百分比为 200%,单击"完成"按钮。

提示:如果需要批量调整图片大小,方法是选择需要调整的所有图片,单击"工具"→"批量"→"调整大小"命令,然后在"调整大小"对话框中统一设置图片大小。

④ 制作屏幕保护程序

a. 选择"工具"菜单中的"配置屏幕保护程序"命令,弹出如图 8-20 所示的"ACDSee 屏幕保护程序"对话框,单击"添加"按钮。

b. 弹出"选择项目"对话框,如图 8-21 所示,在文件夹列表框中选择 D 盘中的"JPG 照片"文件夹,在"可用的项目"列表框中显示出所选文件夹中的所有图片,依次单击"全选"和"添加"按钮,在"选择的项目"列表框中显示出所有的图片,依次单击"全选"和"确定"按钮。

c. 返回到"ACDSee 屏幕保护程序"对话框,如图 8-22 所示,在"选择的图像"对话框中显示出上面所选的图片,单击"确定"按钮。如图 8-23 所示,在"屏幕保护程序设置"对话框中,可以看到刚设置好的 ACDSee 屏幕保护程序。

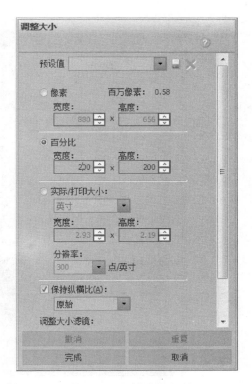

图 8-19　"调整大小"对话框

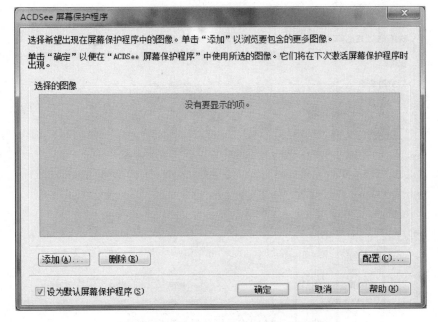

图 8-20　"ACDSee 屏幕保护程序"对话框

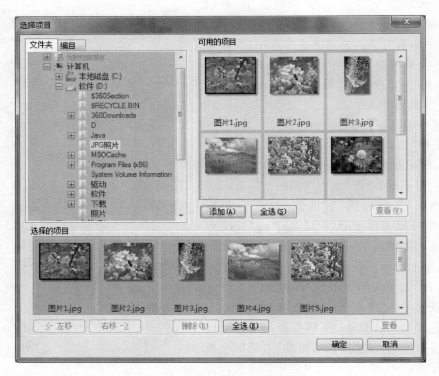

图 8-21 "选择项目"对话框

图 8-22 "ACDSee 屏幕保护程序"对话框

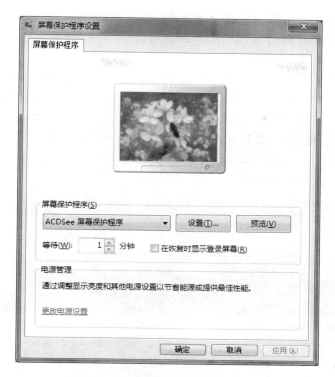

图 8-23 "屏幕保护程序设置"对话框

实训 3 利用图片浏览制作相册

实训要求：

(1) 将 D 盘中的"JPG 照片"文件夹中的所有图片制作幻灯片文件。

① 要求创建独立的幻灯片放映文件。

② 转场效果全部设置为百叶窗。

③ 背景音频设置为 D 盘中的"江南.mp3"。

④ 文件名与位置处设置为"D:\JPG 照片\照片放映.exe"。

(2) ACDSee 软件浏览磁盘 H 盘中的"向日葵"文件夹中的所有图片。

① 批量重命名文件夹中的所有图片,要求图片命名为"向日葵 1"、"向日葵 2",…。

② 在软件窗口中将"向日葵 6.jpg"文件复制到 D 盘中的"JPG 照片"文件夹中。

③ 将"向日葵 7.jpg"文件设置为墙纸,"方式"为居中。

任务四 文档阅读软件 Adobe Reader

PDF 全称为 Portable Document Format(中文名便携式文档格式),是 Adobe 公司开发的电子文件格式。这种文件格式与操作系统平台无关,这一特点使它成为在 Internet 上进行电子文档发行和数字化信息传播的理想文档格式。用 PDF 制作的电子书具有纸版书的质感和阅读效果,可以"逼真地"展现原书的原貌,而显示大小可任意调节,给读者提供了个性化的阅读方式。越来越多的电子图书、产品说明、公司文告、网络资料、电子邮件开始使用 PDF 格式文件。

　　阅读 PDF 文件要用 Adobe 公司的 Adobe Reader 软件。Adobe Reader 用于跨平台和跨设备可靠地查看 PDF 文档并与之交互,是值得信赖的、业界领先的软件,并且完全免费。安装免费的 Adobe Reader 移动设备应用程序,即可在 iPad、iPhone 和 iPod Touch 上处理 PDF 文档。可以方便地访问、管理和共享各种 PDF 类型,包括 PDF 包、受密码保护的文档、可填写的表单以及受 Adobe LiveCycle 权限管理的 PDF。

　　Adobe Reader Ⅺ 11.0 软件窗口如图 8-24 所示。

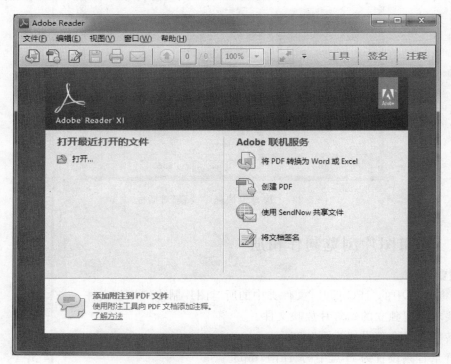

图 8-24　Adobe Reader Ⅺ 11.0 软件窗口

Adobe Reader Ⅺ 11.0 软件的主要功能如下。

1. 阅读 PDF 文档

阅读 PDF 文档是 Adobe Reader 最基本也是最常用的功能之一。在阅读过程中常用到的功能有:

　　(1) 从电子邮件、Web 或支持"打开方式…"的任何应用程序快速打开 PDF 文档;

　　(2) 轻松地放大文本或图像以便更仔细地查看;

　　(3) 翻页与超文件索引,让你的浏览习惯跟网页浏览差不多;

　　(4) 搜索文本以查找特定信息;

　　(5) Adobe Reader Ⅺ 附带一整套注释工具。因此可添加附注、高亮显示文本以及使用线条、形状、图章和打字机工具,将注释放在 PDF 文档上的任意位置;

　　(6) 用电子签名对文件进行签名。

2. 选择和复制文档内容

在使用 Adobe Reader 阅读 PDF 文档时,可以选择和复制其中的文本和图片对象。复制文本可以直接选择文本使用复制命令即可,复制入表格、公式之类的对象时,使用拍快照命令来实现。

3. 打印 PDF 文档

提供了完整的打印方式,可以印单页、全印或者一个区段。

【任务操作 8-4】

(1) 要求

① 打开 D 盘中的 PDF 文件"文献推荐系统综述. pdf",将页面缩放至实际大小的 150%,将当前页面定位至第 4 页。

② 将第 4 页中的段落文字(从"在一些应用领域"到"四种关系")复制到 Word 中,使用"拍快照"方法将表 1 复制到 Word 中。

③ 将此文章的 1~6 页以多页的方式打印,要求一张纸上打印 2 页。

(2) 操作方法和步骤

① 阅读 PDF 文档

如图 8-24 所示,在软件窗口中选择"文件"菜单中的"打开"命令,在弹出的"打开"对话框中选择 D 盘中的"文献推荐系统综述. pdf"文件,在 Adobe Reader 窗口中显示文件内容,如图 8-25 所示,在工具栏中的缩放比例列表中选择 150%。单击"下一页"按钮 ⬇,将当前页面定位到第 4 页。

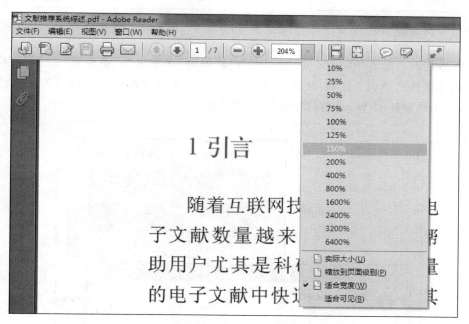

图 8-25　使用工具栏

提示:

➤ 如果缩放比例列表中没有合适的数值,可以在文本框中直接输入数值,按 Enter 键确认即可。

➤ 如果要定位的页码比较大,可以在页码文本框中 □ 直接输入页码数,按 Enter 键确认即可。

② 复制 PDF 文档内容

a. 复制文本。在页面中右击,如图 8-26 所示,在弹出的快捷菜单中单击"选择工具"命令,这时鼠标形状由手形变为 I 形光标,如图 8-27 所示,选择指定的段落,右击,在弹出的菜单中选择"复制"命令,打开空白的 Word 文档,选择粘贴命令即可复制该段落文字。

图 8-26　快捷菜单

图 8-27　"复制"命令

b. 复制表格。在 Adobe Reader 窗口中选择"编辑"菜单中的"拍快照"命令,如图 8-28 所示,用鼠标指针选择表 1 区域,此时,在窗口中弹出一个对话框,显示"选定的区域已被复制"信息,在上面新建的 Word 窗口中选择"粘贴"命令即可复制表格。

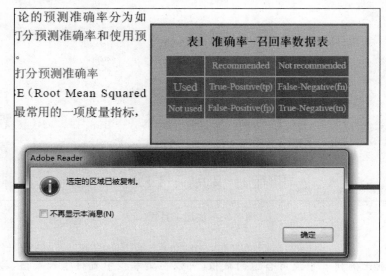

图 8-28　"拍快照"命令的使用

提示：

➢ 打开"拍快照"命令后，撤销此命令可以按 Esc 键。

➢ 复制的表格在 Word 中以图片的形式显示。

③ 打印 PDF 文档

在 Adobe Reader 窗口中选择"文件"菜单中的"打印"命令，弹出"打印"对话框，如图 8-29 所示，在"要打印的页面"中选择"页面"单选框，在对应的文本框中输入"1-6"；在"调整页面大小和处理页面"中选择"多页"，在随后出现的"每张纸要打印的页数"中选择列表框中的"2"，其他为默认选项，单击"打印"按钮即可打印文档。

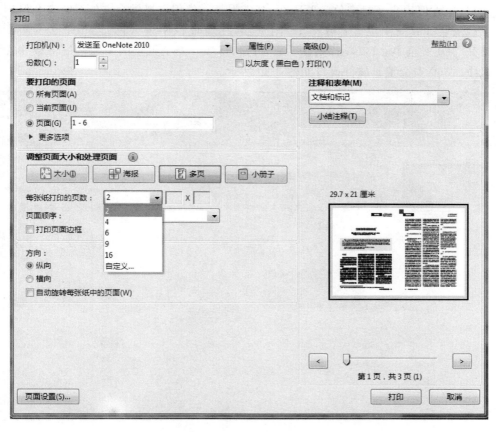

图 8-29　"打印"对话框

实训 4　阅读 PDF 文件

实训要求：

（1）打开 D 盘中的 PDF 文件"文献推荐系统综述.pdf"。

① 页面显示为双页滚动。

② 将文章 4.3 节可扩展性中的文字设置为高亮文本。

（2）打开 D 盘中的 PDF 文件"海量数据导入与导出 MATLAB 的有效方法.pdf"。

① 为"数据导入与导出及实例"章节添加附注，附注内容为"文章的核心内容"。

② 以全屏模式浏览文章。

任务五 系统安全软件 360 安全卫士

360 安全卫士是国内最受欢迎的免费安全软件,它拥有查杀流行木马、清理恶评插件及系统插件,管理应用软件,系统实时保护,修复系统漏洞等数个强劲功能,同时还提供系统全面诊断,弹出插件免疫,清理使用痕迹以及系统还原等特定辅助功能,并且提供对系统的全面诊断报告,方便用户及时定位问题所在,真正为每一位用户提供全方位系统安全保护。

下载安装 360 安全卫士:启动 IE 浏览器,在地址栏中输入网址"http://www.360.cn",打开"360 安全中心",单击"免费下载"按钮,将 360 安全卫士的安装程序下载并安装到计算机中。360 安全卫士软件窗口如图 8-30 所示。

图 8-30 360 安全卫士 9.3

360 安全卫士主要功能如下。

1. 电脑体检

体检功能可以全面的检查计算机的各项状况。体检完成后会显示一份优化计算机的意见,可以根据个人需要对计算机进行优化处理。定期体检可以有效保持计算机的健康。

2. 木马查杀

木马程序是目前比较流行的病毒文件,与一般的病毒不同,它不会自我繁殖,也不会刻意地去感染其他文件,它通过将自身伪装吸引用户下载执行,向施种木马者提供打开被种木马者计算机的门户,使施种者可以任意毁坏、窃取被种者的文件,甚至远程操控被种者的计算机。而木马查杀功能可以找出计算机中疑似木马的程序并在取得允许的情况下删除这些程序。

3. 系统修复

系统修复可以检查计算机中多个关键位置是否处于正常状态。为系统修复高危漏洞和功能性更新。当遇到浏览器主页、"开始"菜单、桌面图标、文件夹、系统设置等出现异常时，使用系统修复功能，可以找出问题出现的原因并修复问题。

4. 电脑清理

主要清理计算机垃圾，如清理插件、清理垃圾文件、清理上网痕迹和清理注册表。

5. 优化加速

360 优化加速是整理和关闭一些计算机不必要的启动项，优化系统设置、内存配置，应用软件服务、系统服务，以达到计算机干净整洁、运行速度提升的效果。

6. 电脑救援

360 电脑救援是为了解决计算机用户本机及上网过程中遇到的常见问题应运而生的功能模块，分为四个模块，分别为自助方案求援、人工在线求援、网友互助求援和附近商家救援。

7. 手机助手

360 手机助手是一款智能手机的资源获取平台，为用户提供了海量的游戏、软件、音乐、小说、视频、图片，通过这款软件可以轻松下载、安装、管理手机资源，拥有海量资源一键安装、绿色无毒、安全无忧和应用程序方便管理等功能。

8. 软件管家

360 软件管家是 360 安全卫士中提供的一个集软件下载、更新、卸载、优化于一体的工具。

9. 功能大全

360 功能大全提供了多种实用工具，有针对性地帮助解决计算机的问题，提高计算机的速度。

【任务操作 8-5】　按要求完成以下操作。

（1）要求

① 使用"电脑清理"功能将计算机中的垃圾清理掉。

② 使用"优化加速"功能使计算机速度有所提升。

③ 使用"软件管家"功能将搜狗拼音输入法升级。

（2）操作方法和步骤

① 计算机清理

打开 360 安全卫士，单击"电脑清理"按钮，自动扫描系统，如图 8-31 所示，显示需要清理的选项，可以在其中选择要清理的对象，单击"一键清理"按钮即可。可以选择右侧的"自动清理"命令，设置好清理的时机和清理的内容，360 卫士会自动清理计算机垃圾。

② 优化加速

单击"优化加速"按钮，自动扫描系统，如图 8-32 所示，显示需要优化的信息，选择对象，单击"立即优化"按钮即可优化加速。

③ 软件升级

单击"软件管家"按钮，打开"软件管家"窗口，如图 8-33 所示，单击"软件升级"，在搜狗拼音输入法右侧的"一键升级"按钮。

图 8-31　计算机清理

图 8-32　优化加速

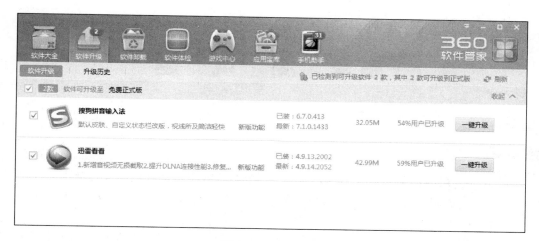

图 8-33　软件升级

实训 5　使用 360 安全卫士

实训要求：

将移动磁盘插入计算机，使用 360 安全卫士扫描移动磁盘，检测最新版本的 360 安全卫士软件，如果有立即更新。

（1）打开"检测更新"对话框，检测软件新版本。

（2）更新 360 安全卫士软件。

（3）升级设置中，设置"自动升级卫士和备用木马库到最新版"。

项 目 总 结

本项目介绍了文件压缩、文件下载、图片浏览、文档阅读及系统安全 5 种常用工具软件的基本使用方法和技巧。

文件压缩软件可以将一个或者多个文件夹压缩为一个压缩文件，压缩时可以详细设置压缩方式、解压方式和密码保护等压缩参数；同时对压缩文件的内容提供了快速的编辑和解压操作功能。

下载软件采用多种网络技术，可以方便、快速地下载网络资源；同时对下载的资源提供了完备的任务管理方案，方便用户对大量下载文件进行管理。

图片浏览软件具有良好的操作界面，简单人性化的操作方式，优质的快速图形解码方式，支持丰富的图形格式，强大的图形文件管理功能等。

文档阅读软件用于跨平台和跨设备可靠地查看 PDF 文档并与之交互，是值得信赖的业界领先的软件，并且完全免费。

系统安全软件拥有查杀流行木马、清理恶评插件及系统插件，管理应用软件，系统实时保护，修复系统漏洞等数个强劲功能，同时，还提供系统全面诊断、弹出插件免疫、清理使用痕迹以及系统还原等特定辅助功能。

附录 测 试 题

测试题一

1. 在计算机内部用来传送、存储、加工处理的数据或指令都是以（　　）形式进行的。

　　A. 十进制码　　　　B. 二进制码　　　　C. 八进制码　　　　D. 十六进制码

答案：B

解析：在计算机内部用来传送、存储、加工处理的数据或指令都是以二进制码形式进行的。

2. 下列关于世界上第一台电子计算机 ENIAC 的叙述中，（　　）是不正确的。

　　A. ENIAC 是 1946 年在美国诞生的

　　B. 它主要采用电子管和继电器

　　C. 它首次采用存储程序和程序控制使计算机自动工作

　　D. 它主要用于弹道计算

答案：C

解析：世界上第一台电子计算机 ENIAC 是 1946 年在美国诞生的，它主要采用电子管和继电器，它主要用于弹道计算。

3. 计算机系统由（　　）两大部分组成。

　　A. 系统软件和应用软件　　　　　　B. 主机和外部设备

　　C. 硬件系统和软件系统　　　　　　D. 输入设备和输出设备

答案：C

解析：硬件系统和软件系统是计算机系统两大组成部分。输入设备和输出设备、主机和外部设备属于硬件系统。系统软件和应用软件属于软件系统。

4. 下列存储器中，属于内部存储器的是（　　）。

　　A. CD-ROM　　　　B. ROM　　　　C. 软盘　　　　D. 硬盘

答案：B

解析：在存储器中，ROM 是内部存储器，CD-ROM、硬盘、软盘是外部存储器。

5. 目前微机中所广泛采用的电子元器件是（　　）。

　　A. 电子管　　　　　　　　　　　　B. 晶体管

　　C. 小规模集成电路　　　　　　　　D. 大规模和超大规模集成电路

答案：D

解析：目前微机中所广泛采用的电子元器件是：大规模和超大规模集成电路。电子管是第一代计算机所采用的逻辑元件（1946—1958 年）；晶体管是第二代计算机所采用的逻辑元件（1959—1964 年）；小规模集成电路是第三代计算机所采用的逻辑元件（1965—1971 年）；大规模和超大规模集成电路是第四代计算机所采用的逻辑元件（1971 年至今）。

6. 用高级程序设计语言编写的程序称为（　　　）。

　　A. 源程序　　　　　B. 应用程序　　　　　C. 用户程序　　　　　D. 实用程序

答案：A

解析：用高级程序设计语言编写的程序称为源程序,源程序不可直接运行。要在计算机上使用高级语言,必须先将该语言的编译或解释程序调入计算机内存,才能使用该高级语言。

7. 二进制数 11111 转换为十进制整数是（　　　）。

　　A. 64　　　　　　B. 63　　　　　　C. 32　　　　　　D. 31

答案：D

解析：数制也称计数制,是指用同一组固定的字符和统一的规则来表示数值的方法。十进制(自然语言中)通常用 0～9 来表示,二进制(计算机中)用 0 和 1 表示,八进制用 0～7 表示,十六进制用 0～F 表示。①十进制整数转换成二进制(八进制、十六进制),转换方法:用十进制余数除以二(八、十六)进制数,第一次得到的余数为最低有效位,最后一次得到的余数为最高有效位。②二(八、十六)进制整数转换成十进制整数,转换方法:将二(八、十六)进制数按权展开,求累加和便可得到相应的十进制数。③二进制与八进制或十六进制数之间的转换二进制与八进制之间的转换方法:3 位二进制可转换为 1 位八进制,1 位八进制数可以转换为 3 位二进制数。二进制数与十六进制之间的转换方法:4 位二进制可转换为 1 位十六进制数,1 位十六进制数中转换为 4 位二进制数。因此:$(11111)B = 1*2^4 + 1*2^3 + 1*2^2 + 1*2^1 + 1*2^0 = 31(D)$。

8. 32 位微机是指它所用的 CPU 是（　　　）。

　　A. 一次能处理 32 位二进制数　　　　　B. 能处理 32 位十进制数

　　C. 只能处理 32 位二进制定点数　　　　D. 有 32 个寄存器

答案：A

解析：字长是计算机一次能够处理的二进制数位数。32 位指计算机一次能够处理 32 位二进制数。

9. 计算机最早的应用领域是（　　　）。

　　A. 人工智能　　　B. 过程控制　　　　　C. 信息处理　　　　　D. 数值计算

答案：D

解析：人工智能模拟是计算机理论科学的一个重要的领域,智能模拟是探索和模拟人的感觉和思维过程的科学,它是在控制论、计算机科学、仿生学和心理学等基础上发展起来的新兴边缘学科。其主要研究感觉与思维模型的建立,图像、声音和物体的识别。计算机最早的应用领域是:数值计算。人工智能、过程控制、信息处理是现代计算机的功能。

10. 用 MHz 来衡量计算机的性能,它指的是（　　　）。

　　A. CPU 的时钟主频　　　　　　　B. 存储器容量

　　C. 字长　　　　　　　　　　　　D. 8020H

答案：A

解析：用 MHz 来衡量计算机的性能,它指的是 CPU 的时钟主频。存储容量单位是 B、MB 等。字长单位是 Bit。运算速度单位是 MIPS。

11. 微机正在工作时电源突然中断供电,此时计算机（　　　）中的信息全部丢失,并且恢复供电后也无法恢复这些信息。

    A. 软盘片   B. ROM   C. RAM   D. 硬盘

  答案：C

  解析：存储器分内存和外存,内存就是 CPU 能由地址线直接寻址的存储器。内存又分 RAM,ROM 两种,RAM 是可读可写的存储器,它用于存放经常变化的程序和数据。只要一断电,RAM 中的程序和数据就丢失。ROM 是只读存储器,ROM 中的程序和数据即使断电也不会丢失。

  12. 根据汉字国标码 GB 2312—1980 的规定,将汉字分为常用汉字(一级)和次常用汉字(二级)两级汉字。一级常用汉字按(　　)排列。

    A. 部首顺序   B. 笔画多少

    C. 使用频率多少   D. 汉语拼音字母顺序

  答案：D

  解析：我国国家标准局于 1981 年 5 月颁布《信息交换用汉字编码字符集——基本集》共对 6763 个汉字和 682 个非汉字图形符号进行了编码。根据使用频率将 6763 个汉字分为两级：一级为常用汉字 3755 个,按拼音字母顺序排列,同音字以笔型顺序排列；二级为次常用汉字 3008 个,按部首和笔型排列。

  13. 微机中采用的标准 ASCII 编码用(　　)位二进制数表示一个字符。

    A. 6   B. 7   C. 8   D. 16

  答案：B

  解析：目前微型机中普遍采用的字符编码是 ASCII 码。它是用七位二进制数对 128 个字符进行编码,其中前 32 个是一些不可打印的控制符号。

  14. 调制解调器(Modem)的作用是(　　)。

    A. 将计算机的数字信号转换成模拟信号

    B. 将模拟信号转换成计算机的数字信号

    C. 将计算机数字信号与模拟信号互相转换

    D. 上网与接电话两不误

  答案：C

  解析：调制解调器是实现数字信号和模拟信号转换的设备。例如,当个人计算机通过电话线路连入 Internet 网时,发送方的计算机发出的数字信号,要通过调制解调器换成模拟信号在电话网上传输,接收方的计算机则要通过调制解调器,将传输过来的模拟信号转换成数字信号。

  15. 计算机操作系统的主要功能是(　　)。

    A. 对计算机的所有资源进行控制和管理,为用户使用计算机提供方便

    B. 对源程序进行翻译

    C. 对用户数据文件进行管理

    D. 对汇编语言程序进行翻译

  答案：A

  解析：计算机操作系统的作用是控制和管理计算机的硬件资源和软件资源,从而提高计算机的利用率,方便用户使用计算机。

16. Internet 实现了分布在世界各地的各类网络的互联,其最基础和核心的协议是(　　)。

    A. HTTP   B. FTP   C. HTML   D. TCP/IP

答案:D

解析:TCP/IP 是用来将计算机和通信设备组织成网络的一大类协议的统称。更通俗地说,Internet 依赖于数以千计的网络和数以百万计的计算机,而 TCP/IP 就是使所有这些连接在一起的"黏合剂"。

17. 下列关于计算机病毒的说法中,正确的是(　　)。

    A. 计算机病毒是对计算机操作人员身体有害的生物病毒

    B. 计算机病毒将造成计算机的永久性物理损害

    C. 计算机病毒是一种通过自我复制进行传染的、破坏计算机程序和数据的小程序

    D. 计算机病毒是一种感染在 CPU 中的微生物病毒

答案:C

解析:计算机病毒是一种通过自我复制进行传染的、破坏计算机程序和数据的小程序。在计算机运行过程中,它们能把自己精确拷贝或有修改地拷贝到其他程序中或某些硬件中,从而达到破坏其他程序及某些硬件的作用。

18. 组成计算机指令的两部分是(　　)。

    A. 数据和字符   B. 操作码和地址码

    C. 运算符和运算数   D. 运算符和运算结果

答案:B

解析:一条指令必须包括操作码和地址码(或称操作数)两部分,操作码指出指令完成操作的类型。地址码指出参与操作的数据和操作结果存放的位置。

19. 当前计算机感染病毒的可能途径之一是(　　)。

    A. 从键盘上输入数据   B. 通过电源线

    C. 所使用的软盘表面不清洁   D. 通过 Internet 的 E-mail

答案:D

解析:计算机病毒(Computer Viruses)并非可传染疾病给人体的那种病毒,而是一种人为编制的可以制造故障的计算机程序。它隐藏在计算机系统的数据资源或程序中,借助系统运行和共享资源而进行繁殖、传播和生存,扰乱计算机系统的正常运行,篡改或破坏系统和用户的数据资源及程序。计算机病毒不是自动生成的,而是一些别有用心的破坏者利用计算机的某些弱点而设计出来的,并置于计算机存储媒体中使之传播的程序。本题的 4 个选项中,只有 D 有可能感染上病毒。

20. 微型机运算器的主要功能是进行(　　)。

    A. 算术和逻辑运算   B. 逻辑运算

    C. 加法运算   D. 算术运算

答案:A

解析:中央处理器 CPU 是由运算器和控制器两部分组成,运算器主要完成算术运算和逻辑运算;控制器主要是用以控制和协调计算机各部件自动、连续的执行各条指令。

测试题二

1. 能直接与 CPU 交换信息的存储器是(　　)。

　　A. 硬盘存储器　　　　B. CD-ROM　　　　C. 内存储器　　　　D. 软盘存储器

答案：C

解析：中央处理器 CPU 是由运算器和控制器两部分组成,可以完成指令的解释与执行。计算机的存储器分为内存储器和外存储器。内存储器是计算机主机的一个组成部分,它与 CPU 直接进行信息交换,CPU 直接读取内存中的数据。

2. 五笔字型汉字输入法的编码属于(　　)。

　　A. 音码　　　　　　B. 形声码　　　　C. 区位码　　　　D. 形码

答案：D

解析：目前流行的汉字输入码的编码方案已有很多,如全拼输入法、双拼输入法、自然码输入法、五笔字型输入法等。全拼输入法和双拼输入法是根据汉字的发音进行编码的,称为音码;五笔字型输入法根据汉字的字形结构进行编码的,称为形码;自然码输入法是以拼音为主,辅以字形字义进行编码的,称为音形码。

3. 冯·诺伊曼型体系结构的计算机包含的五大部件是(　　)。

　　A. 输入设备、运算器、控制器、存储器、输出设备

　　B. 输入/输出设备、运算器、控制器、内/外存储器、电源设备

　　C. 输入设备、中央处理器、只读存储器、随机存储器、输出设备

　　D. 键盘、主机、显示器、磁盘机、打印机

答案：A

解析：冯·诺伊曼机的工作原理是"存储程序和程序控制"思想。这一思想也确定了冯·诺伊曼机的基本结构:输入设备、运算器、控制器、存储器、输出设备。

4. 存储一个汉字的机内码需 2 个字节,其前后两个字节的最高位二进制值依次分别是(　　)。

　　A. 1 和 1　　　　　B. 1 和 0　　　　C. 0 和 1　　　　D. 0 和 0

答案：A

解析：汉字机内码是计算机系统内部处理和存储汉字的代码,国家标准是汉字信息交换的标准编码,但因其前后字节的最高位均为 0,易与 ASCII 码混淆。因此,汉字的机内码采用变形国家标准码,以解决与 ASCII 码冲突的问题。将国家标准编码的两个字节中的最高位改为 1 即为汉字输入机内码。

5. Internet 中,主机的域名和主机的 IP 地址两者之间的关系是(　　)。

　　A. 完全相同,毫无区别　　　　　　　B. 一一对应

　　C. 一个 IP 地址对应多个域名　　　　D. 一个域名对应多个 IP 地址

答案：B

解析：Internet 上的每台计算机都必须指定一个惟一的地址,称为 IP 地址。它像电话号码一样用数字编码表示,占 4 字节(目前正修改为 16 字节),通常显示的地址格式是用圆点分隔的 4 个十进制数字。为了方便用户使用,将每个 IP 地址映射为一个名字(字符串),称为域名。

6. 下列叙述中,( )是正确的。

    A. 反病毒软件总是超前于病毒的出现,它可以查、杀任何种类的病毒

    B. 任何一种反病毒软件总是滞后于计算机新病毒的出现

    C. 感染过计算机病毒的计算机具有对该病毒的免疫性

    D. 计算机病毒会危害计算机用户的健康

答案：B

解析：计算机病毒是属于计算机犯罪现象的一种,是一种人为设计的程序,它隐藏在可执行程序或数据文件中,当计算机运行时,它能把自身准确复制或有修改地复制到其他程序体内,从而造成破坏。计算机病毒具有传染性、潜伏性、隐藏性、激发性和破坏性等五大基本特点。感染计算机病毒后,轻则使计算机中资料、数据受损,软件无法正常运行,重则使整个计算机系统瘫痪。任何一种反病毒软件总是滞后于计算机新病毒的出现,先出现某个计算机病毒,然后出现反病毒软件。

7. 在下列设备中,( )不能作为微机的输出设备。

    A. 打印机　　　　B. 显示器　　　　C. 鼠标器　　　　D. 绘图仪

答案：C

解析：鼠标器和键盘都属于输入设置,打印机、显示器和绘图仪都为输出设备。

8. 有一域名为 bit.edu.cn,根据域名代码的规定,此域名表示( )机构。

    A. 政府机关　　B. 商业组织　　C. 军事部门　　D. 教育机构

答案：D

解析：域名的格式：主机名.机构名.网络名.最高层域名,顶级域名主要包括：COM 表示商业机构；EDU 表示教育机构；GOV 表示政府机构；MIL 表军事机构；NET 表示网络支持中心；ORG 表示国际组织。

9. 下列叙述中,错误的一条是( )。

    A. 高级语言编写的程序的可移植性最差

    B. 不同型号的计算机具有不同的机器语言

    C. 机器语言是由一串二进制数 0、1 组成的

    D. 用机器语言编写的程序执行效率最高

答案：A

解析：计算机能直接识别、执行的语言是机器语言。机器语言是可由计算机硬件系统识别,不需翻译直接供机器使用的程序语言,通常随计算机型号的不同而不同。机器语言中的每一条语句(即机器指令)实际上是一条二进制形式的指令代码,由操作码和地址码组成。机器语言程序编写难度大,调试修改繁琐,但执行速度最快。高级语言接近于自然语言,可移植性好,但是,高级语言需要经过编译程序转换成可执行的机器语言后,才能在计算机上运行,Visual Basic、FORTRAN 语言、Pascal 语言、C 语言都属于高级语言。

10. 存储在 ROM 中的数据,当计算机断电后( )。

    A. 部分丢失　　B. 不会丢失　　C. 可能丢失　　D. 完全丢失

答案：B

解析：计算机的存储器分为：内储存器和外存储器。内存储器是计算机主机的一个组成部分,它与 CPU 直接进行信息交换。内存储器由只读存储器和随机存取存储器两部分

组成,只读存储器(ROM)的特点:存储的信息只能读出,不能写入,断电信息也不会丢失。随机存取存储器(RAM)的特点是:存取的信息既可以读,又可以写入信息,断电后信息全部丢失。

11. 具有多媒体功能的微型计算机系统中,常用的 CD-ROM 是(   )。

    A. 只读型大容量软盘   B. 只读型光盘

    C. 只读型硬盘   D. 半导体只读存储器

答案:B

解析:CD-ROM,即 Compact Disk Read Only Memory(只读型光盘)。

12. 在下列字符中,其 ASCII 码值最小的一个是(   )。

    A. 9   B. p   C. Z   D. a

答案:A

解析:数字的 ASCII 码值从 0～9 依次增大,其后是大写字母,其 ASCII 码值从 A～Z 依次增大,再后面是小写字母,其 ASCII 码值从 a～z 依次增大。

13. 为解决某一特定问题而设计的指令序列称为(   )。

    A. 文档   B. 语言   C. 程序   D. 系统

答案:C

解析:程序是为了特定的需要而编制的指令序列,它能完成一定的功能。

14. WPS、Word 等文字处理软件属于(   )。

    A. 管理软件   B. 网络软件   C. 应用软件   D. 系统软件

答案:C

解析:应用软件是用来管理、控制和维护计算机各种资源,并使其充分发挥作用,提高工效、方便用户的各种程序集合。

15. 计算机最主要的工作特点是(   )。

    A. 存储程序与自动控制   B. 高速度与高精度

    C. 可靠性与可用性   D. 有记忆能力

答案:A

解析:计算机最主要的工作特点是存储程序与自动控制,其他选项均是其中的一部分特点。

16. 微型计算机中使用最普遍的字符编码是(   )。

    A. EBCDIC 码   B. 国标码   C. BCD 码   D. ASCII 码

答案:D

解析:国际上比较通用的是美国标准信息交换代码,简称 ASCII 码。这一编码由国际标准化组织(ISO)确定为国际标准字符编码。

17. 控制器的功能是(   )。

    A. 指挥、协调计算机各部件工作   B. 进行算术运算和逻辑运算

    C. 存储数据和程序   D. 控制数据的输入和输出

答案:A

解析:控制器是计算机的神经中枢,由它指挥全机各个部件自动、协调地工作。

18. 假设某台式计算机的内存储器容量为 128MB,硬盘容量为 10GB。硬盘的容量是内存容量的(   )。

    A. 40 倍   B. 60 倍   C. 80 倍   D. 100 倍

答案:C

解析:常用的存储容量单位有:bit(位)、Byte(字节)、KB(千字节)、MB(兆字节)、GB(千兆字节)。它们之间的关系为:1 字节(Byte)=8 个二进制位(bits);1KB=1024B;1MB=1024KB;1GB=1024MB。

19. 下列传输介质中,抗干扰能力最强的是(   )。

    A. 双绞线   B. 光缆   C. 同轴电缆   D. 电话线

答案:B

解析:任何一个数据通信系统都包括发送部分、接收部分和通信线路,其传输质量不但与传送的数据信号和收发特性有关,而且与传输介质有关。同时,通信线路沿途不可避免地有噪声干扰,它们也会影响到通信和通信质量。双绞线是把两根绝缘铜线拧成有规则的螺旋形。其抗扰性较差,易受各种电信号的干扰,可靠性差;同轴电缆是由一根空心的外圆柱形的导体围绕单根内导体构成的,在抗干扰性方面对于较高的频率,同轴电缆优于双绞线;光缆是发展最为迅速的传输介质,不受外界电磁波的干扰,因而电磁绝缘性好,适宜在电气干扰严重的环境中应用,无串音干扰,不易窃听或截取数据,因而安全保密性好。

20. 微型计算机的技术指标主要是指(   )。

    A. 所配备的系统软件的优劣

    B. CPU 的主频和运算速度、字长、内存容量和存取速度

    C. 显示器的分辨率、打印机的配置

    D. 硬盘容量的大小

答案:B

解析:计算机的性能指标涉及体系结构、软硬件配置、指令系统等多种因素,一般说来,主要有下列技术指标:①字长:是指计算机运算部件一次能同时处理的二进制数据的位数。②时钟主频:是指 CPU 的时钟频率,它的高低在一定程度上决定了计算机速度的高低。③运算速度:计算机的运算速度通常是指每秒钟所能执行加法指令的数目。④存储容量:存储容量通常分内存容量和外存容量,这里主要指内存储器的容量。⑤存取周期:是指 CPU 从内存储器中存取数据所需的时间。

测试题三

1. 汇编语言是一种(   )程序设计语言。

    A. 依赖于计算机的低级   B. 计算机能直接执行的

    C. 独立于计算机的高级   D. 面向问题的

答案:A

解析:汇编语言需要经过汇编程序转换成可执行的机器语言,才能在计算机上运行。

2. 若已知一汉字的国标码是 5E38H,则其内码是(   )。

    A. DEB8H   B. DE38H   C. 5EB8H   D. 7E58H

答案：A

解析：汉字的机内码是将国标码的两个字节的最高位分别置为 1 得到的。机内码和其国标码之差总是 8080H。

3. 计算机网络分局域网、城域网和广域网，(　　)属于局域网。

    A. ChinaDDN 网　　　B. Novell 网　　　　C. Chinanet 网　　　D. Internet

答案：B

解析：计算机网络按地理范围进行分类可分为：局域网、城域网、广域网。ChinaDDN 网、Chinanet 网属于城域网，Internet 属于广域网，Novell 网属于局域网。

4. 下列叙述中，错误的是(　　)。

    A. 内存储器 RAM 中主要存储当前正在运行的程序和数据

    B. 高速缓冲存储器(Cache)一般采用 DRAM 构成

    C. 外部存储器(如硬盘)用来存储必须永久保存的程序和数据

    D. 存储在 RAM 中的信息会因断电而全部丢失

答案：B

解析：静态 RAM(SRAM)是利用其中触发器的两个稳态来表示所存储的"0"和"1"的。这类存储器集成度低、价格高，但存取速度快，常用作高速缓冲存储器。DRAM 为动态随机存储器。

5. 把内存中的数据保存到硬盘上的操作称为(　　)。

    A. 显示　　　　　　B. 写盘　　　　　C. 输入　　　　　D. 读盘

答案：B

解析：写盘就是通过磁头往媒介写入信息数据的过程。读盘就是磁头读取存储在媒介上的数据的过程，比如硬盘磁头读取硬盘中的信息数据、光盘磁头读取光盘信息等。

6. CPU 主要性能指标是(　　)。

    A. 字长和时钟主频　　　　　　　　B. 可靠性

    C. 耗电量和效率　　　　　　　　　D. 发热量和冷却效率

答案：A

解析：CPU 的性能指标直接决定了由它构成的微型计算机系统性能指标。CPU 的性能指标主要包括字长和时钟主频。字长表示 CPU 每次处理数据的能力；时钟主频以 MHz(兆赫兹)为单位来度量。时钟主频越高，其处理数据的速度相对也就越快。

7. 当前流行的移动硬盘或优盘进行读/写利用的计算机接口是(　　)。

    A. 串行接口　　　　B. 平行接口　　　　C. USB　　　　D. UBS

答案：C

解析：优盘(也称 U 盘、闪盘)是一种可移动的数据存储工具，具有容量大、读写速度快、体积小、携带方便等特点。只要插入任何计算机的 USB 接口都可以使用。

8. 下列各组软件中，全部属于系统软件的一组是(　　)。

    A. 程序语言处理程序、操作系统、数据库管理系统

    B. 文字处理程序、编辑程序、操作系统

    C. 财务处理软件、金融软件、网络系统

    D. WPS Office 2003、Excel 2003、Windows XP

答案：A

解析：系统软件由一组控制计算机系统并管理其资源的程序组成,其主要功能包括:启动计算机、存储、加载和执行应用程序,对文件进行排序、检索,将程序语言翻译成机器语言等。操作系统是直接运行在"裸机"上的最基本的系统软件。文字处理程序、财务处理软件、金融软件、WPS Office 2003、Excel 2003都属于应用软件。

9. 能保存网页地址的文件夹是(　　)。

　　A. 收件箱　　　　B. 公文包　　　　C. 我的文档　　　　D. 收藏夹

答案：D

解析：IE的收藏夹提供了保存Web页面地址的功能。它有两个优点:①收入收藏夹的网页地址可由浏览者给定一个简明的名字以便记忆,当鼠标指针指向此名字时,会同时显示对应的Web页地址,单击该名字便可转到相应的Web页,省去了输入地址的操作。②收藏夹的机理很像资源管理器,其管理、操作都很方便。

10. 已知a=00111000B和b=2FH,则两者比较的正确不等式是(　　)。

　　A. a>b　　　　B. a=b　　　　C. a<b　　　　D. 不能比较

答案：A

解析：可以将a转换为十六进制进行比较,00111000B=38H,故比较结果为a>b。

11. 操作系统中的文件管理系统为用户提供的功能是(　　)。

　　A. 按文件作者存取文件　　　　B. 按文件名管理文件

　　C. 按文件创建日期存取文件　　　　D. 按文件大小存取文件

答案：B

解析：文件管理系统负责文件的存储、检索、共享和保护,并按文件名管理的方式为用户提供文件操作的方便。

12. 办公室自动化(OA)是计算机的一大应用领域,按计算机应用的分类,它属于(　　)。

　　A. 科学计算　　B. 辅助设计　　C. 实时控制　　D. 信息处理

答案：D

解析：信息处理是目前计算机应用最广泛的领域之一,信息处理是指用计算机对各种形式的信息(如文字、图像、声音等)收集、存储、加工、分析和传送的过程。

13. 计算机的系统总线是计算机各部件间传递信息的公共通道,它分为(　　)。

　　A. 数据总线和控制总线　　　　B. 地址总线和数据总线

　　C. 数据总线、控制总线和地址总线　　　　D. 地址总线和控制总线

答案：C

解析：总线就是系统部件之间传送信息的公共通道,各部件由总线连接并通过它传递数据和控制信号。总线分为内部总线和系统总线,系统总线又分为数据总线、地址总线和控制总线。

14. KB(千字节)是度量存储器容量大小的常用单位之一,这里的1KB等于(　　)。

　　A. 1000个字节　　　　B. 1024个字节

　　C. 1000个二进位　　　　D. 1024个字

答案：B

解析：在计算机中通常使用3个数据单位:位、字节和字。位的概念是:最小的存储单

位,英文名称是 bit,常用小写 b 或 bit 表示。用 8 位二进制数作为表示字符和数字的基本单元,英文名称是 byte,称为字节。通常用大写 B 表示。字长:字长也称为字或计算机字,它是计算机能并行处理的二进制数的位数。

1B(字节)＝8b(位);1KB(千字节)＝1024B(字节)。

15. 存储 400 个 24×24 点阵汉字字形所需的存储容量是( )。

    A. 255KB   B. 75KB   C. 37.5KB   D. 28.125KB

答案:D

解析:1 个点由一个二进制位表示。1 个 24×24 点阵汉字需(24×24)÷8＝72 字节,则 400 个 24×24 点阵汉字需要 400×72＝28800 字节。由于 1K＝1024B,换成以 KB(千字节)为单位则是 28800÷1024KB＝28.125KB。

16. 下列术语中,属于显示器性能指标的是( )。

    A. 速度   B. 可靠性   C. 分辨率   D. 精度

答案:C

解析:分辨率是显示器的重要技术指标。一般用整个屏幕上光栅的列数与行数乘积(如 640×480)来表示,乘积越大,分辨率越高。

17. 防止软盘感染病毒的有效方法是( )。

    A. 不要把软盘与有毒软盘放在一起   B. 使软盘写保护

    C. 保持机房清洁   D. 定期对软盘进行格式化

答案:B

解析:计算机病毒是一种通过自我复制进行传染的、破坏计算机程序和数据的小程序。在计算机运行过程中,它们能把自己精确拷贝或有修改地拷贝到其他程序中或某些硬件中,从而起到破坏其他程序及某些硬件的作用。预防计算机病毒的主要方法是:①不随便使用外来软件,对外来软盘必须先检查、后使用;②严禁在微型计算机上玩游戏;③不用非原始软盘引导机器;④不要在系统引导盘上存放用户数据和程序;⑤保存重要软件的复制件;⑥给系统盘和文件加以写保护;⑦定期对硬盘作检查,及时发现病毒、消除病毒。

18. 按操作系统的分类,UNIX 属于( )操作系统。

    A. 批处理   B. 实时   C. 分时   D. 网络

答案:C

解析:分时操作系统是一种使计算机轮流为多个用户服务的操作系统,UNIX 属于分时操作系统;批处理操作系统是对一批处理,按一定的组合和次序自动执行的系统管理软件;实时操作系统中的:"实时"即"立即"的意思,是一种时间性强、响应速度快的操作系统,DOS 属于实时操作系统。

19. 用于局域网的基本网络连接设备是( )。

    A. 集线器   B. 网络适配器(网卡)

    C. 调制解调器   D. 路由器

答案:B

解析:网络接口卡(简称网卡)是构成网络必需的基本设备,用于将计算机和通信电缆连接起来,以便经电缆在计算机之间进行高速的数据传输。因此,每台连接到局域网的计算机(工作站或服务器)都需要安装一块网卡。

20. 计算机网络最突出的优点是(　　　)。

A. 精度高　　　　　B. 容量大　　　　　C. 运算速度快　　　　D. 共享资源

答案：D

解析：建立计算机网络的目的主要是为了实现数据通信和资源共享,计算机网络最突出的优点是共享资源。

参 考 文 献

[1] 邵士媛,程萍.计算机应用基础项目教程[M].北京:清华大学出版社,2010.

[2] 张静,张俊才.办公应用项目化教程[M].北京:清华大学出版社,2012.

[3] 刘勇.大学计算机基础[M].北京:清华大学出版社,2012.

[4] 赵建敏,张海娜,郭燕.Windows 7 案例教程[M].北京:航空工业出版社,2012.

[5] 卞诚君,杨全芬.Excel 2010 超级手册[M].北京:机械工业出版社,2012.

[6] 李勇.办公自动化教程[M].上海:上海交通大学出版社,2012.

[7] 张胜涛.Word+Excel+PowerPoint 2010 三合一入门与进阶[M].北京:清华大学出版社,2013.

[8] 姚庆华.步步深入 Office 2010 完全学习手册[M].北京:电子工业出版社,2013.